高等院校化学实验教学改革规划教材

江苏省高等学校精品教材

无机及分析化学实验

第二版

总主编　孙尔康　张剑荣

主　编　李巧云　张钱丽

副主编　程晓春　赵登山　刘广卿

编　委（按姓氏笔画排序）

王秀玲　汪学英　庄　虹　杨　静

徐肖邢　董淑玲　鲜　华

南京大学出版社

高等院校化学实验教学改革规划教材

编委会

第二版序

　　化学是一门实验性很强的科学,在高等学校化学专业和应用化学专业的教学中,实验教学占有十分重要的地位。就学时而言,教育部化学专业指导委员会提出的参考学时数为每门实验课的学时与相对应的理论课学时之比,即为(1.1～1.2)∶1,并要求化学实验课独立设课。已故著名化学教育家戴安邦教授生前曾指出:"全面的化学教育要求化学教学不仅传授化学知识和技术,更训练科学方法和思维,还培养科学品德和精神。"化学实验室是实施全面化学教育最有效的场所,因为化学实验教学不仅可以培养学生的动手能力,而且也是培养学生严谨的科学态度、严密科学的逻辑思维方法和实事求是的优良品德的最有效形式;同时也是培养学生创新意识、创新精神和创新能力的重要环节。

　　为推动高等学校加强学生实践能力和创新能力的培养,加快实验教学改革和实验室建设,促进优质资源整合和共享,提升办学水平和教育质量,教育部已于2005年在高等学校实验教学中心建设的基础上启动建设一批国家实验教学示范中心。通过建设实验教学示范中心,达到的建设目标是:树立以学生为本,知识、能力、素质全面协调发展的教育理念和以能力培养为核心的实验教学观念,建立有利于培养学生实践能力和创新能力的实验教学体系,建设满足现代实验教学需要的高素质实验教学队伍,建设仪器设备先进、资源共享、开放服务的实验教学环境,建立现代化的高效运行的管理机制,全面提高实验教学水平。为全国高等学校实验教学改革提供示范经验,带动高等学校实验室的建设和发展。

　　在国家级实验教学示范中心建设的带动下,江苏省于2006年成立了"江苏省高等院校化学实验教学示范中心主任联席会",成员单位达三十多个高校,并在2006～2008年三年时间内,召开了三次示范中心建设研讨会。通过这三次会议的交流,大家一致认为要提高江苏省高校的实验教学质量,关键之一是要有一个符合江苏省高校特点的实验教学体系以及与之相适应的一套先进的教材。在南京大学出版社的大力支持下,在第三次江苏省高等院校化学实验教学示范中心主任联席会上,经过充分酝酿和协商,决定由南京大学牵头,成立江苏省高等院校化学实验教学改革系列教材编委会,组织东南大学、南京航空航天大学、苏州大学、南京工业大学、江苏大学、南京信息工程大学、南京师范大学、盐城师范学院、淮阴师范学院、淮阴工学院、苏州科技大学、常熟理工学院、江苏警官学院、南京晓庄学院、南京大学金陵学院等十五所高校实验教学的一线教师,编写《无机化学实验》、《有机化学实验》、《物理化学实验》、《分析化学实验》、《仪器分析实验》、《无机及分析化学实验》、《普通化学实验》、《化工原理实验》、《大学化学实验》、《高分子化学与物理实验》、《化学化工实验室安全教程》和至少跨两门二级学科(或一级学科)实验内容或实验方法的《综合化学实验》系列教材。

该套教材在教学体系和各门课程内容结构上按照"基础—综合—研究"三层次进行建设。体现出夯实基础、加强综合、引入研究和经典实验与学科前沿实验内容相结合、常规实验技术与现代实验技术相结合等编写特点。在实验内容选择上,尽量反映贴近生活、贴近社会,与健康、环境密切相关,能够激发学生学习兴趣,并且具有恰当的难易梯度供选取;在实验内容的安排上符合本科生的认知规律,由浅入深、由简单到综合,每门实验教材均有本门实验内容或实验方法的小综合,并且在实验的最后增加了该实验的背景知识讨论和相关延展实验,让学有余力的学生可以充分发挥其潜力和兴趣,在课后进行学习或研究;在教学方法上,希望以启发式、互动式为主,实现以学生为主体,教师为主导的转变,加强学生的个性化培养;在实验设计上,力争做到使用无毒或少毒的药品或试剂,体现绿色化学的教学理念。这套化学实验系列教材充分体现了各参编学校近年来化学实验改革的成果,同时也是江苏省省级化学示范中心创建的成果。

本套化学实验系列教材的编写和出版是我们工作的一项尝试,省内外相关院校使用后,深受广大师生的好评,并于2011年被评为"江苏省高等学校精品教材"。

本套系列教材的出版至今已近四年,随着科学技术日新月异地发展,实验教学改革也随之不断地深入,尽管高等学校实验的基本内容变化不大,但某些实验内容、实验方法和实验技术有了新的变化。本套教材的再版也就是为了适应新形势下的教学需要,在第一版的基础上删除了部分繁琐、陈旧的实验,增加了部分新的实验内容,并尽可能引入新的实验方法和实验技术。在第二版教材的编写过程中,难免会出现一些疏漏或者错误,敬请读者和专家提出批评意见,以便我们今后修改和订正。

编委会

第二版前言

2006年江苏省成立了"江苏省高等院校化学实验教学示范中心主任联席会",经联席会研究,决定编写一套反映江苏省化学实验教学示范中心建设成果、体现江苏省高校教学改革特色的化学实验教材。《无机及分析化学实验》教材就是其中的一本。

化学实验是一门实践性非常强的学科,突出学生实践能力和创新能力的培养是化学实验教学的显著特征。该教材本着"以学生为本、知识传授、能力培养、素质提高、协调发展"的教育观念来设计课程,课程内容结构按基础实验、综合实验、研究设计实验三个层次设置,教学内容注重密切联系生活、生产实际,反映学科前沿,注重无机化学与分析化学内容有机融合,注重增加综合、研究设计实验,注重实验绿色化。通过本课程的教学,指导学生学习化学基础知识,熟练掌握进行化学实验的基本方法与基本操作技能,促进学生的知识、能力、素质的综合协调发展,培养学生的实践能力和创新能力。在实际教学过程中,结合实验内容,教师采取灵活多样的教学方法,积极推进学生自主式、合作式、研究式的学习方式,突出个性化教育。

该教材分为七章,前四章为基础知识介绍,分别为实验基本常识、实验数据的表达与处理、实验基本操作及实验基本仪器的使用,后三章为实验内容,分别为基础实验、综合实验及研究设计实验。

参加本书编写的院校有常熟理工学院李巧云、徐肖邢、汪学英;苏州科技大学张钱丽、庄虹、杨静、王秀玲、董淑玲;淮阴工学院程晓春、赵登山;南京晓庄学院刘广卿、鲜华。

本书的编写得到了江苏省高等院校化学实验教学示范中心主任联席会、南京大学出版社及各参编学校的支持、指导和关心,在此表示衷心的感谢。本书的编写参考了大量相关的教材和资料,在此向有关作者深表谢意。

由于编者的学识和水平有限,本书中错误和疏漏在所难免,敬请同行专家和使用本书的师生批评指正。

编者
2016年7月

目　　录

第一章　基础知识

§1.1　实验目的

化学本质上是一门实验科学,化学实验具有丰富的实验思想、多样化的实验方法和手段以及综合性很强的基本实验技能训练,它是培养学生创新意识和创新能力、引导学生确立正确科学思想和科学方法、提高学生科学素质的重要基础。特别是在培养学生理论联系实际,与科学技术发展相适应的综合能力,以适应科技发展与社会进步对人才的需求方面有着不可替代的作用。在化学教学中,以实验为手段培养学生的实践能力和创新精神是化学教学最显著的特点。通过基础化学实验的系统学习,要求达到以下目的:

(1)掌握实验的基本操作和基本技能,熟悉常用仪器的构造、原理及其使用方法。

(2)理解和掌握基础化学的基本概念、基础知识和基本理论。

(3)掌握无机物的一般分离、提纯、制备和测定方法,掌握常见离子的基本性质与鉴定,建立严格"量"的概念,学会运用误差理论正确处理实验结果。

(4)培养实验现象的观察和记录、实验条件的判断和选择、实验数据的测量和处理、实验结果的分析和归纳等能力。

(5)培养严谨务实的科学态度,勤奋好学的思想品质,认真细致的工作作风,整洁卫生的良好习惯和相互协作的团队精神。

(6)培养主动学习、独立思考、分析问题、解决问题的能力和创新能力。

§1.2　实验要求

1. 认真做好预习

实验前的预习是做好实验的重要前提。预习的主要作用是帮助学生了解实验的目的、内容,做好实验的准备,克服实验中的盲目性和随意性,提高实验的效果。预习工作主要包括:

(1)认真阅读实验教材、有关教科书及参考资料,明确实验目的和要求,弄清实验原理和设计思想,确定实验方法和步骤,了解所用的仪器和设备,预计实验中出现的问题和解决办法,设计好数据记录表格等。

(2)写好预习报告。每个学生都要备有专用的实验预习报告本,将预习过程中的心得、体会通过简明清晰的预习报告形式表达出来。切忌抄书或草率应付。预习报告内容应包括实验目的、基本原理、实验方法、实验步骤、注意事项、查找的有关数据和参数、设计的实验方案、数据记录表、预测的实验现象、设想的解决方法、预答思考题等。

对于预习没有达到要求的学生,不得进入实验室进行实验。

2. 认真完成实验

学生在教师指导下独立进行操作是实验课的主要教学方法,也是训练学生正确掌握实验技术达到培养能力目的的重要手段。实验能力的形成和发展是循序渐进、日积月累的,这就要求学生在实验时要做到:

(1) 严格遵守实验室规则和安全守则。

(2) 严格控制实验条件,认真操作。

(3) 养成良好的记录习惯,仔细观察并如实记录实验现象和原始数据,记录尽量采用表格形式,做到整洁、清楚、不随意涂改。

(4) 积极思考,善于发现和解决实验中出现的各种问题。遇到问题独立思考,并积极与老师和同学讨论。

(5) 实验中如发现异常现象,应仔细查明原因,并及时报告指导教师。

(6) 实验结果必须经指导教师检查签字。

3. 认真写好实验报告

书写实验报告是本课程的基本训练,它将使学生在实验现象分析、数据处理、作图、误差分析、总结规律等方面得到训练和提高。实验后学生必须将原始记录交指导教师签名,然后写出实验报告。每个学生应设计好自己的实验报告,及时、独立、认真地完成实验报告,要求内容简明、条理清晰、数据完整、作图标准、字迹工整、讨论深入。实验报告一般必须包括以下内容:

(1) 封面。包括实验名称、实验日期、实验者姓名、实验地点等。

(2) 内容。包括实验目的和原理、实验用品、装置、实验条件、原始数据(实验现象和测定数据)。

(3) 结论。包括对实验现象的分析、解释、归纳、原始数据处理、误差分析、结果讨论。实验报告的重点应放在对实验结论的讨论和数据处理上。

(4) 问题与思考。包括对思考题的解答;主要指实验时的心得体会,做好实验的关键,对实验中遇到的疑难问题提出自己的见解;对实验方案、实验内容、实验装置等提出建议、意见或自己的设想;自己的实验收获、差距和努力方向等。

§1.3　实验成绩评定

学生实验成绩的评定是对学生掌握实验设计思想、方法、技能、实验综合素质和能力全面考查的结果。实验成绩评定采取以平时成绩为主,与期末考试相结合的多元化实验考核办法。平时成绩主要以预习报告、实验态度、实验操作、实验结果、实验报告等方面为依据进行评分。期末考试采取"笔试+实际操作"的方式,将笔试、实验操作技能、设计实验的能力与水平考核结合进行评分。根据本教材中四大类实验的特点,成绩评定的着重点有所不同。学生实验成绩的评定主要依据如下:

(1) 对基础知识、基本原理和设计思想的理解和掌握。

(2) 实验基本方法、基本技能和基本仪器的掌握和使用。

(3) 实验结果(产量、纯度、准确度、精密度等)及对实验结果的分析、讨论与总结。

(4) 实验能力。包括实验设计、组织、实施步骤和对实验现象的观察、测量、记录的过程,数据处理的正确性,作图技术的掌握,实验报告的规范性与完整性,分析解决问题的能力,创新意识等。

(5)实验态度。包括严谨求实、勤奋认真、条理整洁、团结协作、遵守纪律等。

§1.4　实验规则

(1)实验前必须做好预习,明确实验的目的、内容和步骤,了解仪器设备的操作规程和实验物品的特性,写好预习报告,接受指导教师的提问和检查,经检查认可后,方可进行实验。

(2)实验时要遵守操作规则,遵守一切必要的安全措施,保证实验安全。

(3)遵守纪律,不迟到、不早退,保持室内肃静,不要喧闹谈笑,不做与实验无关的事,不动与实验无关的设备。不得无故缺席,因故缺席未做的实验应该补做。

(4)实验中要集中注意力,认真操作,仔细观察,将实验中的一切现象和数据都如实记录在报告本上,不得涂改和伪造。实验结果(数据)必须交指导教师审阅、通过。实验结束后应根据原始记录,认真处理数据,写出实验报告。

(5)实验过程中,随时保持工作环境的整洁。火柴梗、纸张、废品、废液等严禁丢入或倒入水槽,以免堵塞水槽和腐蚀下水管道。实验中的废弃物应按规定放到指定的废物桶或废液缸中。

(6)爱护国家财物,严格按照操作规程使用仪器和实验室设备,如发现仪器有故障,应立即停止使用,报告教师,及时排除故障。由于违反操作规程而造成的损坏,要按照规定赔偿。

(7)做到生动、活泼、主动地学习,鼓励学生对实验内容和安排提出改进,对实验现象进行讨论。倡导在教学计划外作探索性、研究性实验,但需事先提出申请,经批准同意后方可进行。

(8)节约使用试剂、药品、材料、水、电、煤气。实验用品一律不得擅自带出实验室。

(9)实验完毕,应将所用仪器洗净并整齐地放回实验柜内。清理好实验台,关好电闸、水和煤气龙头。经教师检查合格后才能离开实验室。

(10)每次实验后由学生轮流值勤、负责打扫和整理实验室,并检查水龙头、煤气开关、门、窗是否关紧,电闸是否拉掉,以保持实验室的整洁和安全。

§1.5　实验安全守则

化学实验室常常潜藏着诸如爆炸、着火、中毒、灼伤和割伤等危险,因此,实验者必须高度重视安全,听从教师指导,遵守操作规程,避免事故的发生。

(1)熟悉实验环境,了解急救箱、消防用品的位置和使用方法。

(2)不要用湿手、物接触电源,以防触电。

(3)水、电、煤气使用完毕,就立即关闭水龙头、煤气开关,拉掉电闸。离开实验室前,应检查确保拉下电闸,关闭水、煤气总阀门,关闭门窗。

(4)严禁在实验室内饮食、吸烟或把食具带进实验室。实验室药品严禁入口。实验完毕,把手洗干净方可离开。

(5) 绝对不允许随意混合各种化学药品,以免发生意外事故。自行设计的实验需和老师讨论后才能进行。

(6) 不要俯向容器去嗅放出的气味。一切有毒和有刺激性气体的实验,都要在通风橱内进行。切勿直接俯视容器中的化学反应或正在加热的液体。

(7) 使用易爆、易燃物质应远离火源,用毕及时关紧瓶塞,放在阴凉处。点燃的火柴用后立即熄灭,不得乱扔。

(8) 金属钾、钠和白磷等暴露在空气中易燃烧,所以金属钾、钠应保存在煤油中,白磷则可保存在水中,取用时要用镊子。

(9) 使用强酸、强碱、溴等具有强腐蚀性的试剂时,要更加当心,切勿溅在皮肤上或衣服上,特别要注意保护眼睛,取用时要戴胶皮手套和防护眼镜。

(10) 使用有毒试剂,不得接触皮肤和伤口,试验后废液应倒入指定的容器内集中处理。

(11) 实验中的废弃物要按规定放到指定的废物桶或废液缸中。

(12) 实验室所有药品不得携出室外。用剩的有毒药品交还给教师。

§1.6　实验事故的处理

实验过程中,如发生意外事故,重伤者立即送医院治疗,轻伤时可采取如下措施:

1. 割伤

先取出伤口内的异物,涂上紫药水,必要时撒些消炎粉,用绷带包扎。

2. 烫伤

不要用水洗,也不要弄破水泡。在烫伤处涂以烫伤膏、万花油或风油精。

3. 灼伤

酸或碱灼伤立即用大量水冲洗,然后用饱和 $NaHCO_3$ 溶液或硼酸溶液冲洗,最后再用水冲洗。溴灼伤立即用乙醇洗涤,然后用水洗净,涂上甘油或烫伤油膏。

4. 吸入刺激性或有毒气体

吸入少量 Br_2 蒸气、Cl_2、HCl 等气体时,可吸入少量乙醇和乙醚的混合蒸气来解毒,吸入少量 H_2S、NO_2 或 CO 等有毒气体而感到不适时,立即到室外呼吸新鲜空气。

5. 触电

立即切断电源,必要时对触电者进行人工呼吸。

6. 起火

不慎起火,切勿惊慌,立即采取措施灭火,并切断电源、关闭煤气总阀,拿走易燃药品等,以防火势蔓延。

7. 毒物进入口内

将 $5\sim10$ mL 稀硫酸铜溶液加入一杯温水中,内服后,用手指伸入咽喉部,促使呕吐,吐出毒物,然后立即送医院。

§1.7 实验室"三废"的处理

实验中经常会产生某些有毒的气体、液体和固体，都需要及时排弃，特别是某些剧毒物质，如果直接排出就可能污染周围空气和水源，损害人体健康。因此，对废液和废气、废渣要经过一定的处理后，才能排弃。

1. 废气

（1）产生少量有毒气体的实验应在通风橱内进行。通过排风设备将少量毒气排到室外，使排出气体在外面大量空气中稀释，以免污染室内。

（2）产生毒气量大的实验必须备有吸收或处理装置。如二氧化氮、二氧化硫、氯气、硫化氢、氟化氢等可用导管通入碱液中，使其大部分吸收后排出，一氧化碳可点燃转成二氧化碳。

2. 废液

（1）无机实验中通常大量的废液是废液酸。废液缸中废液酸可先用耐酸塑料网纱或玻璃纤维过滤，滤液加碱中和，调 pH 至 6～8 后就可排出。少量滤渣可埋于地下。

（2）废铬酸洗液可以用高锰酸钾氧化法使其再生，重复使用。氧化方法：先在 110～130℃ 下将其不断搅拌、加热、浓缩，除去水分后，冷却至室温，缓缓加入高锰酸钾粉末。每 1 000 mL 加入 10 g 左右，边加边搅拌直至溶液呈深褐色或微紫色，不要过量。然后直接加热至有三氧化硫出现，停止加热。稍冷，通过玻璃砂芯漏斗过滤，除去沉淀；冷却后析出红色三氧化铬沉淀，再加适量硫酸使其溶解即可使用。少量的废铬酸洗液可加入废碱液或石灰使其生成氢氧化铬（Ⅲ）沉淀，将此废渣埋于地下。

（3）氰化物是剧毒物质，含氰废液必须认真处理。对于少量含氰废液，可先加氢氧化钠调至 pH>10，再加入几克高锰酸钾使 CN^- 氧化分解。大量的含氰废液可用碱性氯化法处理。先用碱将废液调至 pH>10，再加入漂白粉，使 CN^- 氧化成氰酸盐，并进一步分解为二氧化碳和氮气。

（4）含汞盐废液应先调节 pH 为 8～10，然后，加适当过量的硫化钠生成硫化汞沉淀，并加硫酸亚铁生成硫化亚铁沉淀，从而吸附硫化汞沉淀下来。静置后分离，再离心，过滤。清液汞含量降到 0.02 mg·L^{-1} 以下可排放。少量残渣可埋于地下，大量残渣可用焙烧法回收汞，但注意一定要在通风橱内进行。

（5）含重金属离子的废液，最有效和最经济的处理方法是加碱或加硫化钠把重金属离子变成难溶性的氢氧化物或硫化物沉积下来，然后过滤分离，少量残渣可埋于地下。

3. 废渣

有回收价值的废渣应收集起来统一处理，回收利用，少量无回收价值的有毒废渣也应集中起来分别处理或深埋于离水源远的指定地点。

（1）钠、钾屑及碱金属、碱土金属氢化物、氨化物

悬浮于四氢呋喃中，在搅拌下慢慢滴加乙醇或异丙醇至不再放出氢气为止，再慢慢加水澄清后冲入下水道。

（2）硼氢化钠（钾）

用甲醇溶解后，用水充分稀释，再加酸并放置，此时有剧毒硼烷产生，所以应在通风橱内

进行,其废液用水稀释后冲入下水道。

（3）酰氯、酸酐、三氯化磷、五氯化二磷、氯化亚砜

在搅拌下加大量水冲走。五氯化二磷加水,用碱中和后冲走。

（4）沾有铁、钴、镍、铜催化剂的废纸、废塑料

变干后易燃,不能随便丢入废纸篓内,应趁未干时,深埋于地下。

（5）重金属及难溶盐

尽量回收,不能回收的集中起来深埋于远离水源的地下。

第二章　实验数据的表达与处理

§2.1　测量中的误差

定量分析的任务是准确测定试样中组分的含量,因此要求分析结果具有一定的准确度。否则不准确的分析结果会导致生产上的损失,资源上的浪费,甚至在科学上得出错误的结论。在测定过程中,由于受分析方法、测量仪器、试剂和实验者的主观因素等方面的限制,使得测定结果不可能与真实值完全一致。即使是技术很熟练的实验者,用最精密的仪器,用同一种方法对同一样品进行多次测定,也不可能得到完全一致的结果。这就说明误差是客观存在的。因此,在实验过程中,除要选用合适的仪器和正确的操作方法外,还要学会科学地处理实验数据,以使实验结果与理论值尽可能的接近。为此,需要掌握误差和有效数字的概念,以及正确的作图法,并把它们应用于实验数据的分析和处理中去。

1. 误差的种类及产生的原因

产生误差的原因很多。根据误差性质的不同,一般可分为系统误差(或称可测误差)、偶然误差(或称未定误差)和过失误差三类。

(1) 系统误差

系统误差根据产生的原因不同,可分为如下几种:

① 方法误差　这是由于分析方法本身不够完善而引入的误差,如重量分析中由于沉淀溶解损失而产生的误差。

② 仪器误差　这是仪器本身的缺陷造成的误差,如天平的两臂不等,砝码、滴定管等的不准确性等。

③ 试剂误差　如果试剂不纯或所用的水不合规格,引入微量的待测组分或对测定有干扰的杂质,就会造成误差。

④ 主观误差　由于操作人员主观原因造成的误差,如对终点颜色的辨别不同,有的人偏深,有的人偏浅。

从以上原因看,系统误差是由某些比较确定的因素引起的,它对测定结果影响比较恒定,会在同样条件下的重复测量中重复地出现,例如,用未经校正的砝码进行称量时,在几次称量中用同一个砝码,误差就会重复出现,而且误差的大小也不变。系统误差可通过改进实验方法、校正仪器、提高试剂纯度等措施来减少。

(2) 偶然误差

这类误差是由某些难以预料的偶然因素造成的。例如,可能是由于环境温度、气压、湿度等的偶然波动所引起的,也可能由于个人一时辨别的差异而使读数不一致,如在取滴定管读数时,估计小数点后第二位数值,几次读数不一致。这类误差在操作中不能完全避免,对实验结果的影响也无规律可循,通常可采用"多次测定,取平均值"的方法来减小偶然误差。

（3）过失误差

过失误差是由于操作者粗枝大叶，不按规程操作、加错药品、读错数据等原因而造成测量的数据有很大的误差。如果确知由于过失差错而引进了误差，则在计算平均值时应剔除该次测量的数据。通常只要我们加强责任感，严格按操作规程进行，过失差错是完全可以避免的。

2. 准确度和误差

（1）准确度

指测定值与真实值之间的偏离程度，可以用误差来量度。

（2）误差

有绝对误差和相对误差，绝对误差指测定值与真实值之差；相对误差则是绝对误差与真实值之比（占百分之几）。

$$绝对误差(E) = 测定值 - 真实值（单位与被测值相同）$$

$$相对误差(E_r) = 绝对误差 / 真实值（无单位）$$

例：两个物体的真实质量分别为 1.232 1 g 和 0.123 2 g，用分析天平称量的结果分别为 1.232 0 g 和 0.123 1 g，则称量的绝对误差与相对误差分别为：

$$E_1 = 1.232\ 0 - 1.232\ 1 = -0.000\ 1(g)$$

$$E_2 = 0.123\ 1 - 0.123\ 2 = -0.000\ 1(g)$$

$$E_{r1} = \frac{E_1}{T_1} \times 100 = \frac{-0.000\ 1}{1.232\ 1} \times 100 = -0.008$$

$$E_{r2} = \frac{E_2}{T_2} \times 100 = \frac{-0.000\ 1}{0.123\ 2} \times 100 = -0.08$$

绝对误差与被测的真实值大小无关，误差大小取决于测量手段，而相对误差却与被测真实值的大小有关。从上例可知，若被测的量越大，则相对误差越小。一般用相对误差来反映测定值与真实值之间的偏离程度（即测量的准确度）比用绝对误差更为合理。

3. 精密度和偏差

（1）精密度

指测量结果的再现性（重复性）。

（2）偏差

通常被测量的真实值很难准确知道，所以在实际工作中，往往是在同样条件下进行多次的平行测定，然后取其平均值 $\overline{x}$ 代替真实值。这时单次测定的结果与平均值之间的偏离就称为偏差。偏差与误差一样，也有绝对偏差和相对偏差之分。即：

$$绝对偏差(d) = 单次测定值(x_i) - 平均值(\overline{x}) \quad (d = x_i - \overline{x})$$

$$相对偏差(d_r) = \frac{绝对偏差}{平均值} \quad \left(d_r = \frac{d}{x} \times 100\%\right)$$

从相对偏差的大小可以反映出测量结果再现性的好坏，即测量的精密度。相对偏差小，则可视为再现性好，即精密度高。为了说明测量结果的精密度，可以用平均偏差或相对平均偏差及标准偏差来表示：

$$平均偏差\ \overline{d} = \frac{\sum\limits_{i=1}^{n} | x_i - \overline{x} |}{n} \times 100\%$$

$$相对平均偏差\ \overline{d}_r = \frac{\sum\limits_{i=1}^{n} | x_i - \overline{x} |}{n\overline{x}} \times 100\%$$

$$标准偏差\ s = \sqrt{\frac{\sum\limits_{i=1}^{n} (x_i - \overline{x})^2}{n-1}}$$

由以上分析可知,误差与偏差、准确度与精密度的含义不同,必须加以区别。误差是以真实值为标准,偏差是以多次测量结果的平均值为标准。准确度表示测量的准确性,精密度表示测量的再现性。系统误差主要影响测定结果的准确度,偶然误差主要影响测定结果的精密度。精密度高,准确度不一定高。要做到准确度高,必须有好的精密度为基础。只有校正系统误差、控制偶然误差,才能有利于测定结果精密度既好准确度又高。

§2.2 有效数字及其运算规则

在化学实验中,经常要根据实验测得的数据进行化学计算,但是在测定实验数据时,应该采用几位数字？ 在化学计算时,计算的结果应该保留几位数字？ 这些都是需要首先解决的问题。为了解决这两个问题,需要了解有效数字的概念。

1. 有效数字位数的确定

具有实际意义的有效数字位数,是根据测量仪器和观察的精确程度来决定的。在有效数字中,除了最后一位数是估计可疑值外,其他各数都是确定的。例如在精确度为±0.1 g的台秤上称量某物重2.5 g,该物质的质量可以表示为(2.5±0.1)g,它的有效数字是二位；如果在精确度为±0.000 1 g的分析天平上称量某物重2.511 5 g,则该物质的质量可以表示为(2.511 5±0.000 1)g,它的有效数字可到五位。又例如在测量液体体积时,在最小刻度为1 mL的100 mL量筒中测得该液体的弯月面是在22.3 mL的位置,其中22.3是直接由量筒的刻度读出的,而0.3是由肉眼估计的,故该液体的液面在量筒中的准确读数可能是(22.3±0.1)mL,它的有效数字是三位。如果该液体在最小刻度为1/10 mL的滴定管中测量时,它的弯月面是在22.35 mL的位置,其中22.3是直接从滴定管的刻度读出的,而0.05是肉眼估计的,故该液体的液面在滴定管中的准确读数可能是(22.35±0.01)mL,它的有效数字是四位。可见,实验数据的有效数字与仪器的精确程度有关。有效数字中的最后一位数字已经不是十分准确的。因此,任何超过或低于仪器精确程度的有效位数的数字都是不恰当的。例如：在台秤上读出的2.5 g,不能写作2.500 0 g；在分析天平上读出的数值恰巧是2.500 0 g,也不能写作2.5 g。这是因为前者夸大了实验的精确度,后者缩小了实验的精确度。

有效数字的位数可以由表2-1中几个数字来说明：

表 2-1 有效数字位数的数字举例

数字	0.030	$3.0×10^{-10}$	28.3%	3.005	$3×10^4$	3 000
有效数字位数	二位	二位	三位	四位	一位	不确定

从上面这几个数字可看到:"0"如果在数字的前面,只表示小数点的位置,所以不包括在有效数字的位数中;"0"如果在数字的中间或末端,则表示一定的数值,应该包括在有效数字的位数中。

对于 pH 等对数值的有效数字位数仅取决于小数部分数字的位数,其整数部分为 10 的幂数,只起定位作用,不是有效数字,如 pH = 7.05,有效数字为二位,而不是三位;$[H^+]=3.5×10^{-10}$ mol·L^{-1},有效数字为二位。

常用仪器的精度见表 2-2。

表 2-2 常用仪器的精度

仪器名称	仪器精度	例子	有效数字
100 g 托盘天平	0.1 g	12.6 g	3 位
电光天平	0.000 1 g	15.200 8 g	6 位
10 mL 量筒	0.1 mL	6.5 mL	2 位
100 mL 量筒	1 mL	85 mL	2 位
移液管	0.01 mL	25.00 mL	4 位
滴定管	0.01 mL	22.30 mL	4 位
容量瓶	0.01 mL	100.00 mL	5 位
pHS-2C 型酸度计	0.01	4.76	2 位

2. 数字的修约规则

在运算时,按一定的规则舍入多余的尾数,称为数字修约。修约的基本原则如下:

(1) 四舍六入五成双。按此规则,测量值中被修约数≤4 时舍弃;≥6 时进位。等于 5 时(5 后无数字),若进位后末位数成偶数(0 以偶数计),则进位;若进位后成奇数,则舍弃。若 5 后还有数,说明修约数比 5 大,宜进位。例如:将下列数据修约为 3 位数。

4.135→4.14,4.125→4.12,4.105→4.10,4.125 1→4.13,4.134 9→4.13。

(2) 只允许对原测量值一次修约到所需位数,不能分次修约。例如,4.134 9 修约为三位,只能修约为 4.13,不能先修约为 4.135,再修约为 4.14。

3. 有效数字的运算规则

(1) 数字相加或相减

和与差的有效数字的保留应以数字的绝对误差最大的那个数字,即小数点后位数最少的数字为依据。尾数的修约采取四舍六入五留双的原则。运算时可先运算后修约,也可先修约后运算。

例如:将 14.72,0.367 4 及 0.689 0 三个数相加:

$$14.72 + 0.367 4 + 0.689 0 = 15.776 4$$

取舍时是以小数点后位数最少的数字 14.72 为依据，应取 15.78。

或：$14.72 + 0.37 + 0.69 = 15.78$。

（2）数字相乘或相除

在乘除运算中是按照相对误差最大（有效数字位数最少的）的那个数字来确定有效数字的位数。确定位数后，先修约尾数，然后进行运算。

例如：$\dfrac{0.032\,5 \times 5.103\,1}{139.82} \approx \dfrac{0.032\,5 \times 5.103}{139.8} = 0.001\,19$

在上面三个数字中，相对误差最大的是 0.032 5，即：$E_r = \dfrac{\pm 0.000\,1}{0.032\,5} \times 100 = \pm 0.3$。

所以乘除结果的有效数字保留的位数应与此相适应，只能够写作 0.001 19，而不能写作 0.001 187 或其他数字。

在取舍或修约有效数字的位数时，考虑到凑整误差的特点，还需注意：

① 几个数做加减运算时，以诸数中小数点后面位数最少的为准，其余各数均可修约成比该数多一位（称为安全数字）然后进行运算。同理，当几个数相乘除时，尾数修约同上。

② 在变换单位时，有效数字位数不变。例如 10.5 L 可写成 1.05×10^4 mL。

③ 不是测量得到的数字，如倍数、分数等，可看作无误差数字或无限多位的有效数字。

④ 某个数值的第一位数是 8 或 9，则有效位数可以多算一位。

⑤ 化学中的 pH、pM、$\lg K$ 等数值，小数点之前的数字不算有效数字。例如 pH = 3.68 有效位数为二位，不是三位。

⑥ 计算误差时，一般取一位，最多取二位。

§2.3　化学实验中的数据表达与处理

为了表示实验结果和分析其中规律，需要将实验数据归纳和整理。在无机及分析化学中主要采用列表法和作图法。

1. 列表法

在化学实验中，最常用的是函数表。将自变量和因变量一一对应排列成表格，以表示两者的关系。列表时注意以下几点：

（1）每张表格要有含义明确的完整名称。

（2）每个变量占表格的一行或一列，一般先列自变量，后列因变量，每行或每列的第一栏要写明变量的名称、量纲和公用因子。

（3）表中的数据排列要整齐，有效数字的位数要一致，同一列数据的小数点要对齐，若为函数表，数据应按自变量递增或递减的顺序排列，以显示出因变量的变化规律。

（4）处理方法和计算公式及需要说明的事项应在表下注明。

2. 作图法

实验数据常用作图来处理，作图可直接显示出数据的特点，数据的变化规律。根据作图还可求得斜率、截距、极大值、切线、外推值等。根据图形的变化规律，可以剔除一些偏差较大的实验数据。因此，作图好坏与实验结果有着直接的关系。以下简要介绍一般的作图方法。

（1）作图纸和坐标的选择

化学实验中一般常用直角毫米坐标纸。习惯上以横坐标作为自变量，纵坐标表示因变量。坐标轴比例尺的选择一般应遵循以下原则：

① 坐标刻度要能表示出全部有效数字，从图中读出的精密度应与测量的精密度基本一致。

② 坐标标度应取容易读数的分度，即每单位坐标格子应代表 1、2 或 5 的倍数，而不要采用 3、6、7、9 的倍数。而且应把数字表示在图纸逢 5 或 10 的粗线上。

③ 在不违反上述两个原则的前提下，坐标纸的大小必须能包括所有必需的数据且略有宽裕。如无特殊需要（如直线外推求截距等）就不一定把变量的零点作为原点，可以只从稍低于测量值的整数开始。这样可以充分利用图纸而且有利于保证图的精密度。若为直线或近乎直线的曲线，则应安置在图纸对角线附近。

（2）点和线的描绘

① 点的描绘。代表某一读数的点可用⊕、⊙、○、×、△、◇等不同的符号表示，符号的重心所在即表示读数值。若在一幅图上作多条曲线，应采用不同符号区分。

② 线的描绘。描绘出的线必须平滑，尽可能贯穿大多数点（并非要求贯穿所有的点），并使处于线两边的点的数目大致相等。

③ 在曲线的极大、极小或折点处，应尽可能地多测量几个点，以保证曲线所示规律的可靠性。

对于个别远离曲线的点，如不能判断被测量物理量在此区域会发生什么突变，就要分析一下是否有偶然性的过失误差，如果确属误差所致，描线时可不考虑这一点。但若重复实验仍有同样情况，说明曲线在此区间有新的变化规律。通过认真仔细测量，按上述原则描绘出此间曲线。切不可毫无理由地丢弃离曲线较远的点。

画线时，一般先用淡、软铅笔沿各数值点的变化趋势轻巧地绘一条曲线，然后用曲线尺逐段吻合手绘线，作出光滑的曲线。

（3）图名和说明

图形作好后，应注上图的名称，标明坐标轴所代表的物理量、比例尺及主要测量条件（温度、压力、浓度等）。

目前由于计算机的普及，各种商业软件不断开发出来，其中有许多软件如 Word、Excel、Photoshop、Origin 等能高质量地处理表格和图形，方便快捷，并能很好地符合数据处理的要求，可有条件地选用。

第三章 基 本 操 作

§3.1 玻璃仪器的洗涤与干燥

一、洗涤

化学实验中经常使用各种玻璃仪器。为了获得准确的实验结果,必须将实验仪器洗涤干净。针对玻璃仪器的特性和玻璃仪器上的污物不同,可以采用不同的洗涤方法。

1. 水洗

除去仪器上的灰尘、可溶物和某些不溶物。

2. 洗涤剂

以洗去油污或有机物。常用的有去污粉、肥皂和合成洗涤剂等。在用洗涤剂之前,先用自来水洗,然后用毛刷蘸少许洗涤剂在润湿的仪器内外壁上擦洗,最后用自来水冲洗干净。有时用碱液(或热碱液)洗。

3. 铬酸洗液

对污染严重或口径很小或不宜用刷子洗涤的仪器(如移液管、吸量管、滴定管等)可用铬酸洗液洗涤。铬酸洗液具有很强的氧化能力,能将油污及有机物除去。

(1) 铬酸洗液的配制

25 g 粗重铬酸钾在加热的条件下溶于 50 mL 的水中,然后将 450 mL 的浓硫酸慢慢加入到此溶液中去,所得的溶液称为铬酸洗液。

(2) 铬酸洗液的使用

① 使用洗液前,应尽量去除容器内的水,以防洗液稀释。将洗液小心倒入器皿中(其用量约为器皿容量的 1/3),慢慢地转动器皿,使洗液润湿器皿的内壁片刻或浸泡一段时间,把洗液倒出,先用少量水润洗 2 次,润洗液倒入指定容器中,再用水冲洗。

② 洗液具有很强的腐蚀性,会灼伤皮肤和损坏衣服,使用时最好戴橡皮手套和防护镜。万一不慎溅到皮肤或衣服上,要立即用大量水冲洗。

③ 某些还原性污物能使洗液中 Cr(Ⅵ)还原为绿色的 Cr(Ⅲ)。所以已变成绿色的洗液就不能继续使用,未变色的洗液可继续使用。

4. 特殊的试剂

特殊的污物应选择特殊的试剂洗涤。例如:$CaCO_3$、$Fe(OH)_3$、$Cu(OH)_2$ 等碱性污物,可用 HCl 洗涤;仪器上沾有 MnO_2 可用稀 H_2O_2 洗涤;金属铜或银可用稀 HNO_3 洗涤等。

上述处理后的仪器,均需用自来水淋洗干净,再用蒸馏水润洗。洗净后的仪器,要达到清洁透明。把仪器倒转,水沿器壁自然流下,均匀湿润无条纹不挂水珠,则表明仪器已洗干净。若局部挂水珠或有水流拐弯现象,则表示仪器没有洗干净,要重新洗涤。已洗净的仪器不能再用布或纸擦,因为布或纸的纤维会留在器壁上反而弄脏仪器。

二、干燥

可以根据不同的情况,采取不同方法将洗净的仪器干燥。常见的几种干燥方法如图 3－1 所示。

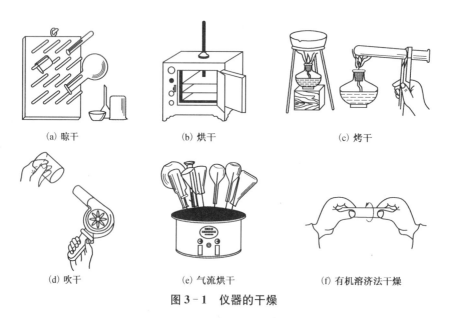

(a) 晾干　　　　　　(b) 烘干　　　　　　(c) 烤干

(d) 吹干　　　　　(e) 气流烘干　　　　(f) 有机溶济法干燥

图 3－1　仪器的干燥

1. 晾干

仪器洗净后倒置在仪器架上,让其自然干燥,不能倒置的仪器可将水倒净后任其干燥。

2. 烘干

洗净后仪器可放在电烘箱内烘干,温度控制在 $105\sim110℃$。仪器放进烘箱之前,应尽可能把水甩净,放置时应使仪器口向下。

3. 烤干

用小火烤干仪器。试管可直接用火烤,但必须使试管口稍微向下倾斜,以防水珠倒流,引起试管炸裂。待水珠消失,将试管口朝上,以便水气逸去。

4. 吹干

用压缩空气或电吹风把洗净的仪器吹干。

5. 有机干燥剂干燥

往仪器内倒入少量有机溶剂(常用的是酒精或丙酮),将仪器倾斜、转动,使仪器中的水与有机溶剂混溶,然后倒出混合液,尽量倒干,任有机溶剂挥发掉或向仪器内吹冷空气吹干。

§3.2　加热与冷却

一、加热器

实验室常用的加热仪器有:酒精灯、酒精喷灯、煤气灯以及各种电加热器。

（一）灯加热

1. 酒精灯

（1）构造

酒精灯的构造如图 3－2 所示。加热温度通常在 400～500℃。

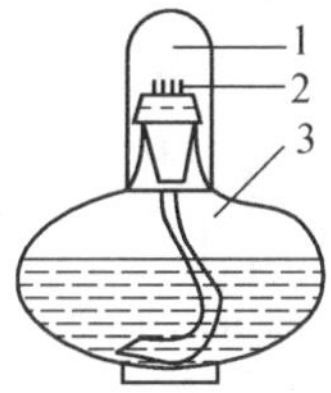

（2）使用方法

① 检查灯芯并修整　灯芯不要过紧,也不要过松,灯芯不齐或烧焦,可用剪刀剪齐或从烧焦处剪掉。

② 添加酒精　用漏斗将酒精加入酒精灯壶中。加入量为不超过壶容积的 2/3。

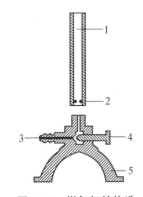

图 3－2　酒精灯的构造
1. 灯帽　2. 灯芯　3. 灯壶

③ 点燃　取下灯帽,用火柴将灯芯点燃。

④ 熄灭　用灯帽从火焰侧面轻轻盖上。片刻后再把灯帽提起一下,然后再盖上。

（3）注意事项

① 燃烧时不能添加酒精;② 不能用点着的酒精灯去点火;③ 盖灭不能吹灭;④ 酒精加入量不能超过壶容积的 2/3;⑤ 酒精是易燃品,使用时一定要按规范操作,切勿洒溢在容器的外面,以免引起火灾。

2. 煤气灯

煤气灯是利用煤气或天然气为燃料的一种加热工具。

（1）构造（如图 3－3）

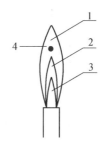

图 3－3　煤气灯的构造
1. 灯管　2. 空气入口　3. 煤气入口
4. 针阀　5. 灯座

图 3－4　灯焰组成
1. 外焰　2. 内焰　3. 焰芯
4. 温度最高区

（2）灯焰的组成

如图 3－4 所示,灯焰为三层:① 内层称为焰芯,是没有燃烧的气体;② 中层称为还原焰,气体没有完全燃烧,并有灼热的碳粒,故具有还原性;③ 外层称为氧化焰,气体充分燃烧,温度高,通常用氧化焰来加热,因空气充足,有过量的氧气,故具有氧化性,"4"所示区为温度最高区（大约为 1 500℃）。

（3）使用方法

① 先关闭空气入口（因为空气进入量大时,灯管口气体冲力太大,不易点燃）。

② 擦燃火柴,将火柴从下斜方向移近灯管口。

③ 打开煤气阀门（龙头）,点燃煤气灯。调节煤气阀门或螺旋针,使火焰高度适宜（一般

高度 4～5 cm)。火焰呈黄色。

④ 调节空气进入量,使火焰呈淡紫色。

(4) 注意事项

① 煤气中的一氧化碳有毒,且当煤气和空气混合到一定比例时,遇火源即可发生爆炸,所以不用时一定要把煤气阀门(龙头)关好;点燃时一定要先划燃火柴,再打开煤气龙头;离开实验室时,要再检查一下煤气开关是否关好。

② 调节好煤气和空气的进入量大小和比例。若煤气和空气比例恰当且流量适合,产生正常火焰,如图 3-5(a)。若煤气和空气的进入量都很大,则产生临空火焰,如图 3-5 (b),火焰脱离灯管,临空燃烧。若煤气的流量很小,空气流量过大,则火焰往往熄灭,有时产生侵入焰,如图 3-5 (c),即煤气不是在管口燃烧而是在管内燃烧,并发出"嘘嘘"的响声,看到一根细长的火焰。

(a) 正常火焰　　　(b) 临空火焰　　　(c) 侵入火焰

图 3-5　几种灯焰

3. 酒精喷灯

(1) 构造

酒精喷灯为金属制品,有挂式和座式两种,构造如图 3-6 所示。

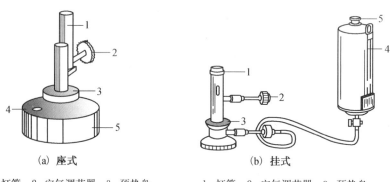

(a) 座式

1. 灯管　2. 空气调节器　3. 预热盘
4. 铜帽　5. 酒精壶

(b) 挂式

1. 灯管　2. 空气调节器　3. 预热盘
4. 酒精贮罐　5. 盖子

图 3-6　酒精喷灯的类型和构造

(2) 使用方法

使用方法如下(如图 3-7):挂式喷灯使用前,先关闭贮罐下面的开关,打开上盖,从上口向贮罐内加入酒精,然后拧紧上盖。加完酒精后把贮罐挂在高处。使用时,在预热盘中加满酒精并点燃,以加热铜制灯管,待盘中酒精将近烧完时,旋开空气调节器并打开贮罐下部的开关,这时由于酒精在灼热的灯管内气化,与来自气孔的空气混合,用火柴在管口点燃气体,旋转空气调节器控制火焰的大小以获得稳定的火焰。用毕,旋紧关闭空气调节器,同时关闭贮罐下面的开关,火焰即自行熄灭,此时若有小火未熄,可采用盖灭的方法。

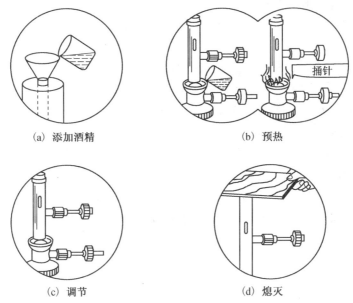

(a) 添加酒精   (b) 预热

(c) 调节   (d) 熄灭

图 3-7 酒精喷灯的使用

如果在预热盘中点燃酒精 2 次后,仍不出气(即喷灯管口的气体点不着),可能是酒精蒸气口阻塞,可先关闭开关,然后用探针疏通,重新在预热盘中加酒精预热后点火。必须注意:在旋开空气调节器、点燃管口气体前,必须使灯管充分灼热,否则酒精不能全部气化,造成液体酒精由管口喷出来,形成"火雨",甚至引起火灾。遇到这种情况,应立即关紧空气调节器和酒精贮罐的开关。

座式喷灯连续使用不能超过半小时,如果要超过半小时,必须暂先熄灭喷灯。冷却,添加酒精(不能超过壶体积的 2/3)后再继续使用。挂式喷灯用毕,酒精贮罐的下口必须关好。

(二)电加热方法

实验室常用的电加热器(如图 3-8)有电炉、电加热套、烘箱、管式炉和马弗炉等多种。

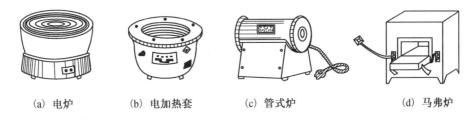

(a) 电炉   (b) 电加热套   (c) 管式炉   (d) 马弗炉

图 3-8 几种常见的电加热器

1. 电炉

有不同规格,如 300 W、500 W、800 W、1 000 W 等。有的带有可调装置。使用电炉应注意以下几点:

① 电源电压与电炉电压要相符;② 加热器与电炉间要放一块石棉网,以使加热均匀;③ 炉盘凹槽要保持清洁,要及时清除烧焦物,以保证炉丝传热良好,延长使用寿命。

2. 电加热套(包)

为加热圆底容器而设计的电加热源。有适合不同规格烧瓶的电加热套。在玻璃纤维织品与外壳之间嵌有电热丝,通电后即可加热,温度可由控温装置调节。

3. 烘箱

工作温度从室温至设计最高温度。在此温度范围内可以任意选择,有自动控制系统。箱内装有鼓风机,使箱内空气对流,温度均匀。使用时注意事项:

① 被烘的仪器应洗净、沥干后再放入,且使口朝下,烘箱底部放有搪瓷盘承接仪器上滴下的水,不让水滴到电热丝上;② 易燃、易挥发物不能放入烘箱,以免发生爆炸;③ 升温时应检查控温系统是否正常,一旦失控就可能造成箱内温度过高,导致水银温度计炸裂;④ 升温时,箱门一定要关严。

4. 管式炉和马弗炉

都属于高温电炉。主要用于高温灼热或高温反应。

(三) 热浴

1. 水浴

当被加热物质要求受热均匀,而温度不超过 100℃时可用水浴加热(如图 3 - 9)。水浴有用电加热的恒温水浴锅和用灯加热的不定温水浴锅。将容器浸入热水中,但勿使容器接触水浴锅的锅壁或锅底。水浴锅中的存水量应保持在总体积的 2/3 左右,操作时要及时加水切勿烧干。

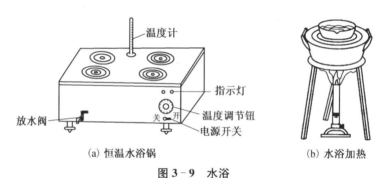

(a) 恒温水浴锅　　　　　　　　　(b) 水浴加热

图 3 - 9　水浴

2. 油浴

油浴所能达到的温度取决于选用的油。常用作油浴的有:甘油(150℃以下)、石蜡(200℃以下)、硅油(250℃以下)等。使用油浴时,要特别注意防止着火。

3. 沙浴

可用生铁铸成的平底铁盘上放入细沙而制成。将反应器半埋在沙中加热(如图 3 - 10)。由于沙子的导热性差,升温慢,因此沙层不能太厚,沙中各部位温度也不尽相同,因此测温度时,最好在反应器附近测量。

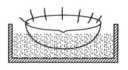

图 3 - 10　沙浴

二、常见的加热操作

1. 液体的加热

(1) 烧杯或烧瓶中加热液体时,应先将烧杯或烧瓶的外壁拭干,容器底部垫上石棉网,

使加热时底部受热均匀,防止破裂(如图 3-11)。烧杯中所盛装的溶液不超过其容积的
1/2,烧瓶则不超过 2/3,必要时加几粒沸石,以防产生爆沸。

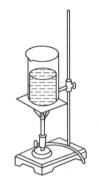

图 3-11 加热烧杯中的溶液

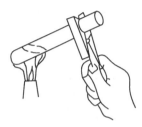

图 3-12 加热试管中的溶液

(2) 在试管中加热液体时,管内的液体不得超过试管总容积的 1/3。加热时,用试管夹
夹住试管上端离管口约为试管长度的 1/3 处(如图 3-12),管口略向上倾斜。在加热过程
中,管口始终不能对着任何人,以防溶液溅出伤人。先加热溶液的中上部,再慢慢下移,并不
断上下移动或振荡试管,使各部分溶液受热均匀,防止局部沸腾而发生喷溅。

(3) 在蒸发皿内加热液体使其蒸发时,所盛液体不得超过蒸发皿容积的 2/3。视情况可
直接加热或水浴加热。

2. 固体的加热

(1) 在试管中加热固体时,为了避免加热过程产生的水分在管口冷凝、倒流而使试管炸
裂,加热时必须使试管口稍微向下倾斜(如图 3-13),先来回预热试管,然后固定在有固体
物质的部位加强热。

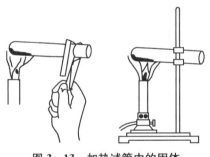

图 3-13 加热试管中的固体

图 3-14 灼热坩埚

(2) 灼烧或熔融固体物质应在耐热的坩埚中进行,根据物质的性质不同可选用瓷坩埚、
铁坩埚、镍坩埚、石墨坩埚或铂坩埚。灼热时,盛有灼热物的坩埚放在泥三角架上,先用小火
烘烧,然后逐渐加大火焰,最后强热灼烧。有时把坩埚稍微倾斜地放在泥三角上,半盖着坩
埚进行加热,使火焰的热量反射到坩埚内,提高坩埚内的温度,如图 3-14 所示。

三、冷却

1. 自然冷却

将加热的物质及容器放在空气中,自然冷却到室温。

2. 流水冷却

直接用流动的自来水进行冷却。

3. 冰水冷却

将反应器放入冰水中冷却。

4. 冰盐冷却

在 273 K 以下的温度冷却时,可用冰盐浴冷却。所能达到的温度由冰盐的比例和盐的种类决定。干冰和有机溶剂混合时,温度会更低。如表 3 - 1 所示。

表 3 - 1　常用的冷却剂及其达到的温度

制 冷 剂	制冷温度(K)
4 份 $CaCl_2 \cdot 6H_2O$＋100 份碎冰	264
1 份 NaCl＋3 份冰水	252
125 份 $CaCl_2 \cdot 6H_2O$＋100 份碎冰	233
150 份 $CaCl_2 \cdot 6H_2O$＋100 份碎冰	224
5 份 $CaCl_2 \cdot 6H_2O$＋4 份碎冰	218
干冰＋乙醇	201
干冰＋乙醚	196
干冰＋丙酮	195

§3.3　玻璃管的加工和塞子钻孔

一、玻璃管的加工

1. 玻璃的截断和熔光

(1) 截断

将玻璃管平放在桌子边缘上,一只手紧按住要截断的部位,另一只手拿三角锉刀(或小砂轮),让锉棱紧压在要截断的部位,用力向后或向前(注意,切勿来回锉)锉出一道深而短的凹痕(如图 3 - 15)。凹痕应与玻璃管垂直,这样截断面才平整。然后双手平持玻璃管,凹痕向外,两手拇指在凹痕背面,轻轻加压,同时两手轻轻一掰,玻璃管就折成两段(如图 3 - 16)。如截面不平整,则不合格。如截断玻璃棒,则要求凹痕深一点,其他操作同玻璃管。

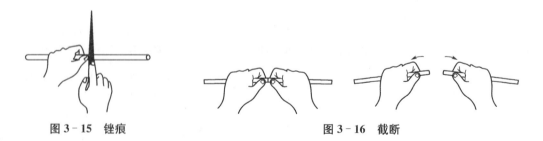

图 3 - 15　锉痕　　　　　　　　　　　图 3 - 16　截断

(2) 熔光

截断的玻璃管,其截面的边缘很锋利,容易割破手和橡皮管,也不易插入塞子孔内,因此必须熔光,使之平滑。把截断面斜插入(一般成 45°)喷灯氧化焰中加热,并不断来回转动玻璃管,使之受热均匀（如图 3-17）,直至管口呈暗红色。然后将灼热的玻璃管放在石棉网上冷却,这时玻璃管口就变得光滑了。

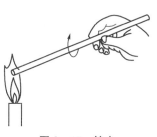

图 3-17 熔光

2. 玻璃管的弯曲

玻璃无固定的熔点,加热到一定程度后逐渐变软,容易加工成所需的形状。加工时,先用抹布把截下的玻璃管擦净,双手持玻璃管,把要弯曲的部位放入氧化焰中(若玻璃管内不干,则先在还原焰中左右移动,预热,以除去水气。加工一般在喷灯上进行,如果用的是煤气灯,可罩上鱼尾罩,以增大玻璃管的受热面积)加热。在加热过程中使玻璃管在火焰中缓慢而均匀地转动（如图 3-18）,同时双手微微向中间用力,当把玻璃管加热至发黄变软或在弯曲的部位管壁稍变厚时,由火焰中取出一次弯成所需角度(若用酒精灯加热则不必取出)。弯时两手在上方,玻璃管的弯部分在两手中间的下方,均匀向中间用力（如图 3-19）。弯好后,稍停片刻,再把它放在石棉网上冷却。弯得好的玻璃管,角度准确,里外均匀平滑,整个玻璃管在同一平面上。如果加热温度过高,玻璃管太软,则弯时容易变形,不合要求;加热不够,则弯时容易折断,所以必须掌握好火候。

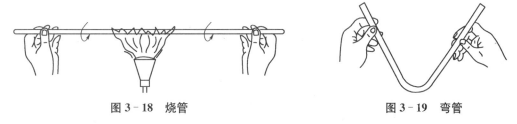

图 3-18 烧管　　　　　　　　　　　图 3-19 弯管

如果要弯小角度的玻璃管,不可一次完成。一般先将玻璃管弯成 120°左右,然后在弯曲部位的稍偏左处,再在稍偏右处,分别加热和弯曲,逐步达到所需角度。弯管的好坏比较和分析如图 3-20 所示。

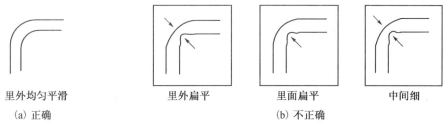

里外均匀平滑　　　　里外扁平　　　　里面扁平　　　　中间细

（a）正确　　　　　　　　　　（b）不正确

图 3-20 弯管的好坏比较

3. 玻璃管的拉细和滴管的制作

拉细玻璃管的加热方法与玻璃管的弯曲基本一样,但加热时间要长一点,使玻璃管呈暗红色。这时玻璃管已足够软,故转动时要注意保持玻璃管呈水平,切勿扭曲。然后从火焰中取出,玻璃管沿水平方向边拉边来回转动（如图 3-21）。拉时先慢后快,拉到所需细度后,手持玻璃管的一端,让另一端下垂,待稍定型后,放在石棉网上冷却。要求拉成的细管和粗管的轴线在同一直线上。

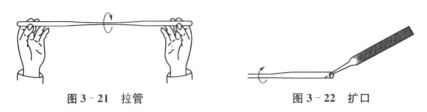

图 3 - 21　拉管　　　　　　　　　　　图 3 - 22　扩口

　　根据尖嘴所需的长度,用小砂轮轻轻转一下,把截断的截面在酒精灯上稍微烧一下,使之熔光,再把粗的一端在喷灯上烧至暗红变软时,取出,垂直放在石棉网上轻轻压一下,或用镊子插入管口转一圈,使管口变厚并略向外翻(如图 3 - 22)。冷后,套上乳胶滴头即成滴管,要求从滴管中每滴出 20～25 滴水的体积约等于 1 mL。

二、塞子钻孔

　　塞子钻孔常用的工具是钻孔器(也称打孔器),如图 3 - 23 所示,它是一组口径不同的铁管,一端有手柄,另一端是环形锋利的刀刃。一组钻孔器配有一根通条,用来捅出进入钻孔器中的橡皮或软木芯。

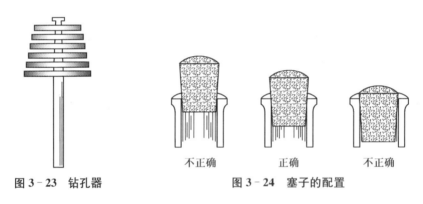

图 3 - 23　钻孔器　　　　图 3 - 24　塞子的配置

不正确　　　　　正确　　　　　不正确

　　1. 塞子大小的选择

　　塞子的大小应与仪器的口径相适合,通常以能塞进瓶口的 1/2～1/3 为宜,塞进过多或过少的塞子都不符合要求(如图 3 - 24)。

　　2. 钻孔器大小的选择

　　橡皮塞应选择一个比要插入塞子的玻璃管口径略粗的钻孔器,因为橡皮塞有弹性,孔道钻成后会收缩使孔径变小。软木塞则相反,要选口径略小于玻璃管口径的钻孔器。

　　3. 塞子钻孔的方法

　　将要钻孔的塞子小头向上,一只手拿住塞子,另一只手按住钻孔器的手柄。在选定的位置上沿顺时针方向旋转并垂直往下钻,钻到一半左右时,按逆时针方向旋转退出钻孔器。把塞子翻过来,大头朝上,对准原孔的方向按同样的操作钻孔,直到打通为止(如图 3 - 25)。再用通条把钻孔器中的塞子芯捅出。钻孔时要保持钻孔器与塞子垂直,以免把孔钻斜。若塞孔稍小或不光滑时,可用圆锉修整。

图 3 - 25　钻孔的方法

4. 玻璃管插入橡皮塞的方法

用甘油或水把玻璃管的前端润湿后,按图 3-26(a)所示,先用布包住玻璃管,然后手握玻璃管的前半部,把玻璃管慢慢旋入塞孔内合适的位置。如用力过猛或手离橡皮塞太远,都可能把玻璃管折断,刺伤手掌,如图 3-26(b)所示,务必注意。

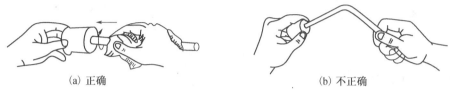

(a) 正确　　　　　　　　　　　　　　　　　　　(b) 不正确

图 3-26　把玻璃管插入橡皮塞的手法

§3.4　试剂的取用

一、化学试剂分类

化学试剂按照含杂质的多少,分为不同的级别。我国生产的通用化学试剂的级别见表 3-2。随着科学技术的发展,需要一些特殊用途的高纯试剂,如基准试剂、光谱纯试剂、色谱纯试剂等。

表 3-2　化学试剂的级别

级　　别	一级品	二级品	三级品	四级品
名　　称	优级纯	分析纯	化学纯	实验试剂
英文名称	Guarantee Reagent	Analytical Reagent	Chemical Pure	Laboratory Reagent
英文缩写	G. R	A. R	C. P	L. R
瓶签颜色	绿	红	蓝	棕或黄

二、化学试剂取用规则

1. 固体试剂取用规则

(1) 要用干燥、洁净的药匙取试剂。应专匙专用,用过的药匙必须洗净擦干后方可再使用。

(2) 取用药品前,要看清标签。取用时,先打开瓶盖或瓶塞,将瓶塞反放在实验台上。不能用手接触化学试剂。应本着节约的原则用多少取多少,多取的药品不能放回原瓶。取用药品后应立即盖上瓶盖,以免污染药品。

(3) 固体试剂应放在干净的纸或表面皿上称量。具有腐蚀性、强氧化性或易潮解的固体试剂应放在玻璃容器内称量。

(4) 如果药品是块状的,放入容器时,应先倾斜容器,把固体轻放在容器的内壁,让它慢慢地滑落到容器的底部,否则容器底部易被击破。如固体颗粒较大,应放在干燥洁净的研钵中研碎。粉末状的药品,可用药匙或纸槽伸进倾斜的容器中,再使容器直立,让药品直接落到容器的底部(如图 3-27、图 3-28 和图 3-29)。

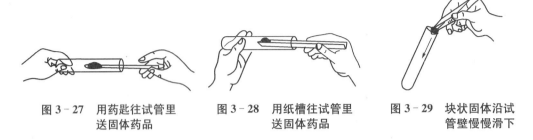

图 3-27　用药匙往试管里　　　图 3-28　用纸槽往试管里　　　图 3-29　块状固体沿试
　　　　送固体药品　　　　　　　　　送固体药品　　　　　　　管壁慢慢滑下

(5) 取用有毒药品应在教师指导下进行。

2. 液体试剂取用规则

(1) 从细口瓶中取用液体试剂时,一般用倾注法(如图 3-30)。先将瓶塞取下,反放在实验台面上,手握住试剂瓶,使标签面朝手心,逐渐倾斜瓶子,让液体试剂沿着器壁或沿着洁净的玻璃棒流入接受器中。倾出所需量后,将试剂瓶口在容器上靠一下,再逐渐竖起瓶子,以防遗留在瓶口的试液流到瓶的外壁。倒出的试剂,不能倒回原瓶。

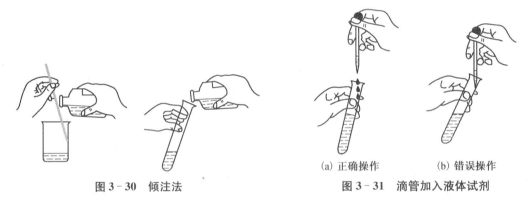

　　　　　　　　　　　　　　　　　　　　　　　(a) 正确操作　　　(b) 错误操作

图 3-30　倾注法　　　　　　　　图 3-31　滴管加入液体试剂

(2) 从滴瓶中取用液体试剂时,要用滴瓶中的滴管,滴管绝不能伸入所用的容器中,以免触及器壁面沾污药品(如图 3-31)。装有药品的滴管不得横置或滴管向上斜放,以免液体流入滴管的乳胶滴头中。滴加完毕后,应将滴管中剩余的试剂挤入滴瓶中,把滴管放回滴瓶,切勿放错。

(3) 定量取用液体时,要用量筒或移液管(或吸量管)取,根据用量和要求选用一定规格的量筒、移液管(或吸量管)。

§3.5　基本度量玻璃仪器的使用

一、量筒

量筒(如图 3-32)是化学实验中最常用的度量液体的容器。量筒不能用作精密测量,只能用来测量液体的大致体积。量筒不能盛放热的液体,也不能用做反应器。量液时,视线应与液面最凹处(弯月面底部)同一水平面上进行观察,读取与凹液面相切处的刻度(如图 3-33)。

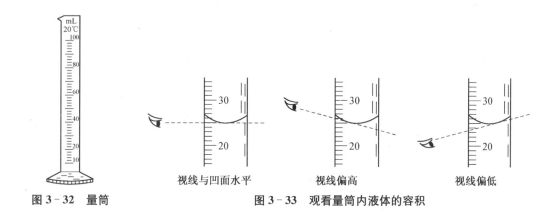

图 3-32 量筒

图 3-33 观看量筒内液体的容积

视线与凹面水平　　　视线偏高　　　视线偏低

二、移液管和吸量管

移液管和吸量管是用来准确移取一定量液体的量器(如图 3-34)。移液管是一细长而中部膨大的玻璃管,其上端管颈刻有一条标线。常用的移液管容积有 5 mL、10 mL、25 mL 和 50 mL 等。

吸量管是具有分刻度的玻璃管,用以吸取所需不同体积的液体。常用吸量管有 1 mL、2 mL、5 mL 和 10 mL 等规格。

移液管和吸量管的使用方法:

(1) 洗涤

移液管先用自来水冲洗,再用蒸馏水润洗 2～3 次。吸取试液前,还要用少量所取用的试液润洗 2～3 次。

图 3-34 移液管和吸量管

(2) 移取

用移液管移取溶液时,一只手大拇指和中指拿住管颈标线上方,将管下部插入溶液中,下部的尖嘴插入液面下约 1 cm,不能伸入太深,以免外管沾上过多的溶液,也不能伸入太浅,以免液面下降时吸入空气。另一只手拿洗耳球,先把球内的空气挤出,再把球的尖端对准移液管口,慢慢松开,使溶液吸入管内。移液管随着溶液液面的下降而往下伸。待液面上升到比标线稍高时,移去洗耳球,迅速用食指压紧管口,大拇指和中指垂直拿住移液管,管尖离开液面,但仍靠在盛溶液器皿的内壁上。稍微放松食指使液面缓缓下降,至溶液弯月面与标线相切时,立即用食指压住管口。然后将移液管移入预先准备好的器皿中,移液管应垂直,管尖靠在接受器的瓶内壁上,松开食指让溶液自然地沿器壁流出(如图 3-35)。待溶液流毕,等 15 s 后,取出移液管。如移液管未标"吹"字,则残留在管尖的溶液切勿吹出,因校准移液管时已将此考虑在内。

吸量管的用法与移液管基本相同。由于吸量管的容量精度低于移液管,所以在移取时要尽可能使用移液管。在使用吸量管时,尽量在最高标线调整零点。

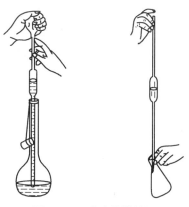

图 3-35 移液管的使用

三、容量瓶

容量瓶是一种细颈梨形的平底瓶。容量瓶的形状如图 3 - 36 所示，瓶颈上刻有环形标线，瓶上标有它的容积和标定时的温度，通常有 1 mL、2 mL、5 mL、10 mL、25 mL、50 mL、100 mL、200 mL、250 mL、500 mL、1 000 mL 等规格。容量瓶主要用来精确配制一定体积和一定浓度溶液的量器，也可用来准确地稀释溶液。

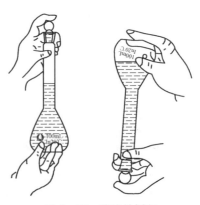

图 3 - 36　容量瓶

容量瓶的使用：

（1）检漏

加自来水至标线附近，盖好瓶塞，一只手托住瓶底，另一只手用食指压住瓶塞，将其倒立 2 min，观察瓶塞周围是否有水渗出。如果不漏，再把瓶塞旋转 180°，塞紧、倒立，如仍不漏水，则可使用。瓶塞要用细绳系在瓶颈上，以防弄错引起漏水。

（2）洗涤

洗净后先用自来水冲洗，再用蒸馏水润洗 2～3 次。

（3）溶液的配制

当用固体配制一定体积准确浓度的溶液时，通常将准确称量的固体放入小烧杯中，先用少量蒸馏水溶解，然后转移到容量瓶内。转移时，烧杯嘴紧靠玻璃棒，玻璃棒下端靠着瓶颈内壁，慢慢倾斜烧杯，使溶液沿玻璃棒顺瓶壁流下（如图 3 - 37）。用蒸馏水冲洗烧杯壁 3～4 次，每次洗涤液都转入容量瓶内。然后用蒸馏水稀释，并注意将瓶颈附着的溶液洗下。当水加至约容积的一半时，将容量瓶沿水平方向轻轻摇荡使溶液初步混合，注意不要让溶液接触瓶塞及瓶颈磨口部分。继续加水至接近标线。稍停，待瓶颈上附着的液体流下后，用滴管逐滴加蒸馏水至弯月面下沿与环形标线相切。用一只手的食指压住瓶塞，另一只手托住瓶底（如图 3 - 38），倒转容量瓶，使瓶内气泡上升到顶部，振荡 5～10 s，再倒转过来，如此重复多次，使溶液充分混匀。

图 3 - 37　向容量瓶内转移溶液　　　　　图 3 - 38　溶液的摇匀

当用浓溶液配制稀溶液时，则用移液管或吸量管取准确体积浓溶液放入容量瓶中，按上述方法冲稀至标线，摇匀。

容量瓶不可在烘箱中烘烤，也不能用任何加热的办法来加速瓶中物料的溶解。长期使用的溶液不要放置于容量瓶内,而应转移到洁净干燥或经该溶液润洗过的储藏瓶中保存。

四、滴定管

滴定管是滴定时准确测量溶液体积的量出式量器,它是具有精确刻度、内径均匀的细长玻璃管。常用的滴定管容积为 50 mL 和 25 mL,其最小刻度是 0.1 mL,在最小刻度之间可估计读出 0.01 mL。滴定管一般可分为酸式滴定管和碱式滴定管两种(如图 3-39)。

酸式滴定管下端有一玻璃旋塞。开启旋塞时,溶液即从管内流出。酸式滴定管用于装酸性或氧化性溶液。但不宜装碱液,因玻璃易被碱液腐蚀而粘住,以致无法转动。

碱式滴定管下端用乳胶管连接一个带尖嘴的小玻璃管,乳胶管内有一玻璃珠用以控制溶液的流出。碱式滴定管用来装碱性溶液和非氧化性溶液,不能用来装对乳胶管有侵蚀作用的酸性溶液或氧化性溶液。

(a) 酸式　　　 (b) 碱式

图 3-39　酸式滴定管和碱式滴定管

滴定管的使用:

(1) 涂脂

酸式滴定管的旋塞必须涂脂,以防漏水和保证转动灵活。其方法是:将滴定管平放于实验台上,取下旋塞,用滤纸把旋塞和塞槽擦干,在旋塞孔的两侧均匀地涂上一薄层凡士林,注意不要把凡士林涂到旋塞孔的近旁,以免堵塞旋塞孔。然后将旋塞小心地插入塞槽中,向同一方向转动旋塞,直到透明、无纹路。为了防止旋塞脱出,可用橡皮筋把旋塞系牢。凡士林不可涂得太多,否则易使滴定管的细孔堵塞;涂得太少则润滑不够,旋塞转动不灵活(如图 3-40)。

图 3-40　旋塞涂油

(2) 检漏

关闭旋塞,向滴定管中加入水,将滴定管垂直夹在滴定台上,观察尖嘴口及旋塞两端是否有水渗出;将旋塞转动 180°,再观察,如果两次均无水渗出,方可使用。若滴定管漏水或旋塞转动不灵,则应重新涂凡士林,重涂前要把旋塞和塞槽擦干净。若碱式滴定管漏水,可更换乳胶管或玻璃珠。

(3) 润洗

洗净后用自来水冲洗,再用蒸馏水润洗 2~3 次。每次润洗加入适量蒸馏水,并打开旋塞使部分水由此流出,以冲洗出口管。然后关闭旋塞,两手平端滴定管慢慢转动,使水流遍全管。最后边转动边向管口倾斜,将多余的水从管口倒出。用蒸馏水润洗后,再按上述操作方法,用待装溶液润洗 2~3 次。

（4）装液

关好旋塞，向滴定管中注入操作溶液。不要注入太快，以免产生气泡，待至液面到"0"刻度附近为止。

（5）排气泡

装入操作溶液的滴定管，应检查出口下端是否有气泡，如有应及时排除。其方法是：取下滴定管倾斜成约30°。若为酸式管，可用手迅速打开旋塞（反复多次），使溶液冲出带走气泡；若为碱式管，则将胶皮管向上弯曲，用两手指挤压稍高于玻璃珠所在处，使溶液从管口喷出，气泡亦随之而排出（如图3-41），排除气泡后，滴定管下端如悬挂液滴也应当除去。

图 3-41　碱式滴定管排气泡

（6）读数

① 读数时，取下滴定管用大拇指和食指捏住滴定管上部无刻度处，使滴定管保持垂直，也可以把滴定管垂直地夹在滴定管架上进行读数。滴定管应垂直静置1～2 min。读数时，管内壁应无液珠，管出口的尖嘴内应无气泡，尖嘴外应不挂液滴。

② 对无色或浅色溶液，读取弯液面下端最低点；对有色或深色溶液，则读取液面最上缘，如图3-42(a)和图3-42(b)所示。

③ 对于带有白色蓝条的滴定管，无色溶液面的读数应以两个弯月面的相交最尖部分为准。深色溶液读取液面两侧的最高点，如图3-42(c)所示。

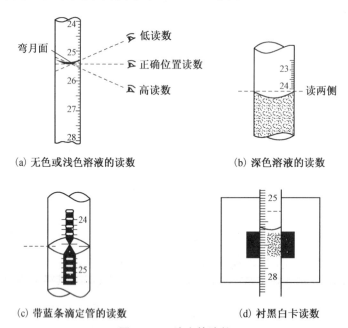

(a) 无色或浅色溶液的读数　　　　(b) 深色溶液的读数

(c) 带蓝条滴定管的读数　　　　(d) 衬黑白卡读数

图 3-42　滴定管读数

④ 为了帮助读数，可使用读数卡。读数卡是用黑纸或用中间涂有黑长方形（3 cm×1.5 cm）的白纸制成。读数时，将读数卡放在滴定管背后，使黑色部分在弯月面下面约1 mm处，即见弯月面的反射层为黑色，然后读此黑色弯月面下缘最低点的刻度，如图

3-42(d),读数应精确至 0.01 mL。

（7）滴定操作

使用酸式滴定管滴定时,用一只手控制滴定管的旋塞,大拇指在前,食指和中指在后,手心空握,以免碰到旋塞使其松动,甚至可能顶出旋塞(如图 3-43)。另一只手持锥形瓶使滴定管管尖伸入瓶内约 1～2 cm,边滴定边振荡锥形瓶,应向同一方向作圆周运动,不可前后振荡,以免溅出溶液。滴定和振荡溶液要同时进行,不能脱节。滴定一般为每秒 3～4 滴。接近滴定终点时,应一滴或半滴地加入。滴加半滴溶液时,可慢慢控制旋塞,将液滴悬挂管尖而不滴落,用锥形瓶内壁将液滴擦下,再用洗瓶以少量蒸馏水将之冲入锥形瓶中,使附着的溶液全部流下,然后振荡锥形瓶。如此继续滴定至准确到达终点为止。

图 3-43 酸式滴定管的操作　　　　图 3-44 碱式滴定管的操作

使用碱式滴定管时,拇指在前,食指在后,捏挤玻璃珠外稍向上方的乳胶管,溶液即可流出;但不可捏挤玻璃珠下方的乳胶管,否则在松手时玻璃尖嘴中会出现气泡。为了防止乳胶管来回摆动,可用中指和无名指夹住尖嘴的上方(如图 3-44)。

滴定完毕,应将剩余的溶液从滴定管中倒出,用水洗净。对于酸式滴定管,若较长时间放置不用,还应将旋塞拔出,洗去润滑脂,在旋塞与塞槽之间夹一小纸片,再系上橡皮筋。

§3.6　溶液的配制

在化学实验中,常常需要配制各种溶液来满足不同实验的要求。如果实验对溶液浓度的准确性要求不高,一般利用台秤、量筒、带刻度的烧杯等低准确度的仪器配制就能满足需要。如果实验对溶液浓度的准确性要求较高,这就须使用分析天平、移液管、容量瓶等高准确度的仪器配制溶液。无论是粗配还是准确配制一定体积、一定浓度的溶液,首先要计算所需试剂的用量,包括固体试剂的质量或液体试剂的体积,然后再进行配制。

1. 固体试剂配制溶液的方法

（1）粗略配制

算出一定体积溶液所需固体试剂的质量,用台秤称取所需固体试剂,倒入带刻度的烧杯中,加入适量蒸馏水使固体完全溶解后,再加蒸馏水至刻度,即得所需的溶液。然后将溶液移入试剂瓶中,贴上标签,备用。

（2）准确配制

先算出配制给定体积准确浓度溶液所需固体试剂的用量,并在分析天平上准确称出它的质量,放在干净的烧杯中,加适量蒸馏水使其完全溶解。将溶液转移到容量瓶(与所需配制溶液体积相应)中,用少量蒸馏水洗涤烧杯2~3次,冲洗液也移入容量瓶中,再加蒸馏水至标线处,盖上塞子,将溶液摇匀即成所配溶液。容量瓶不宜长期存放溶液,如溶液需使用一段时间,应将溶液移入试剂瓶中,贴上标签,备用。

2. 液体(或浓溶液)试剂配制溶液的方法

(1) 粗略配制

先计算,用量筒取所需的液体,倒入装有少量水的有刻度的烧杯中混合,如果溶液放热,需冷却至室温后,再用水稀释至刻度。搅动使其均匀,然后移入试剂瓶中,贴上标签备用。

(2) 准确配制

当用较浓的准确浓度的溶液配制较稀的准确浓度的溶液时,先计算,然后用处理好的移液管吸取所需溶液注入给定体积的容量瓶中,再加蒸馏水至标线处,摇匀备用。

某些溶液的配制有特殊的要求,配制时要加以注意。

§3.7　固体物质的溶解、固液分离、蒸发和结晶

在制备、提纯过程中,常用到溶解、过滤、蒸发(浓缩)和结晶(重结晶)等基本操作。现分述如下:

一、固体的溶解

固体的溶解要选择合适的溶剂,溶剂的用量也要适宜。一般情况下,加热可以加速固体物质的溶解过程。直接加热还是间接加热取决于物质的热稳定性。搅拌可以加速溶解过程。用搅棒搅拌时,应手持搅棒并转动手腕使搅棒在溶液中均匀地转圈子,用力不要过猛,以免溶液溅出容器外。搅棒不要碰到器壁和容器的底部上,以免发出声响。如果固体颗粒太大,应预先研细,不能用玻璃棒捣碎容器底部的固体。

二、固液分离

常用的固体与液体的分离方法有:倾析法、过滤法、离心分离法等。

1. 倾析法

当沉淀的相对密度较大或晶体的颗粒较大,静置后能很快沉降至容器的底部时,常用倾析法进行分离或洗涤。倾析法是待沉淀静置沉降后将上层清液倾入另一个容器中而使沉淀与溶液分离的过程。若洗涤沉淀,只需向盛有沉淀的容器中加入少量洗涤液,再用倾析法,倾去清液(如图3-45)。如此反复操作二三遍,即可将沉淀洗净。

图3-45　倾析法

2. 过滤法

过滤是最常用的分离方法之一。过滤时,沉淀留在过滤器上,溶液通过过滤器而滤入容器中,所得的溶液称为滤液。常用的过滤方法有常压过滤(普通过滤)、减压过滤(抽滤)和热过滤三种。

(1) 常压过滤

① 滤纸的选择　根据需要选择滤纸的类型和大小。滤纸的大小应与漏斗的大小相应,

一般滤纸上沿应低于漏斗上沿约 1 cm。

② 滤纸的折叠和放置 滤纸一般按四折法折叠,折叠时应把手洗干净,以免弄脏滤纸。先将滤纸整齐的对折,然后再对折成直角,为使滤纸和漏斗内壁贴紧而无气泡,常在三层厚的外层滤纸折角处撕下一小块,如图 3-46 所示。为保证滤纸与漏斗密合,第二次对折时不要折死,先把滤纸锥体打开,放入漏斗(漏斗内壁应干净,如果上边缘不十分密合,可以稍微改变滤纸的折叠角度,使滤纸与漏斗密合,此时可以把第二次的折叠边折死。

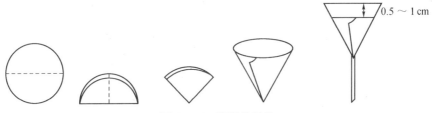

图 3-46 滤纸的折叠

将折叠好的滤纸放在准备好的漏斗中,三层一边对准漏斗出口短的一侧。用食指按紧三层处,用洗瓶吹入少量蒸馏水将滤纸湿润,然后轻轻按滤纸,赶去气泡。再加水至滤纸边缘。这时漏斗颈部内应全部充满水,形成水柱。由于液柱的重力可起抽滤作用,故可加快过滤速率。若未形成水柱。可以用手指堵住漏斗下口,稍掀起滤纸的一边,用洗瓶向滤纸和漏斗的空隙处加水,使漏斗充满水,压紧滤纸边,慢慢松开堵住下口的手指,此时应形成水柱,如仍不能形成水柱,可能是漏斗形状不规范。此外,漏斗颈不干净也影响水柱的形成。

③ 过滤 将准备好的漏斗放在漏斗架上,漏斗下面放一承接滤液的洁净烧杯,其容积应为滤液总量的 5~10 倍,并斜盖以表面皿。漏斗颈口长的一边紧贴杯壁,使滤液沿烧杯壁流下。漏斗放置位置的高低,以漏斗颈下口不接触滤液为度。

过滤操作多采用倾析法,如图 3-47 所示。即待烧杯中的沉淀静置沉降后,只将上面的清液倾入漏斗中,而不是一开始就将沉淀和溶液搅浑后过滤。溶液应从烧杯尖口处沿玻璃棒流入漏斗中而玻璃棒的下端对着三层滤纸处。一次倾入的溶液不宜过多,以免少量沉淀由于毛细作用越过滤纸上沿而损失。倾析完后,在烧杯内用少量洗涤液(如去离子水或蒸馏水)将沉淀作初步洗涤,再用倾析法过滤,如此重复 3~4 次。为了把沉淀转移到滤纸上,先用少量洗涤液把沉淀搅起,立即按上述方法转移到滤纸上,如此重复几次,一般可将绝大部分沉淀转移到滤纸上。残留的少量沉淀,可按图 3-48 所示方法全部转移干净。手持烧杯倾斜着在漏斗上方,烧杯嘴向着漏斗,用食指将玻璃棒横架在烧杯口上,用洗瓶吹出的洗

图 3-47 常压过滤

图 3-48 沉淀的转移

液冲洗烧杯内壁,沉淀连同溶液沿玻璃棒流入漏斗中。

④ 沉淀的洗涤　沉淀转移到滤纸上以后,仍须在滤纸上进行洗涤,以除去沉淀表面吸附的杂质和残留的母液。其方法是用洗瓶吹出的洗液,从滤纸边沿稍下部位置开始,按螺旋形向下移动,将沉淀集中到滤纸锥体的下部,如图 3 - 49 所示。注意:洗涤时切勿将洗涤液冲在沉淀上,否则容易溅出。

为提高洗涤效率,应本着"少量多次"的原则,即每次使用少量的洗涤液,洗后尽量沥干,多洗几次。

图 3 - 49　沉淀的洗涤

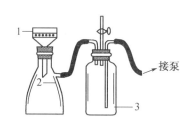

接泵

图 3 - 50　减压过滤的装置
1. 布氏漏斗　2. 吸滤瓶　3. 安全瓶

（2）减压过滤

减压过滤也称吸滤或抽滤,其装置如图 3 - 50 所示,减压过滤的原理是利用泵把吸滤瓶里的空气抽出,从而使吸滤瓶内的压力减小,在布氏漏斗液面与吸滤瓶之间造成一个压力差,从而提高过滤速率。在连接水泵的橡皮管和吸滤瓶之间常常要安装一个安全瓶,以防止水倒吸进入吸滤瓶将滤液沾污或冲稀。

过滤前,将滤纸剪成直径略小于布氏漏斗内径的圆形,既不能贴在漏斗的内壁上,又要把瓷孔全部盖没。安装时布氏漏斗的下端斜口应正对吸滤瓶的侧管。将滤纸放入布氏漏斗中,并用同一溶剂将滤纸湿润后,打开真空泵稍微抽吸一下,使滤纸紧贴漏斗底部。打开真空泵,通过玻璃棒向布氏漏斗内转移溶液和沉淀,注意加入的溶液的量不要超过漏斗容积的2/3,直至将沉淀抽干。过滤完毕,先拔掉吸滤瓶上橡皮管或先打开安全瓶通大气的活塞,再关泵。用玻璃棒轻轻掀起滤纸边缘,取出滤纸和沉淀,滤液由吸滤瓶上口倾出。洗涤沉淀时,应暂时停止抽滤,加入洗涤剂使其与沉淀充分接触后,再开真空泵将沉淀抽干。

（3）热过滤

当溶液温度降低结晶易析出时,可用热滤漏斗进行过滤。过滤时把玻璃漏斗放在铜质的热滤漏斗内,热滤漏斗内装有热水（水不要太满,以免加热至沸后溢出）以维持溶液的温度。也可以事先把玻璃漏斗在水浴上用蒸汽预热,再使用。热过滤选用的玻璃漏斗颈越短越好,如图 3 - 51(a) 所示。为了尽量利用滤纸的有效面积以加快过滤的速率,过滤热的饱和溶液时,常使用折叠式滤纸,其折叠方法如图 3 - 51(b) 所示。先把滤纸对折成半圆形,再对折成圆形的 1/4,再以 1 对 4 折出 5,3 对 4 折出 6,1 对 6 折出 7,3 对 5 折出 8。然后以 3 对 6 折出 9,1 对 5 折出 10。然后在 1 和 10、10 和 5…9 和 3 之间各反向折叠。把滤纸打开,在 1 和 3 的地方各向内折叠一个小叠面,最后做成折叠式滤纸。在每次折叠时,在折叠近集中点切勿重压折纹,否则在过滤时滤纸的中央易破裂。使用前将折叠滤纸翻转并整理后放入漏斗中。

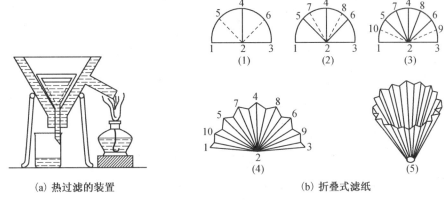

(a) 热过滤的装置　　　　　　　　(b) 折叠式滤纸

图 3 - 51　热过滤的装置及折叠式滤纸

3. 离心分离法

当被分离的沉淀量很少时,可以用离心分离法,其操作简单而迅速。实验室常用的是电动离心机(图 3 - 52)。操作时,把盛有沉淀与混合物的离心试管(或小试管),放入离心机的套管内,再在这个套管相对位置上的空套管内放一同样大小的试管,内装与混合物等体积的水,以保持转动平衡。启动离心机,并逐渐加速;停止时,逐渐减速,关闭离心机,使离心机自然停下,决不能用外力强制停止,否则会使离心机损坏,而且易发生危险。试管离心时一般用中速,时间 1~2 min。由于离心作用,离心后的沉淀密集于离心试管的尖端,上方的溶液通常是澄清的,可用滴管小心地吸出上方的清液,也可以将其倾出。如果沉淀需要洗涤,可以加入少量洗涤液,用玻璃棒充分搅动,再进行离心分离,如此重复几次即可。

图 3 - 52　电动离心机

三、蒸发

为了使溶质从溶液中结晶析出,常采用加热的方法蒸发溶剂,使溶液浓缩。根据物质对热的稳定性,可选择直接加热或间接加热。蒸发到什么程度,则取决于物质溶解度的大小及结晶时对溶液浓度的要求。溶解度较大的物质必须到溶液表面出现晶膜时才停止。溶解度较小或高温时溶解度虽大但室温时溶解度较小的物质,蒸发到一定浓度就可以冷却结晶,而不必蒸至液面出现晶膜。在实验室里,蒸发通常在蒸发皿中进行,因为它的表面积较大,有利于加速蒸发。注意加入溶液的量不应超过蒸发皿容量的 2/3,以防加热时溅出。

四、结晶与重结晶

晶体从溶液中析出的过程称为结晶。结晶是提纯固态物质的重要方法之一。结晶时要求溶液的浓度达到饱和。使溶液达到饱和通常有两种方法:一是蒸发法,即通过蒸发、浓缩或汽化,减少一部分溶剂使溶液达到饱和而结晶析出。此法主要用于溶解度随温度变化不大的物质。另一种是冷却法,即通过降低温度使溶液冷却达到饱和而析出晶体。此法主要用于溶解度随温度下降而明显减小的物质。有时须将两种方法结合使用。

晶体颗粒的大小与结晶条件有关,如果溶质的溶解度小,或溶液的浓度高,或溶剂的蒸发速率快或溶液冷却得快,析出的晶粒就细小。反之,就可以得到较大的晶体颗粒。实际工作中,常根据需要,控制适宜的结晶条件,以得到大小合适的晶体颗粒。

当溶液发生过饱和现象时,可以振荡容器,用玻璃棒搅动或轻轻地摩擦器壁,或投入几粒晶种,来促使晶体析出。

当第一次得到的晶体纯度不符合要求时,可将所得到的晶体溶于少量溶剂中,再进行蒸发(或冷却)、结晶、分离。如此反复操作称为重结晶。重结晶适用于溶解度随温度改变而有显著变化的物质的提纯。有些物质的纯化,要经过几次重结晶才能完成。

§3.8　沉淀的烘干、灼烧及恒重

一、灼烧

1. 坩埚的准备

在定量分析中用滤纸过滤的沉淀,须在已经洗净、已知质量的瓷坩埚中灼烧至恒重。先将瓷坩埚用自来水洗净,然后将其放入热盐酸(洗去 Al_2O_3、Fe_2O_3)或热铬酸洗液中(洗去油脂)浸泡数十分钟,用洗净的玻璃棒夹出,先用自来水,再用纯水涮洗干净。将洗净的坩埚倾斜放在泥三角上,用小火小心加热坩埚盖,如图 3-53 (a),使热空气流反射到坩埚内部将其烘干。然后在坩埚的底部灼烧至恒重,如图 3-53 (b)。在灼烧过程中要用热坩埚钳慢慢转动坩埚数次,使其受热均匀。

灼烧新坩埚时,会引起坩埚瓷釉组分中的铁发生氧化,而引起坩埚质量的增加,也会引起水蒸发及某些物质在高温

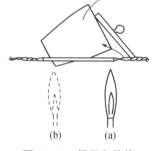

图 3-53　烘干和灼烧

下烧失而减重。因此灼烧空坩埚的条件必须和以后灼烧沉淀时相同。空坩埚灼烧 30 min。撤火后,让坩埚先在泥三角上稍稍冷却至红热退去,再冷却 1 min,用预热过的坩埚钳把它夹下,迅速放入干燥器中。热坩埚放入干燥器中 2～3 s 后,应将盖慢慢推开一细缝,放出热空气,再盖严。反复几次,使内外压力基本平衡,这样既不会把盖打落,也不会打不开盖了。

由于坩埚的大小、厚薄不同,因而其充分冷却的时间也就不同,一般 40～50 min 就够了。坩埚完全冷却后,才能进行称量。将坩埚按上述的步骤,再灼烧、冷却、称量。这样直到连续两次称量之差不超过 0.2 mg,就可以认为坩埚已达恒重了,取两次称量的平均值即为坩埚的质量。恒重后的坩埚放在干燥器中备用。

2. 沉淀的包裹

包裹结晶形沉淀,用干净的玻璃棒,从滤纸的三层部分将其挑起,再用洗净的手将滤纸和沉淀一起取出。可按图 3-54(a)或图 3-54 (b) 所示的方法,将沉淀包好。把滤纸包层数较多的一面朝上放入已恒重的坩埚中。

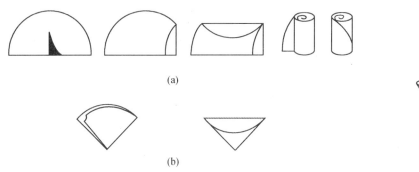

(a)

(b)

图 3-54　包裹沉淀方法一

图 3-55　包裹沉淀方法二

若包裹胶状蓬松的沉淀,则可在漏斗中用玻璃棒将滤纸四周边缘向内折,单层先折叠,把圆锥体敞开口封住(如图 3-55),然后取出,倒转过来,放入已恒重的坩埚中。

3. 沉淀的灼烧

将放有沉淀包的坩埚倾斜地放在泥三角上,用小火来回扫过坩埚,使其均匀而缓慢地受热,避免坩埚骤热破裂。然后把灯置于坩埚盖中心之下,利用反射焰将滤纸和沉淀烘干直至滤纸完全炭化,如图 3-53(a)。这一步不能太快,尤其对于含有大量水分的胶状沉淀,很难一下烘干。若加热太猛,沉淀内部水分迅速汽化,会夹带沉淀溅出坩埚,造成实验失败。滤纸炭化时不能着火,因为火焰卷起的气流会将沉淀微粒吹走。如果万一着火,也不要惊慌,只需用坩埚钳夹住坩埚盖将坩埚盖住,火就可以自然熄灭。千万不要用嘴去吹! 也不要企图用其他方法处理坩埚,以防打翻或炸裂。

滤纸全部炭化之后,把灯置于坩埚底部,逐渐加大火焰,并使氧化焰完全包住坩埚,烧至红热,以便把炭完全烧成灰,这一步称为灰化,如图 3-53(b)。炭粒完全消失、沉淀呈现本色以后,稍稍转动坩埚,让沉淀在坩埚内轻轻翻动,借此可把沉淀各部分烧透、使大块黏结物散落,把包裹住的滤纸残片烧光,并把坩埚壁上的焦炭烧掉。滤纸全部灰化后,沉淀在与灼烧空坩埚相同的条件下灼烧、冷却、直至恒重。使用马弗炉煅烧沉淀时,可用上述方法灰化,再将坩埚放在马弗炉煅烧至恒重。

当打开干燥器取出放有沉淀的坩埚时,必须把盖慢慢移向一边,勿使进入干燥器的空气流把一部分沉淀吹散。

二、沉淀用玻璃砂坩埚过滤、烘干

只要经过烘干即可称量的沉淀通常用玻璃砂坩埚过滤。使用坩埚前先用稀 HCl、稀 HNO_3 或氨水等溶剂泡洗(不能用去污粉以免堵塞孔隙),用橡皮垫圈固定在吸滤瓶上并与抽气泵相接,先后用自来水和蒸馏水抽洗。洗净的坩埚在与烘干沉淀相同的条件下(沉淀烘干的温度和时间根据沉淀的种类而定)烘干,然后放在干燥器中冷却,称量。重复烘干、冷却、称量,直至两次称量质量的差不大于 0.2 mg。

用玻璃砂坩埚过滤沉淀时,把经过恒重的坩埚装在吸滤瓶上,先用倾析法过滤。经初步洗涤后,把沉淀全部转移到坩埚中,再将烧杯和沉淀用洗涤液洗净后,把装有沉淀的坩埚置于烘箱中,在与空坩埚相同的条件下烘干、冷却、称重,直至恒重。

§3.9 气体的发生、净化干燥和收集

一、气体的发生

1. 实验中需要少量气体时，可以在实验室中制备(见表 3-3)。

表 3-3 常见的气体发生的方法

制备方法	装 置 图	适用气体	注 意 事 项
加热试管中的固体		O_2、NH_3、N_2 等	① 试管口略向下倾斜 ② 检查气密性 ③ 先预热试管，再在有固体的部分加热
固体与液体反应，不需要加热		H_2、CO_2、H_2S 等	① 检查气密性 ② 在葫芦状容器的球体下部垫好玻璃棉或橡皮垫圈 ③ 加入固体和液体的量要适宜
固体与液体反应，需要加热		CO、SO_2、Cl_2、HCl 等	① 分液漏斗颈应插入液体试剂(或一个小试管)中，否则漏斗中的液体不易流下来 ② 必要时可微微加热，也可以加回流装置

2. 在实验室中还可以使用气体钢瓶直接获得气体

(1) 各种气体钢瓶的识别

为了确保安全，避免各种钢瓶相互混淆，按规定在钢瓶的外面涂上特定的颜色，写明瓶内气体的名称(见表 3-4)。

表3-4 实验室中常用气体钢瓶的标记

气体类别	瓶身颜色	标字颜色
氮气	黑	黄
氧气	天蓝	黑
氢气	深蓝	红
空气	黑	白
氨气	黄	黑
二氧化碳	黑	黄
氯气	黄绿	黄
乙炔气	白	红
其他一切可燃气体	红	白
其他一切不可燃气体	黑	黄

(2) 钢瓶使用注意事项

① 钢瓶应放在阴凉、干燥、远离热源的地方。要放置平稳,防止倒下或受到撞击。

② 绝不能使油或其他易燃有机物沾在气瓶上,也不得用棉、麻等物堵漏,以防燃烧引起事故。

③ 使用气体钢瓶,除 CO_2、NH_3、Cl_2 外,一般要用减压阀。各种减压阀中,只有 N_2 和 O_2 的减压阀可以相互通用,其他的只能用于规定的气体,以防爆炸。可燃气体的钢瓶,其气门螺纹是反扣的,不燃或助燃性气体的钢瓶,其气门螺纹是正扣的。

④ 钢瓶内的气体绝不能全部用完,应按规定留有剩余的压力。使用后的钢瓶应定期送有关部门检验,合格后才能充气。

二、气体的净化和干燥

实验室制备的气体常常带有酸雾和水汽,为了得到比较纯的气体,酸雾可用水或玻璃棉除去;水汽可用浓硫酸、无水氯化钙或硅胶吸收。一般情况下使用洗气瓶(如图3-56)、干燥塔(如图3-57)、U形管(如图3-58)或干燥管(如图3-59)等仪器进行纯化或干燥。根据具体情况分别用不同的洗涤液或固体吸收。

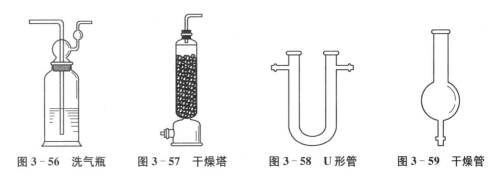

图3-56 洗气瓶　　图3-57 干燥塔　　图3-58 U形管　　图3-59 干燥管

三、气体的收集

实验室中常见的气体的收集方法见表3-5所示。

表 3 - 5　气体的收集方法

收集方法		实 验 装 置	适 用 气 体	注 意 事 项
排水集气法			难溶于水的气体,如 H_2、O_2、N_2、CO、NO、CH_4、C_2H_4、C_2H_2 等	① 集气瓶装满水,不应有气泡 ② 停止收集时,应先拔出导管(或移走水槽)后,才能移开灯具
排气集气法	瓶口向下		比空气轻的气体,如 NH_3 等	① 集气导管应尽量接近集气瓶底 ② 密度与空气接近或在空气中易氧化的气体不易用排气法
	瓶口向上		比空气重的气体,如 HCl、Cl_2、CO_2、SO_2 等	

§3.10　试纸的使用

在基础化学实验中常用试纸来定性检验一些溶液的酸碱性或某些物质(气体)是否存在,操作简单,使用方便。试纸的种类很多,基础化学实验中常用的有:石蕊试纸、pH 试纸、醋酸铅试纸和碘化钾-淀粉试纸等。

1. 石蕊试纸

用于检验溶液的酸碱性,有红色石蕊试纸和蓝色石蕊试纸两种:红色石蕊试纸用于检验碱性溶液或气体(遇碱时变蓝);蓝色石蕊试纸用于检验酸性溶液或气体(遇酸时变红)。

使用方法:用镊子取一小块试纸放在干燥清洁的点滴板或表面皿上,用蘸有待测液的玻璃棒点试纸的中部,观察被润湿的试纸颜色的变化。如果检验的是气体,则先将试纸用去离子水润湿,再用镊子夹持横放在试管口上方,观察试纸颜色的变化。

2. pH 试纸

用以检验溶液的 pH。试纸分两类:一类是广泛 pH 试纸,变色范围为 pH=1～14,用来粗略检验溶液的 pH;另一类是精密试纸,这种试纸在溶液的 pH 变化较小时就有颜色变化,因而可较精确地估计溶液的 pH。根据其颜色变化范围可分为多种,如变色范围 pH 为2.7～4.7、3.8～5.4、5.4～7.0、6.9～8.4、8.2～10.0、9.5～13.0 等等。可根据待测溶液的酸碱性,选用某一变色范围的试纸。

使用方法：与石蕊试纸使用基本方法相同。不同之处在于 pH 试纸变色后要和标准色板比较，方能得出 pH 或 pH 范围。

3. 醋酸铅试纸

用于定性检验反应中是否有 H_2S 气体产生（即溶液中是否有 S^{2-}）。

使用方法：将试纸用去离子水润湿，加酸于待测液中，将试纸横置于试管口上方，如有 H_2S 逸出，遇润湿 $Pb(Ac)_2$ 试纸后，即有黑色（亮灰色）PbS 沉淀生成，使试纸呈黑褐色并有金属光泽。

4. 碘化钾-淀粉试纸

用于定性检验氧化性气体。

使用方法：先将试纸用去离子水润湿，将其横在试管口上方，如有氧化性气体（如 Cl_2）则试纸变蓝。

使用试纸时，要注意节约，除把试纸剪成小条外，用时不要多取，用多少取多少。取用后，马上盖好瓶盖，以免试纸被污染变质。用后的试纸要放在废液缸内，不要丢在水槽内，以免堵塞下水道。

§3.11　萃　　取

萃取是分离和提纯物质常用的操作之一。萃取是利用物质在不同溶剂中溶解度的差异使其分离的。其过程为某物质从其溶解或悬浮的相中转移到另一相。

一种物质在互不相溶的两种溶剂 A 与 B 间的分配情况，由分配定律决定：

$$\frac{c_A}{c_B} = K$$

式中：c_A 为物质在溶剂 A 中的浓度；c_B 为同一物质在溶剂 B 中的浓度；温度一定时，K 是一个常数，称为分配系数，它近似地等于同一物质在溶剂 A 与溶剂 B 中的溶解度之比。

根据分配定律，如果将一定量的萃取液，分几次（通常为 2～3 次）萃取，效果比用等体积的萃取液一次萃取时要好。

液-液萃取是用分液漏斗来进行的，在萃取前应选择大小合适、形状适宜的漏斗。

1. 分液漏斗的使用

（1）分液漏斗中装少量水，检查旋塞处是否漏水；将漏斗倒过来，检查玻璃塞是否漏水，待确认不漏水后方可使用。

（2）在旋塞的凹槽处套上一个直径合适的橡皮圈或把旋塞用橡皮筋系牢，以防旋塞芯在操作过程中松动。

（3）分液漏斗中全部液体的总体积不得超过其容量的 3/4。

2. 萃取操作方法

（1）在分液漏斗中加入溶液和一定量的萃取溶剂后，塞上玻璃塞。注意：玻璃塞上若有侧槽，必须将其与漏斗上端颈部上的小孔错开。

（2）一只手食指末节顶住玻璃塞，再用大拇指和中指夹住漏斗上端颈部；另一只手的食

指和中指蜷握在旋塞柄上,食指和拇指要握住旋塞柄并能
将其自由地旋转(如图3-60)。

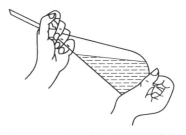

(3)将漏斗由外向里或由里向外旋转振摇,使两种不
相混溶的液体尽可能充分混合(也可将漏斗反复倒转进行
缓和地振摇)。

(4)将漏斗下颈导管向上,不要向着自己和别人的脸。
慢慢开启旋塞,排放可能产生的气体以解除超压。待压力
减小后,关闭旋塞。振摇和放气应重复几次。振摇完毕,
静置分层。

图3-60　振荡分液漏斗的示意图

(5)待两相液体分层明显,界面清晰,移开玻璃塞或旋转带侧槽的玻璃塞,使侧槽对准
上口径的小孔。开启活塞,放出下层液体,收集在适当的容器中。当液层接近放完时要放慢
速度,放完则要迅速关闭旋塞。

(6)取下漏斗,打开玻璃塞,将上层液体由上端口径倒出,收集到指定容器中。

(7)假如一次萃取不能满足分离的要求,可采取多次萃取的方法,但一般不要超过5
次,将每次的有机相都归并到一个容器中。

§3.12　升　　华

固体物质加热时不经过液态直接变成气态的现象称为升华。利用升华可以提纯固态物
质。升华操作分为常压升华和减压升华。这里只介绍常压升华。最常见的常压升华装置如
图3-61(a)所示。在蒸发皿中放置粗产物,上面覆盖一张刺有许多小孔的滤纸(最好在蒸
发皿的边缘上先放置大小合适的、用石棉纸做成的窄圈,用以支持此滤纸)。然后将大小合
适的玻璃漏斗倒盖在上面,漏斗的颈部塞有玻璃毛或脱脂棉花,以减少蒸气逃逸。在石棉网
上渐渐加热蒸发皿(最好能用砂浴或其他热浴),小心调节火焰,控制温度低于被升华物质的
熔点,使其慢慢升华。蒸气通过滤纸小孔上升,冷却后凝结在滤纸上或漏斗壁上。必要时,
外壁可用湿布冷却。操作时要注意升华温度一定要控制在固体化合物熔点以下,滤纸上的
孔应尽量大些,以使蒸气上升时顺利通过滤纸,在滤纸的上面和漏斗中结晶,否则将会影响晶
体的析出。较大量物质的升华,可在烧杯中进行。烧杯上放置一个通冷水的烧瓶,使蒸气在烧
杯底部凝结成晶体并附着在瓶底上,如图3-61(b)所示。

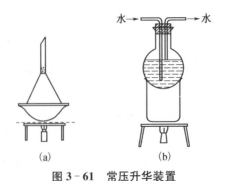

(a)　　　　　　　(b)

图3-61　常压升华装置

第四章 基本仪器的使用

§4.1 常用仪器介绍

仪 器	规 格	主 要 用 途	注 意 事 项
试管	分硬质试管、软质试管,有刻度、无刻度,有支管、无支管等 无刻度试管一般以管口直径(mm)×长度(mm)表示,如10×100、15×150等。有刻度试管按容量表示,如5 mL、10 mL、15 mL等	① 少量试剂的反应器,便于操作和观察 ② 收集少量气体的容器 ③ 具支试管可用于装配气体发生器、洗气装置和检验气体产物	① 可直接用火加热,当加强热时要用硬质试管 ② 加热后不能骤冷(特别是软质试管),否则容易破裂
离心试管	分有刻度和无刻度,有刻度的以容量表示,如5 mL、10 mL、15 mL等	少量试剂的反应器、沉淀分离等	① 不可直接加热 ② 离心时,把离心试管插入离心机的套管内进行离心分离
烧杯	分硬质、软质,有刻度、无刻度 以容量大小表示,如50 mL、100 mL、250 mL、500 mL等,还有5 mL、10 mL的微型烧杯	① 反应器,反应物易混和均匀 ② 配制溶液 ③ 物质的加热溶解 ④ 蒸发溶剂或从溶液中析出晶体、沉淀	① 加热前要将烧杯外壁擦干,加热时下垫石棉网,使受热均匀 ② 反应液体不得超过烧杯容量的2/3,以免液体外溢
量筒 量杯	以能够量出的最大容量表示。如10 mL、50 mL、100 mL等	量取液体	① 不能加热,不能用作反应容器,不能用作配制溶液或稀释酸碱的容器 ② 不可量热的溶液或液体

仪　器	规　格	主 要 用 途	注 意 事 项
锥形瓶(三角烧瓶)	分有塞、无塞等 按容量表示,如50 mL、100 mL、250 mL 等	① 反应器,振荡方便,适用于滴定反应 ② 装配气体发生器	① 盛液不宜太多,以免振荡时溅出 ② 加热时下垫石棉网或置于水浴中
平底烧瓶　圆底烧瓶 蒸馏烧瓶	分硬质和软质,有平底、圆底、长颈、短颈、细口、厚口和蒸馏烧瓶等几种 　按容量表示,如100 mL、250 mL、500 mL等	① 用作反应物多且需长 时 间 加 热 的 反应器 ② 装配气体发生器 ③ 平底烧瓶可做洗瓶 ④ 蒸馏烧瓶用于液体蒸馏	① 加热前外壁要擦干 ② 加热时固定在铁架台上,下垫石棉网,使受热均匀
滴瓶　细口瓶 广口瓶	按颜色分无色、棕色。按瓶口分细口瓶、广口瓶 　瓶口上沿磨砂而不带塞的广口瓶叫集气瓶 　按容量表示,如60 mL、125 mL、250 mL 等	① 滴瓶、细口瓶盛放液体试剂,广口瓶盛放固体试剂 ② 棕色瓶盛放见光易分解或不太稳定的试剂 ③ 集气瓶用于收集气体	① 滴管及瓶塞均不得互换 ② 盛碱液时,细口瓶用橡皮塞,滴瓶要改用套有滴管的橡皮塞 ③ 浓酸或其他会腐蚀胶头的试剂如溴等,不能长期存放在滴瓶中 ④ 具有磨口塞的试剂瓶不用时洗净后在磨口处垫上纸条 ⑤ 集气瓶收集气体后,用毛玻璃片盖住瓶口,以免气体逸出

（续表）

仪　　器	规　　格	主要用途	注意事项
称量瓶	分高型、低型两种。按瓶高 × 瓶径表示（mm），如：40×20、60×30、25×40 等	用于减量法称量试样低型称量瓶也可用于测定水分	① 不能直接加热 ② 盖子是磨口配套的，不能互换 ③ 不用时应洗净，在磨口处垫上纸条
容量瓶	按颜色分棕色和无色两种。以刻度以下的容量大小表示并注明温度，如 50 mL、100 mL、250 mL、500 mL 等	配制标准溶液，配制试样溶液或作溶液的定量稀释	① 不能加热 ② 磨口瓶塞是配套的，不能互换（也有配塑料塞的） ③ 不能代替试剂瓶用来存放溶液
移液管　吸量管	胖肚型移液管只有一个刻度。吸量管有分刻度，按刻度的最大标度表示，有 1 mL、2 mL、5 mL、10 mL 等	用于精确移取一定体积液体	① 用时先用少量要移取的液体淋洗 2～3 次 ② 一般移液管残留的最后一滴液体，不要吹出，但刻有"吹"字的完全流出式移液管例外
漏斗	普通漏斗按口径大小表示，如：40 mm、60 mm 等 安全漏斗可分直形、环形和球形	① 用于过滤或往口径小的容器里注入液体 ② 安全漏斗用于加液和装配气体发生器	① 不能用火直接加热 ② 在气体发生器中安全漏斗作加液用时，漏斗颈应插入液面内（液封），防止气体从漏斗逸出

仪　　器	规　　格	主要用途	注意事项
分液漏斗 滴液漏斗	按容量大小表示,如 60 mL、125 mL、250 mL 等	① 分液漏斗用于互不相溶的液-液分离,用于从溶液中萃取某种成分或从液体产物中洗去杂质;在气体发生装置中,作加入液体用 ② 滴液漏斗主要用于添加液体试剂,用其加料,滴加速度易于控制,也便于实验者观察	① 不能用火直接加热 ② 分液漏斗及滴液漏斗上的磨口塞子、旋塞不能互换。旋塞不能漏液
抽滤瓶　　布氏漏斗	布氏漏斗为瓷质。以直径大小表示;吸滤瓶为玻璃制品,以容量大小表示, 如 250 mL、500 mL 等	两者配套使用,用于晶体或沉淀的减压过滤	① 不能直接加热 ② 滤纸要略小于漏斗的内径,又要把底部小孔全部盖住,以免漏滤 ③ 先抽气,后过滤,停止过滤时要先放气,后关泵
干燥管	有单球和双球、直型和弯型、普通和磨口等	内装干燥剂,用于干燥气体	① 干燥剂置于球形部分,不宜过多 ② 球形上、下部要填放少许玻璃纤维,避免气流将干燥剂粉末带出 ③ 大口进气,小口出气

仪　　器	规　　格	主要用途	注意事项
干燥器	按玻璃颜色分为无色和棕色两种 按内径大小表示，如 100 mm、 150 mm、180 mm、200 mm 等	内放干燥剂。用于存放易吸湿的物质，也用于存放已经烘干或灼热后的物质和灼烧过的坩埚，以防还潮。	① 灼热的物品稍冷后才能放入 ② 放入的物品未完全冷却前要每隔一定时间开一开盖子，以调节干燥器内的气压 ③ 要按时更换干燥剂
研钵	以口径大小表示，如60 mm、75 mm、90 mm 等 瓷质，也有玻璃、玛瑙或铁制品	磨细药品或将两种或两种以上固态物质通过研磨混匀 按固体的性质和硬度选用	① 不能作反应容器 ② 只能研磨不能捣碎（铁研钵除外），放入物质不宜超过容量的 1/3 ③ 易爆物质不能在研钵中研磨
试管架	有木质、铝质或塑料制品，有不同形状和大小	放试管用	加热的试管应稍冷后放入架中，铝质试管架要防止酸、碱腐蚀
试管夹 （铜）（木）	有木制和金属制品，形状大同小异	用于加热时夹持试管	① 夹在试管上端（离管口约 2 cm 处） ② 要从试管底部套上或取下试管夹，不得横着套进套出 ③ 加热时手握试管夹的长柄，不要同时握住长柄和短柄

（续表）

仪　器	规　格	主要用途	注意事项
坩埚钳	铁或铜合金制品，表面常镀镍或铬	灼烧或加热坩埚时，夹持热的坩埚用	① 不要和化学药品接触，以免腐蚀 ② 放置时应将钳的尖端向上，以免沾污 ③ 使用铂坩埚时，所用坩埚钳尖端要包有铂片
漏斗架	木制，有螺丝可固定于铁架台或木架上	用于过滤时支持漏斗	活动的有孔板不能倒放
洗气瓶	有直管式、多孔式。按容量大小表示，如125 mL、250 mL、500 mL等	用于洗涤、净化气体，也可作安全瓶或缓冲瓶用	① 注意气体走向 ② 洗涤液用量为容器高度约 1/3，不得超过 1/2，防止压强过大，气体不易通过
表面皿	以直径大小表示，如45 mm、65 mm、90 mm等	盖在烧杯上防止液体在加热时迸溅或晾干晶体等其他用途	不能用火直接加热
蒸发皿	以口径大小表示，如60 mm、80 mm、95 mm，也有以容量大小表示的常用的为瓷质制品	用于溶液蒸发、浓缩和结晶，随液体性质不同，可选用不同质地的蒸发皿	① 能耐高温，但不能骤冷 ② 蒸发溶液时一般放在石棉网上加热，受热均匀，也可直接用火加热

（续表）

仪　器	规　格	主要用途	注意事项
坩埚	以容量大小表示,如25 mL、50 mL 等 常用的为瓷质,也有石英、铁、镍或铂制品	用于灼烧固体,随固体性质不同可选用不同质地的坩埚(如灼烧NaOH 应选用铁坩埚)	① 放在泥三角上直接灼烧,瓷坩埚受热温度不得超过 1 473 K ② 加热或反应完毕后取下坩埚时,坩埚钳应预热,或者待坩埚稍冷后再取下,以防骤冷而使坩埚破裂,取下的坩埚应放在石棉网上,防止烫坏桌面
持夹　单爪夹　铁圈　铁架台	铁制品,铁夹也有铝制的,夹口常套橡皮或塑料 铁圈以直径大小表示,如 6 cm、9 cm、12 cm 等	装配仪器时,用于固定仪器 铁圈还可代替漏斗架使用	① 仪器固定在铁架台上时,仪器和铁架的重心应落在铁架台底盘中心 ② 铁夹夹持玻璃仪器时不宜过紧,以免碎裂
三脚架	铁制品,有大小、高低之分	放置较大或较重的加热容器	三角架的高度是固定的,一般是通过调整酒精灯的位置,使氧化焰刚好在加热容器的底部
泥三角	用铁丝弯成,套有瓷管,有大小之分	用于搁置坩埚加热用	① 使用前应检查铁丝是否断裂 ② 选用时,要使搁在上面的坩埚有 1/3 在泥三角的上部,2/3 在泥三角的下部
毛刷	按洗刷对象的名称表示,如试管刷、烧瓶刷、滴定管刷等	用于洗涤玻璃仪器	小心刷子顶端的铁丝捅破玻璃仪器底部

（续表）

仪 器	规 格	主要用途	注意事项
燃烧匙	燃烧匙有铁制品、铜制品等	用于检验物质可燃性或进行固体和气体的燃烧反应	① 伸入集气瓶时,应由上而下慢慢放入,不能触及瓶壁 ② 用毕应立即洗净并干燥
药匙	由牛角、塑料等制成	取固体药品用	① 大小的选择应以盛取试剂后能放进容器口为准 ② 取用一种药品后,必须洗净并用滤纸碎片擦干才能取用另一种药品
石棉网	由铁丝编成,中间涂有石棉,其大小按石棉层的直径表示,如有10 cm、15 cm等	加热玻璃器皿时,垫上石棉网,使受热物质均匀受热,不致造成局部过热	不能与水接触,以免石棉脱落或铁丝生锈
水浴锅	有铜制品、铝制品等	用于间接加热	① 根据反应容器的大小选择好围环 ② 经常加水,防止锅内水烧干 ③ 用毕应将锅内剩水倒出并擦干
酸式滴定管 碱式滴定管 滴定管	玻璃质,规格以容积(mL)表示。有酸式、碱式之分。酸式下端以玻璃旋塞控制流出液速度,碱式下端连接一个里面装有玻璃球的乳胶管来控制流液量	用于滴定或精确移取一定体积的溶液	不能加热及量取热的液体,使用前应检漏、排除其尖端气泡,酸、碱式不可互换使用

仪　器	规　格	主要用途	注意事项
点滴板	瓷质。分白釉和黑釉两种。按凹穴多少分为四穴、六穴和十二穴等	用于生成少量沉淀或带色物质反应的实验，根据颜色的不同选用不同的点滴板	不能加热。不能用于含 HF 和浓碱的反应，用后要洗净
洗瓶	塑料质。规格以容积（mL）表示。一般为250 mL、500 mL	装蒸馏水或去离子水用。用于挤出少量水洗沉淀或仪器用	不能漏气，远离火源
密度计	它是一支中空的玻璃浮柱，上部有标线，下部为一重锤，内装铅粒。根据溶液相对密度的不同选用相适应的密度计。通常密度计分为两种：一种为轻表，用于测定相对密度小于1的溶液；一种为重表，用于测定相对密度大于1的溶液	密度计是用来测定溶液相对密度的仪器	测定溶液的相对密度时，将被测溶液注入大量筒里，然后将干净干燥的密度计慢慢地放入溶液中，为了避免密度计在溶液中摇晃与量筒壁接触而损坏，故浸入时，手不要马上松开，用手扶住密度计的上端，待密度计不再摇晃时，手才能轻轻松开。用后将密度计洗净、擦干，放回盒中
温度计	常用的温度计分为水银温度计和酒精温度计两种。它们有不同的量程和不同的精度。量程如 0～100℃、0～150℃、0～200℃ 等。精度如1℃、0.2℃、0.1℃等	温度计是测量物体温度及化合物熔点、沸点的常用仪器	① 不能使温度计骤冷骤热，以防止水银温度计外壳玻璃受热不均匀而破裂 ② 温度计不能当搅棒使用 ③ 使用时轻拿轻放，用后及时洗净擦干，放回原处 ④ 测量时，温度计要放在合适的位置上

§4.2　台秤、分析天平和电子天平

一、台秤

1. 构造

台秤是实验室常用的称量仪器,但精确度不高,一般只能精确到 0.1 g。台秤的构造如图 4-1 所示。

台秤的横梁架在台秤座上。横梁的左右有两个盘子。横梁的中部有指针与刻度盘相对,根据指针在刻度盘左右摆动的情况,可以看出台秤是否处于平衡状态。

2. 使用方法

在称量物体之前,要先调整台秤的零点。将游码拨到游码标尺的"0"位处,检查台秤的指针是否停在刻度盘的中间位置。如果不在中间位置,可以调节台秤

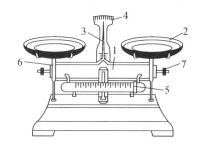

图 4-1　台秤的构造
1. 横梁　2. 盘　3. 指针　4. 刻度盘　5. 游码标尺　6. 游码　7. 平衡调节螺丝

托盘下侧的平衡调节螺丝。当指针在刻度盘的中间左右摆动大致相等时,则台秤即处于平衡状态,此时指针即能停在刻度盘的中间位置,将此中间位置称为台秤的零点。

称量时,左盘放称量物,右盘放砝码。砝码用镊子夹取,10 g 或 5 g 以下质量的砝码,可移动游码标尺上的游码。当添加砝码到台称的指针停在刻度盘的中间位置时,台称处于平衡状态。此时指针所停的位置称为停点。零点与停点相符时(零点与停点之间允许偏差 1 小格以内),砝码的质量就是称量物的质量。

3. 注意事项

(1) 用镊子夹砝码,不能用手直接拿砝码。

(2) 不能称量热的物品。

(3) 称量物不能直接放在托盘上,根据情况可放在洁净光亮的纸上、表面皿或烧杯里。

(4) 称量物及盛器的总质量不能超过台秤的最大载重。

(5) 保持台秤的清洁,托盘上有药品或污物时,要及时清理。

(6) 称量结束后,将砝码放回到砝码盒中盖好盒盖,游码退到"0"处,使台秤恢复原状。

二、分析天平

用分析天平称量物体的质量,一般能精确到 0.000 1 g。最大载荷一般为 100~200 g。分析天平有不同的类型。下面只介绍半自动电光分析天平的构造和使用。

1. 构造

半自动电光分析天平的构造如图 4-2 所示。

(1) 天平梁

通常称横梁,是天平的主要部件。梁上装三个三棱形的玛瑙刀。一个装在天平梁的中央,刀口向下,用来支承天平梁,称为支点刀。它放在一个玛瑙平板的刀承上。另外两个玛瑙刀等距离地装在支点刀的两侧,刀口向上,用来悬挂称盘,称为承重刀。三个刀的棱边完

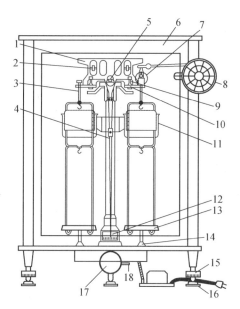

图 4-2　半自动电光分析天平的构造

1. 天平梁　2. 平衡螺丝　3. 吊耳　4. 指针　5. 支点刀　6. 框罩　7. 圈码
8. 指数盘　9. 支柱　10. 托梁架　11. 阻尼筒　12. 光屏　13. 称盘
14. 盘托　15. 螺丝足　16. 垫足　17. 升降旋钮　18. 扳手

全平行并且处在同一水平面上。刀口的尖锐程度决定天平的灵敏度。直接影响称量的精确程度。因此在使用天平时务必要注意保护刀口。梁的两端装有两个平衡调节螺丝,用来调整梁的平衡位置(即调节零点)。

（2）指针

固定在天平梁的中央。天平梁摆动时,指针也随着摆动。指针下端装有微分刻度标尺牌,光源通过光学系统将缩微标尺刻度放大,反射到光屏上。光屏中央有一条垂直的刻线,标尺投影与刻线的重合处即为天平的平衡位置。

（3）吊耳(蹬)

吊耳的中间面向下的部分嵌有玛瑙平板。吊耳上还装有悬挂阻尼器内筒和天平盘的挂钩。当使用天平时,承重刀通过吊耳上的玛瑙平板与悬挂的阻尼器内筒和天平盘相连接。不使用天平时,托蹬将吊耳托住,使玛瑙平板与承重刀口脱开。

（4）空气阻尼器(阻尼筒)

为了提高称量速度,减少称量时天平摆动的时间,尽快使天平静止,在天平盘上部装有两只阻尼器。阻尼器是由两只空铝盒组成,内盒比外盒小,正好套入外盒,二者间隙保持均匀,避免摩擦。当天平梁摆动时,由于两盒相对运动,盒内空气的阻力产生阻尼作用,从而阻止天平的摆动使其迅速地达到平衡。

（5）升降枢(升降旋钮)

这是天平的重要部件。它连接着托梁架、盘托和光源。当使用天平时,打开升降枢,降下托梁架使三个玛瑙刀口与相应的玛瑙平板接触,同时盘托下降,天平处于摆动状态;光源也同时打开,在光屏上可以看到缩微标尺的投影。当不使用天平、加减砝码或取放称量物时,为保护刀口,一定要将升降枢的旋钮关闭。这时天平梁和盘托被托起,刀口与平板脱离,光源切断。

（6）螺旋足（天平足）

天平盒下面有三只足，前方两只足上装有螺旋，可使天平足升高或降低，以调节天平的水平位置。天平是否处于水平位置，可观察天平箱内的气泡水平仪。

（7）天平盒（箱）

由木框和玻璃制成的，将天平装在盒内，以防止气流、灰尘、水蒸气对天平和称量带来影响。盒前有一个可以上下移动的玻璃门，一般是不开的，只有在清理和调整天平时才使用。两侧的边门，供取放称量物和加减砝码时用，要随开随关，不得敞开。

（8）砝码和圈码（环码）

天平附有的砝码装在专用盒内，而圈码是通过机械加码装置来加减的。半机械加码电光天平有一个砝码指数盘旋钮，可以将 $10\sim990$ mg 范围内的圈码加到承受架上，但 1 g 以上的砝码仍需要用砝码盒中的砝码。由于数值相同的砝码间的质量仍有微小的差别，因此数值相同的砝码上均打有标记以示区别。砝码按一定次序在盒中排列。

2. 使用方法

（1）称前检查

在使用天平之前，首先要检查天平放置是否水平；机械加码装置是否指示 0.00 位置；圈码是否齐全，有无跳落；两盘是否空着；用毛刷将天平清扫一下。

（2）调节零点

天平的零点，指天平"空"载时的平衡点。每次称量之前都要先测定天平的零点。测定时接通电源，轻轻开启升降枢（应全部启开旋钮），此时可以看到缩微标尺的投影在光屏上移动。当标尺投影稳定后，若光屏上的刻度线不与标尺 0.00 重合，可拨动扳手，移动光屏位置，使刻线与标尺 0.00 重合，零点即调好。若光屏移到尽头刻线还不能与标尺 0.00 重合，则请教师通过旋转平衡螺丝来调整。

（3）称量物体

在使用分析天平称量物体之前应将物体先在台秤上粗称，然后把称量物体放入天平左盘中央，把比粗称质量略大的砝码放在右盘中央，慢慢打开升降枢，根据指针的偏转方向或光屏上标尺移动方向来变换砝码。如果标尺向负方向移动即光屏上标尺的零点偏向标线的右方，则表示砝码质量大，应立即关好升降枢，减少砝码后再称量。若标尺向正方向移动即标尺的零点偏向标线的左方，则说明砝码不足，反复加减砝码至称量物比砝码质量大不超过 1 g 时，再转动指数盘加减砝码，直至光屏上的刻线与标尺投影上某一读数重合为止。

（4）读数

当光屏上的标尺投影稳定后，即可从标尺上读出 10 mg 以下的质量。有的天平标尺既有正值刻度，也有负值刻度。有的天平只有正值刻度。称量时一般都使刻线落在正值范围内，以免计算总量时有加有减而发生错误。标尺上读数一大格为 1 mg，一小格为 0.1 mg。

$$称量物质量 = 砝码质量 + \frac{圈码质量}{1\,000} + \frac{光标尺读数}{1\,000}$$

（5）称后检查

称量完毕，计下物体质量，将物体取出，砝码依次放回盒内原来位置。关好边门。圈码指数盘恢复到 0.00 位置,拔下电插销,罩好天平罩。

3. 称量方法

(1) 直接法

有些固体样品,不易吸收空气中的水分,在空气中性质稳定如金属矿石等,可用直接法称取。即先称出欲盛放称量物的容器的质量,然后根据需称样品的质量,调好砝码,将样品逐渐加到容器中,再称量容器和样品的总质量。两次称量结果的质量差即为样品的质量。

(2) 差减法

有些固体样品,易吸收空气中的水分,在空气中性质不稳定,要用差减法来称量。在差减法操作中,称量瓶不能用手直接拿,应用纸条套住瓶身中部用手指捏紧纸条进行操作(如图 4-3)。这样可以避免手汗和体温的影响。先在干净的称量瓶中加入一些样品,准确称量。然后用纸条将称量瓶取出,按图 4-3 所示倾倒样品,瓶盖也要用纸条衬垫,在盛接样品的容器上方打开瓶盖,并用瓶盖的下部轻轻敲称量瓶的瓶口,使样品缓慢倾入容器中。估计倾入的样品的量已够时,再边敲瓶口边将瓶身扶正,盖好瓶盖后方可离开容器的上方,再准确称量。两次称量结果的质量差即为倾出样品的质量。

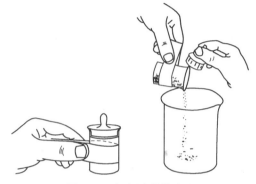

图 4-3 倾倒试样的方法

4. 使用规则和维护

(1) 天平室应不受阳光照射,保持干燥,防止腐蚀性气体的侵蚀。天平台应坚固而不受震动的影响。

(2) 天平箱内应保持清洁和干燥,要定期放置和更换干燥剂。

(3) 称量前要检查天平是否正常。

(4) 称量物不得超过天平的最大载重。不能称量热的物体,有腐蚀或吸湿性的物体必须放在密闭的容器内称量。不得将称量物直接放在天平盘上。

(5) 在天平上放取物品或加减砝码时,一定要关闭升降旋钮,以免损坏刀口。开启和关闭天平时要轻缓。

(6) 使用砝码时要用镊子,取下的砝码要放到砝码盒固定的位置上。

(7) 称量完毕后,将天平的各个部位恢复原位,关上天平门,罩好天平罩,切断电源。记好使用记录。

三、电子天平

电子天平是新一代的天平,它利用电子装置完成电磁力补偿或电磁力矩的调节,使物体在重力场中实现力的平衡或力矩的平衡。一般结构都是机电结合式的,由载荷接受与传递装置、测量与补偿装置等部件组成。用电子天平称量物体,快速准确。

近年来,我国已生产出多种型号的电子天平,FA/JA 系列是常见的一种。其中 FA1004型的外形如图 4-4 所示。

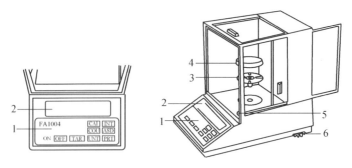

图 4 - 4　FA1004 型电子天平的外形图

1. 键板　2. 屏幕　3. 盘托　4. 称盘　5. 水平仪　6. 水平调节

电子天平的一般称量操作如下：

（1）查看是否水平，若不水平，可通过水平调节脚调至水平。

（2）接通电源，预热，可开启显示器。

（3）按"ON"键，开启显示器，等待出现 0.000 0 g 后，即可称量。

（4）天平刚装好新启用，或使用时间较长，或移动、环境变化，都需要校正。校正方法为：按"CAL"键，显示 CAL—100 且 100 闪烁时，把 100 g 标准砝码放在称盘上，待显示 100.00 g 后取下砝码，显示 0.000 0 g。

（5）将称量物放在称盘上，待显示数据稳定并出现质量单位 g 后，即可读取、记录称量结果。如果用容器称取样品时，按"TAR"，可实现去皮的功能，应充分利用扣除皮重的功能，扣除容器的皮重以直接读取样品的质量。

（6）取出称量物，按"OFF"键，关闭显示器。此时天平处于待机状态，如继续使用，不需要预热。如果天平长时间不用，应关闭电源。

电子天平还有一些其他功能。不同类型的电子天平有不同的操作方法，使用前请详细阅读使用说明书。

§4.3　电导率仪

一、基本原理

在电场作用下，电解质溶液导电能力的大小常以电阻 R 或电导 G 表示。电导是电阻的倒数：

$$G = \frac{1}{R}$$

电阻、电导的 SI 单位分别是欧姆（Ω）、西门子（S），显然 $1\,\text{S} = 1\,\Omega^{-1}$。

导体的电阻与其长度（L）成正比，而与其截面积（A）成反比：

$$R \propto \frac{L}{A} \text{ 或 } R = \rho \frac{L}{A}$$

式中：ρ 为电阻率或比电阻。根据电导与电阻的关系，可以得出：

$$G = \frac{1}{R} = \frac{1}{\rho \dfrac{L}{A}} = \frac{1}{\rho} \cdot \frac{A}{L} = \kappa \frac{A}{L}$$

$$\kappa = G \frac{L}{A}$$

式中：κ 称为电导率，它是长 1 m，截面积为 1 m² 导体的电导，单位是 S·m⁻¹；对电解质溶液来说，电导率是电极面积为 1 m²、两极间距离为 1 m 的两极之间的电导。溶液的浓度为 c，通常用 mol·L⁻¹ 表示，含有 1 mol 电解质溶液的体积为：

$$\frac{1}{c} \text{ L 或 } \frac{1}{c} \times 10^{-3} \text{ m}^3$$

此时溶液的摩尔电导率等于电导率和溶液体积的乘积：

$$\Lambda_m = \kappa \frac{10^{-3}}{c}$$

摩尔电导率的单位为 S·m²·mol⁻¹。摩尔电导率的数值通常是测定溶液的电导率，用上式计算得到。

测定电导率的方法是将两个电极插入溶液中，测出两极间的电阻。对某一电极而言，电极面积 A 与间距 L 都是固定不变的，因此 L/A 是常数，称为电极常数或电导池常数，用 J 表示。于是有

$$G = \kappa \frac{1}{J} \text{ 或 } \kappa = \frac{J}{R_x}$$

由于电导的单位西门子太大，常用毫西门子（mS）、微西门子（μS）表示，它们间的关系是：

$$1 \text{ S} = 10^3 \text{ mS} = 10^6 \text{ } \mu\text{S}$$

电导率仪的测量原理（如图 4-5）是：由振荡器发生的音频交流电压加到电导池电阻与量程电阻所组成的串联回路中时，如溶液的电压越大，电导池电阻越小，量程电阻两端的电压就越大，电压经交流放大器放大，再经整流后推动直流电表，由电表可直接读出电导值。

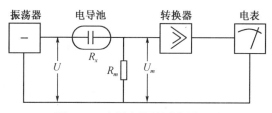

图 4-5 电导率仪的测定原理图

二、DDS-11A 型电导率仪

1. 外形结构

DDS-11A 型电导率仪的外形如图 4-6 所示。

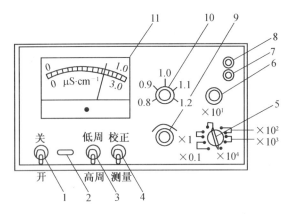

图 4 - 6　DDS - 11A 型电导率仪的外形图

1. 电源开关　2. 指示灯　3. 高周、低周开关　4. 校正、测量开关　5. 量程选择
6. 电容补偿调节器　7. 电极插口　8. 10 mV 输出端口　9. 校正调节器　10. 电极常数调节器　11. 表头

2. 使用方法

(1) 打开电源开关前,观察表针是否指零,如不指零,可调正表头上的螺丝,使表针指零。

(2) 将"4"(校正/测量开关)扳到"校正"的位置。

(3) 插接电源线,打开电源开关,并预热数分钟(待指针完全稳定下来为止),调节"9"(校正调节器)使电表指示满度。

(4) 当使用 1～8 量程来测量电导率低于 300 μS·cm^{-1} 的溶液时,选用"低周",将"3"(高周、低周开关)扳到"低周"即可。当使用 9～11 量程来测量电导率在 300～10^4 μS·cm^{-1} 范围里的溶液时,则将"3"扳到"高周"。

(5) 将量程选择开关"5"扳到所需要的测量范围。若预先不知道所测溶液的电导率的范围,应先把其扳到最大电导率的测量挡,然后逐渐下挡,以防打弯表针。

(6) 根据实际情况选择电极,如表 4 - 1 所示。

表 4 - 1　量程范围与配套电极

量　程	电导率 / μS·cm^{-1}	测量频率	配套电极
1	0～0.1	低周	DJS - 1 型光亮电极
2	0～0.3	低周	DJS - 1 型光亮电极
3	0～1	低周	DJS - 1 型光亮电极
4	0～3	低周	DJS - 1 型光亮电极
5	0～10	低周	DJS - 1 型光亮电极
6	0～30	低周	DJS - 1 型铂黑电极
7	0～10^2	低周	DJS - 1 型铂黑电极
8	0～$3×10^2$	低周	DJS - 1 型铂黑电极
9	0～10^3	高周	DJS - 1 型铂黑电极
10	0～$3×10^3$	高周	DJS - 1 型铂黑电极
11	0～10^4	高周	DJS - 1 型铂黑电极
12	0～10^5	高周	DJS - 10 型铂黑电极

（7）将电极插头插入电极的插口内，旋紧插口上的紧固螺丝，再将电极浸入到待测液中。

（8）把"10"（电极常数调节器）调到所选用电极的电极常数的位置。

（9）再调节"9"（校正调节器）使电表指示满刻度。

（10）将"4"扳到"测量"的位置，测量溶液的电导率，读出电表指针指示的数值，再乘上量程上选择开关所指示的倍数，即为被测溶液的电导率。量程开关在1、3、5、7、9、11各挡时读表头上行（黑线）的数值，量程开关在2、4、6、8、10各挡时读表头下行（红线）的数值。将"4"再扳到"校正"的位置，看指针是否满刻度。再扳到"测量"的位置，重新测定一次，取其平均值。

（11）"4"扳到"校正"的位置，取出电极，用蒸馏水冲洗，放回盒中。

（12）关闭电源，拔下插头。

3. 注意事项

（1）电极的引线不能潮湿，否则将测不准。

（2）高纯水被注入容器后迅速测定，否则电导增加很快，因为空气中的 CO_2 溶入水中，变成 CO_3^{2-}。

（3）盛装被测溶液的容器必须清洁，无离子玷污。

§4.4　pH 计

一、测量原理

pH 计测量 pH 的方法是电势测定法。以 pH 玻璃电极作为测量电极（也称指示电极），以甘汞电极作为参比电极，一起浸入被测溶液中，组成一个原电池，其电池的电动势 E 为

$$E = E_{甘汞} - E_{玻}$$

式中：$E_{甘汞}$ 为甘汞电极的电极电位，$E_{甘汞}$ 与溶液的 pH 及其他组分无关，在一定温度下为一定值；$E_{玻}$ 为 pH 玻璃电极的电极电位，$E_{玻} = E_{玻}^\ominus - 0.0591\,pH$（25℃时），$E^\ominus$ 为电极的标准电位，在确定条件下为常量。即

$$E = E_{甘汞} - E_{玻}^\ominus + 0.0591\,pH = K + 0.0591\,pH$$

在一定条件下，K 为常量，所以 E 与 pH 成直线关系。只要确定 K 值，就可以测得溶液的 pH。由于 K 受到较多不确定因素的影响，难以获得一个确定不变的值，所以在每次测定 pH 之前，都需要用准确 pH 的标准缓冲溶液进行对照测定。而在实际工作中，只需用标准缓冲溶液对测量仪器进行准确定位（校正），就可以直接测量出待测溶液的 pH。

二、常用电极

1. 甘汞电极

甘汞电极由金属汞、甘汞（Hg_2Cl_2）和 KCl 溶液组成，电极反应为

$$Hg_2Cl_2 + 2e^- \rightleftharpoons 2Hg + 2Cl^-$$

电极电位与 KCl 溶液中 Cl^- 的活度有关，25℃时为

$$E = E_{Hg_2Cl_2/Hg}^\ominus - 0.0591\,lg a_{Cl^-}$$

电极中 KCl 的浓度通常有 $0.1\ mol \cdot L^{-1}$、$1\ mol \cdot L^{-1}$ 和饱和溶液三种,而以饱和溶液最为常用,称为饱和甘汞电极。甘汞电极的电位随温度不同而略有变化,其关系如下:

$0.1\ mol \cdot L^{-1}$ 甘汞电极: $E = 0.3338\ V - 7 \times 10^{-5}(t - 25)V$

$1\ mol \cdot L^{-1}$ 甘汞电极: $E = 0.2820\ V - 2.4 \times 10^{-4}(t - 25)V$

饱和甘汞电极: $E = 0.2415\ V - 7.6 \times 10^{-4}(t - 25)V$

式中: t 为温度($^{\circ}C$); V 为单位伏特。使用甘汞电极时,温度不得超过 $70\ ^{\circ}C$,否则 Hg_2Cl_2 会分解;电极腔内的液接部位不能有气泡存在,否则将可能引起测量断路或读数不稳定;电极腔内的液面高度应高于测量液面约 2 cm,以防止测量溶液向电极内渗透,如果液面过低,可从加液口添加相应的 KCl 溶液;饱和甘汞电极腔内的溶液中应保持有少量的 KCl 晶体,以确保其饱和。图 4-7 为饱和甘汞电极的结构图。

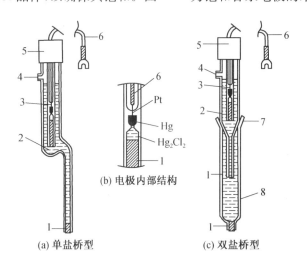

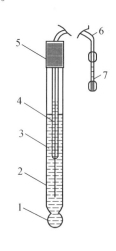

图 4-7　饱和甘汞电极的结构图

1. 多孔性物质　2. 饱和 KCl 溶液　3. 内电极
4. 加液口　5. 绝缘帽　6. 导线　7. 可卸盐桥
套管　8. 可卸盐桥溶液

图 4-8　pH 玻璃电极的结构图

1. 电极球泡　2. 玻璃外壳　3. 含 Cl⁻ 的
缓冲溶液　4. Ag/AgCl 电极　5. 绝缘帽
6. 导线　7. 电极插座

2. pH 玻璃电极

pH 玻璃电极对溶液中的 H^+ 能响应,用于测量溶液的 pH 或作为酸碱电位滴定的指示电极。pH 玻璃电极的结构如图 4-8 所示。电极的下端是用特殊玻璃吹制成直径为 0.5~1 cm、厚度约为 0.1 mm 的薄膜小球,内装 pH 一定且含有 Cl⁻ 的缓冲溶液(称为内参比溶液),插入一根 Ag - AgCl 电极(称为内参比电极)。pH 玻璃电极浸入待测溶液时,由于 H^+ 在玻璃膜内外表面的交换、迁移作用而产生电极电位,电位大小与待测溶液的 pH 关系为($25\ ^{\circ}C$):

$$E_{玻} = E_{玻}^{\ominus} - 0.0591\ pH$$

使用 pH 玻璃电极时应注意如下事项:

(1) 电极使用时应在蒸馏水或 $0.1\ mol \cdot L^{-1}$ 的盐酸溶液中浸泡 24 h 以上,电极暂不使用时也应浸泡在蒸馏水中。

(2) 需注意电极的使用 pH 范围,超出范围时会产生较大的测量误差。

(3) 电极应在所规定的温度范围内使用,温度较高时,电极内阻降低,有利于测定,但将使电极寿命缩短。

（4）要注意电极内参比溶液中有无气泡，如有应小心除去。

（5）电极球的玻璃膜很薄，极易因碰撞或挤压而破碎，应特别注意保护。

3. pH 复合电极

为了使操作、保管更方便，使用时不易损坏，目前的酸度计大多配用 pH 复合电极，即把 pH 玻璃电极和外参比电极（一般用 Ag－AgCl 电极）以及外参比溶液一起装在一根电极塑管中，合为一体，底部露出的玻璃球泡有护罩加以保护，电极头还有一个带有保护液（一般为饱和 KCl 溶液）的外套。pH 玻璃电极和外参比电极的引线用缆线及复合插头与测量仪器连接。其结构如图 4－9 所示。

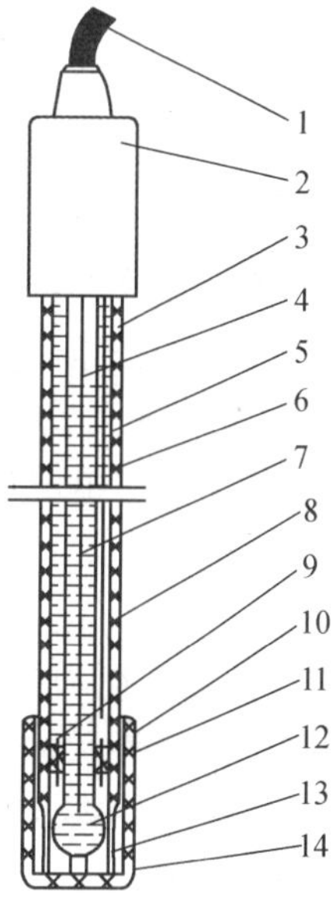

使用 pH 复合电极时应注意如下事项：

（1）新电极必须在 pH＝4 或 pH＝7 缓冲溶液中调节并浸泡过夜。

（2）使用复合电极时，一般不能用电极搅拌溶液，有时遇到溶液较少时，可以用电极轻轻搅动，但要特别注意防止损伤电极。

（3）更换测量溶液前，均需细心洗净电极。用吸水纸吸干电极时，要注意小心吸干球泡护罩内的水分，防止损伤球泡。

（4）电极不用时，应洗净电极，然后套上带有保护液的电极套。要经常检查添加套内的保护液，不能干涸。

（5）复合电极的电极头不能朝上放置。使用时电极不能上、下翻动或剧烈摇动。

（6）不同型号的复合电极，使用及保护上有所不同，应仔细阅读其说明。

图 4－9 pH 复合电极

1. 电极导线 2. 电极帽 3. 电极塑壳 4. 内参比电极 5. 外参比电极 6. 电极支持杆 7. 内参比溶液 8. 外参比溶液 9. 液接面 10. 密封圈 11. 硅胶圈 12. 电极球泡 13. 球泡护罩 14. 护罩

三、pHS－3C 型酸度计

1. 外形结构

pHS－3C 型酸度计（外形结构如图 4－10）是精密数字显示酸度计。该机可测定水溶液的 pH 和电位（mV）值，还可以配上离子选择性电极，测出该电极的电极电位。

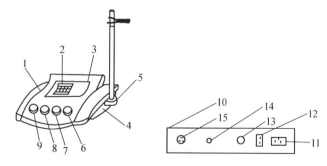

图 4－10 pHS－3C 型酸度计的外形结构图

1. 机箱盖 2. 显示屏 3. 面板 4. 机箱底 5. 电极梗插座 6. 定位调节旋钮
7. 斜率补偿调节旋钮 8. 温度补偿调节旋钮 9. 选择开关旋钮 10. 仪器后面板
11. 电源插座 12. 电源开关 13. 保险丝 14. 参比电极接口 15. 测量电极插座

2. 使用方法

(1) 准备工作

① 插上电源,按下电源开关,预热 30 min。

② 用蒸馏水清洗电极,用滤纸吸干,然后夹在电极夹上,并连接好。

(2) 标定

① 仪器使用前首先要标定。一般情况下仪器在连续使用时,每天要标定一次。

② 在测量电极插座 15 处插入复合电极;若不用复合电极,则在测量电极插座 15 处插入玻璃电极插头,参比电极接入参比电极接口 14 处。

③ 打开电源开关,按 pH/mV 按钮,使仪器进入 pH 测量状态。

④ 按"温度"按钮,显示溶液温度值(此时温度指示灯亮),然后按"确认"键,仪器确定溶液温度后回到 pH 测量状态。

⑤ 把用蒸馏水清洗过的电极插入 pH＝6.86 的标准缓冲溶液中,待读数稳定后按"定位"键(此时 pH 指示灯慢闪烁,表明仪器在定位标定状态)调节定位调节旋钮使读数为该溶液当时温度下的 pH,然后按"确认"键,进入 pH 测量状态,pH 指示灯停止闪烁。

⑤ 把用蒸馏水清洗过的电极插入 pH＝4.0(或 pH＝9.18)的标准缓冲溶液中,待读数稳定后按"斜率"键(此时 pH 指示灯慢闪烁,表明仪器在斜率标定状态)调节斜率补偿调节旋钮使读数为该溶液当时温度下的 pH,然后按"确认"键,进入 pH 测量状态,pH 指示灯停止闪烁,标定完成。

⑥ 用蒸馏水清洗电极后即可对被测溶液进行测量。

若在标定过程中操作失误或按键按错而使仪器测量不正常,可关闭电源,然后按住"确认"键再开启电源,使仪器恢复初始状态。然后重新标定。

注意:经标定后,"定位"键及"斜率"键不能再按,如果触动此键,此时仪器 pH 指示灯闪烁,请不要按"确认"键,而是按"pH/mV",使仪器重新进入 pH 测量即可,而无须再进行标定。

标定的缓冲溶液一般第一次用 pH＝6.86 的溶液,第二次用接近被测溶液 pH 的缓冲液,如被测溶液为酸性时,缓冲溶液应选 pH＝4.00;如被测溶液为碱性时则选 pH＝9.18 的缓冲溶液。

3. 注意事项

(1) 电极的插入端必须保持干燥整洁。不用时,将短路插头插入插座,防止灰尘及水汽侵入。

(2) 测量时,电极的引入导线应保持静止,否则会引起测量不稳定。

(3) 要保证缓冲溶液的可靠性,否则导致测量误差。

(4) 一定注意电极的保护。

§4.5 分光光度计

一、基本原理

分光光度计的基本原理是溶液中的物质在某单色光的照射激发下,产生了对光吸收的效应。物质对光的吸收是具有选择性的,各种不同的物质都具有其各自的吸收光谱,因此当某单色光通过溶液时,其能量就会被吸收而减弱,光能量减弱的程度和物质的浓度有一定的比例关系,即 Lambort-Beer 定律。

$$A = -\lg T = \varepsilon bc$$

式中:A 为吸光度,又称光密度;T 为透射率($T = I_t / I_o$,I_o 是入射光强度,I_t 是透射光强度);ε 为摩尔吸光系数($L \cdot mol^{-1} \cdot cm^{-1}$),与物质的性质、入射光的波长和溶液的温度等因素有关;b 为样品光程即液层的厚度(cm),通常使用 1.0 cm 的吸收池,$b = 1$ cm;c 为样品浓度($mol \cdot L^{-1}$)。

分光光度法就是以 Lambort-Beer 定律为基础建立起来的分析方法。

通常用光的吸收曲线(光谱)来描述有色溶液对光的吸收情况。将不同波长的单色光依次照射一定浓度的有色溶液,分别测定其吸光度 A,以波长 λ 为横坐标,以吸光度 A 为纵坐标作图,所得的曲线称为光的吸收曲线(或光谱),如图 4-11。最大吸收峰处对应的单色光波长称为最大吸收波长 λ_{max},选用 λ_{max} 的光进行测量,此时物质对光的吸收程度最大,测定的灵敏度最高。

一般在测量样品前,先测工作曲线,即在与测定样品相同的条件下,先测量一系列已知准确浓度的标准溶液的吸光度 A,画出 $A \sim c$ 的曲线,即工作曲线(如图 4-12)。待样品的吸光度 A_x 测出后,就可以在工作线上求出相应的浓度 c_x。

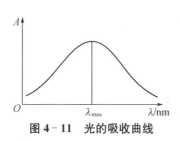

图 4-11　光的吸收曲线

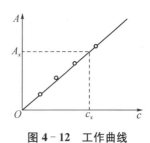

图 4-12　工作曲线

二、分光光度计的结构和使用

1. 721 型分光光度计

(1) 721 型分光光度计结构

721 分光光度计外形示意图如图 4-13 所示。

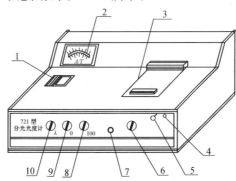

图 4-13　721 型分光光度计外形图

1. 波长读数盘　2. 读数电表　3. 比色皿暗箱　4. 电源指示灯　5. 电源开关　6. 灵敏度选择旋钮　7. 比色皿座架拉杆　8. "100%"透射率调节旋钮　9. "0"透射率调节旋钮　10. 波长调节旋钮

721 型分光光度计的内部主要由光源部件、单色光器部件、入射光和出射光光量调节器、光电管暗盒(电子放大器)部件和稳压装置等几部分组成(如图 4－14)。

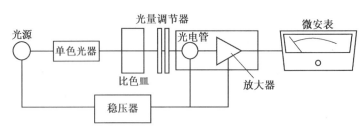

图 4－14　721 型分光光度计的基本结构示意图

从光源发出的连续辐射光线,射到聚光透镜上,会聚后,再经过平面镜转角 90°,反射至入射狭缝。由此入射到单色光器内,狭缝正好位于球面准直物镜的焦面上,当入射光经过准直物镜反射后,就以一束平行光射向棱镜。光线进入棱镜后,进行色散。色散后回来的光线,再经过准直镜反射,就会聚在出光狭缝上,再经过聚光镜后进入比色皿,光线一部分被吸收,透过的光进入光电管,产生相应的光电流,经过放大后在微安表上读出。

(2) 721 型分光光度计使用方法

① 在仪器未接通电源时,电表的指针必须位于"0"刻线上,若不是这种情况,则可用电表上的校正螺丝进行调节(卸下机壳)。

② 在进行测定前,先将仪器电源开关接通,打开比色皿暗箱盖,预热 15 min 以上,选择需用的单色波长,调节"0"调节旋钮,使电表指针指"0",然后盖上比色皿暗箱盖,将比色皿放在参比溶液(空白溶液或蒸馏水)校正位置(一般为比色皿架第一格),转动"100％"调节旋钮,使电表指针指"100"。

③ 仪器预热或测量时,如果转动"100％"调节旋钮至极限时,电表指针仍不能指在"100％",可把灵敏度选择旋钮调至"2"挡以提高灵敏度,重新调"0"和"100％"。若电表指针仍不能调到"100％",则旋至"3"挡"4 挡"或"5"挡,逐挡调试。在保证能调到"100％"的情况下,尽可能采用较低档,使仪器有更高的稳定性。

④ 在大幅度改变测试波长时,在调整"0"和"100％"后稍等片刻,(钨灯在急剧改变亮度后需要一段热平衡时间),当指针稳定后重新调整"0"和"100％"即可工作。

⑤ 测量时,打开比色皿暗箱,放入装有待测溶液的比色皿,可同时放入多个待测溶液。拿比色皿时只能捏住比色皿毛玻璃的两面,放入比色皿架前需用滤纸吸干外壁沾有的溶液,再用擦镜纸擦干净,放比色皿时应让透光面对准光路。轻轻拉动比色皿座架拉杆,使待测溶液进入光路,此时表头指针所示为该待测溶液的吸光度(A)或透射率(T)。依次将其它待测溶液拉至光路,分别读取测定值(测定后最好将参比溶液推回至光路中,重测一次)。

⑥ 测量完毕,打开暗箱盖,关闭电源,取出比色皿,洗净后放在指定的位置,关好暗箱盖,罩好仪器。

(3) 注意事项

① 测定时,比色皿要用被测液荡洗 2～3 次,以避免被测液浓度的改变。

② 要用吸水纸将附着在比色皿外表面的溶液擦干。擦时应注意保护其透光面,勿使产生划痕。拿比色皿时,手指只能捏住毛玻璃的两边。

③ 比色皿放入比色皿架内时,应注意它们的位置,尽量使它们前后一致,且一定要放正,不能倾斜,否则容易产生误差。

④ 为了防止光电管疲劳,在不测定时,应经常使暗箱盖处于启开位置。连续使用仪器的时间一般不超过 2 h,最好是歇半小时后,再继续使用。

⑤ 测定时,应尽量使吸光度在 0.1～0.65,这样可以得到较高的准确度。

⑥ 仪器不能受潮,使用中应注意放大器和单色器上的两个硅胶干燥筒(在仪器底部)里的防潮硅胶是否变色,如果硅胶的颜色已变红,应立即取出更换。

⑦ 比色皿用过后,要及时洗净,并用蒸馏水荡洗,倒置晾干后存放在比色皿盒内。

⑧ 比色皿严禁加热、烘烤,急用干的比色皿时,可用酒精荡洗后用冷风吹干,绝不可用超声波清洗器清洗。

⑨ 仪器使用半年左右或搬动后,要校正波长。

2. 722 型分光光度计

(1) 外形结构

722 型分光光度计是以碘钨灯为光源、衍射光栅为色散元件、端窗式光电管为光电转换器的单色束、数显式可见分光光度计。可用的波长范围为 330～800 nm,波长的精度±2 nm,光谱带宽 6 nm,吸光度的显示范围为 0～1.999 A,吸光度的精度为±0.004 A(在 0.5 A 处)。试样架可置放 4 个吸收池。附件盒里有 4 只 1 cm 的吸收池和 1 块镨钕滤光片。722 型分光光度计的外形如图 4 - 15 所示。

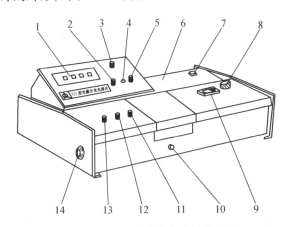

图 4 - 15　722 型分光光度计外形图

1. 数显器　2. 吸光度调零旋钮　3. 选择开关　4. 调斜率电位器　5. 浓度旋钮
6. 光源室　7. 电源开关　8. 波长手轮　9. 波长刻度窗　10. 比色皿座拉杆
11. 100%T旋钮　12. 0%T旋钮　13. 灵敏度调节　14. 干燥箱

(2) 使用方法

① 将灵敏度旋钮置于"1"挡(放大倍率最小),选择开关置于"T"挡。

② 开启电源,指示灯亮并将波长调至所需波长,预热 20 min。

③ 打开试样室盖(光门自动关闭),调节"0%T"旋钮,使数字显示为"0.00"。

④ 将盛有参比液的吸收池置于试样架的第一格内,盛有试样的吸收池置于第二格内,盖上试样室的盖(此时光门打开,光电管受热)。将参比溶液推入光路,调节"100%T"旋钮,使数字显示为"100.0"。如果显示不到"100.0",则增大灵敏度挡"2"或"3",再调节"100%

T"旋钮,直到显示为"100.0"。

⑤ 重复操作步骤③和④,直到仪器显示稳定。

⑥ 将选择开关置于"A"挡,此时吸光度显示为".000",若不是,则调节吸光度调节旋钮使之显示为".000"。然后将试样推入光路,此时显示值即为试样的吸光度。

⑦ 实验过程中,可随时将参比溶液推入光路以检查其吸光度零点是否变化。如果不是".000",则应将选择开关置于"T"挡,用"100％T"旋钮调节至"100.0",再将选择开关置"A"挡,这时如不是".000",则可调节吸光度调零旋钮。如果大幅度改变测试波长时,应稍等片刻(因为能量变化急剧,光电管受光后响应缓慢,需一段时间光响应平衡),待稳定后重新调整"0"和"100％T"后才可工作。

⑧ 浓度 c 的测量:选择开关由"A"旋置"c",将已标定浓度的样品放入光路,调节浓度旋钮,使数字显示为标定值。然后将被测样品推入光路,即可读出被测样品的浓度值。

⑨ 仪器使用完毕,应先关闭电源,再取出比色皿,洗净后放回原处。

第五章　基础实验

§5.1　分析天平称量练习

一、实验目的

(1) 了解分析天平的构造,学会正确的称量方法。

(2) 学习用直接称量法和递减称量法称量试样。

(3) 了解在称量中如何运用有效数字。培养正确记录实验原始数据的习惯。

二、实验原理

见第 4 章 §4.2。

对于一些在空气中没有吸湿性的试样,如金属、合金等,可以用直接称量法称样。采用本法称量时,先称取某一容器(如小烧杯、表面皿或称量纸等)的准确质量,然后把所需要的试样量加进容器中,并准确称取容器和试样的质量,前后两次质量之差即为试样的质量。

递减称量法适用于称量易挥发、吸水以及易与空气中 O_2、CO_2 发生反应的物质。称取固体试样时,将适量试样装入称量瓶中,先称得称量瓶和试样的总质量,然后倒出所需试样的估计量,再称得称量瓶和剩余试样的质量,两次质量之差即为称得试样的准确质量。

三、实验用品

1. 仪器

分析天平,台秤,称量瓶,小烧杯(50 mL),表面皿。

2. 药品

试剂或试样(因初次称量,宜采用不易吸潮的固体粉末试样,如 $CaCO_3$)。

四、实验内容

1. 分析天平使用前的检查

(1) 检查砝码是否齐全,各砝码位置是否正确,圈码是否完好并挂在圈码钩上,读数盘的读数是否为零位。

(2) 检查天平是否处于休止状态,天平梁和吊耳的位置是否正确。

(3) 检查天平是否处于水平状态,如不水平,可调节天平箱前下方的垫脚螺丝,使水准器中的气泡位于正中。

(4) 天平盘上如有灰尘或其他的落入物,应该用软毛刷轻扫干净。

2. 称量练习

(1) 直接称量法

称取 0.5 g 试样两份。称量方法如下:

① 在分析天平上准确称出洁净干燥的表面皿或小烧杯的质量(可先在台称上粗称),记录称量数据。

② 在天平的右盘上增加 500 mg 圈码。

③ 用牛角匙将试样慢慢加到表面皿的中央,直到天平的平衡点与称量表面皿时基本一致,记录称量数据和试样的实际质量。如此反复练习 2~3 次。

用电子天平称量操作如下:将容器轻轻放在经预热稳定的电子天平称量盘上,关上天平门,待显示平衡后按"TAR"键扣除容器质量并显示零。然后打开天平门,往容器中缓缓加入试样,直至显示屏显示出所需的质量数,停止加样并关上天平门,此时显示的数据便是实际所称的质量。

(2) 递减称量法

称取 0.3~0.4 g 试样两份。

① 取两个洁净、干燥的小烧杯,分别在分析天平上准确称至 0.1 mg,记录其质量 m_0 和 m'_0。

② 取一个洁净、干燥的称量瓶,加入约 1 g 的试样,然后在分析天平上准确称其质量,记为 m_1。转移 0.3~0.4 g 的试样至第一个小烧杯,再称称量瓶及剩余试样的质量,记为 m_2,则 m_1-m_2 即为第一份试样的质量;以同法再转移 0.3~0.4 g 的试样至第二个小烧杯中,再称称量瓶及剩余试样的质量,记为 m_3,则 m_2-m_3 即为第二份试样的质量。

③ 分别称量两个已有试样的小烧杯,记录其质量为 m_4 和 m_5。

④ 结果的检验:(a) 检查 m_1-m_2 是否等于第一个小烧杯中增加的质量,m_2-m_3 是否等于第二个小烧杯中增加的质量;如不相等,求出差值,要求称量的绝对差值小于 0.5 mg。(b) 再检查倒入小烧杯中的两份试样的质量是否合乎要求(即在 0.3~0.4 g 之间)。(c) 如不符合要求,分析原因并继续再称。

(3) 称量后天平的检查

① 天平是否关闭。

② 天平盘上的物品和砝码是否取出,圈码有无脱落,是否复位。

③ 天平箱内及桌面上有无纸屑、脏物,并及时进行清理。

④ 天平罩是否罩好。

⑤ 在"天平使用记录本"上签名登记。

3. 实验数据的记录及处理

(1) 直接称量法数据记录

记录项目	I	II
小烧杯质量/g		
试样+小烧杯质量/g		
试样质量/g		

（2）递减称量法数据记录

记录项目	I	II
m（称量瓶＋试样）/g（倒出前）	$m_1=$	$m_2=$
m（称量瓶＋试样）/g（倒出后）	$m_2=$	$m_3=$
m（称出试样）/g		
m（小烧杯＋试样）/g	$m_4=$	$m_5=$
m（空烧杯）/g	$m_0=$	$m'_0=$
m（烧杯中试样）/g		
偏差/mg		

五、思考题

（1）什么情况下用直接法称量？什么情况下用减量法称量？

（2）使用天平时，为什么要强调轻开轻关天平旋钮？为什么必须先关闭旋钮，方可取放称量物质、加减砝码和圈码？

（3）在递减法称样的过程中，称量瓶内的试样吸湿，对称量结果造成怎样的误差？倾倒入烧杯后再吸湿，对称量结果是否有影响？

（4）称量速度太慢，对递减法和直接称量法的称量结果将造成怎样的误差？

（5）在实验中记录称量数据应准确至几位？为什么？

实验指导

（1）称量时若发现天平调不到零点、启动后摆动不正常或其他故障，应及时报告指导老师或实验室工作人员，不得擅自处理。

（2）一盒砝码中的同值砝码，其质量误差不完全一样。同值砝码上均带有区别标记，称量过程中若只需使用其中的一个时，则应固定使用一个，以减少称量误差。

（3）称取一份试样时，最好敲1～2次就能完成，如果反复敲倒多次，易引起试样损失或吸湿。

（4）砝码越大，其质量的允许误差越大，用递减法称量时，应尽可能改变小砝码，以减少由于改变砝码所引起的称量误差。

§5.2　滴定分析基本操作练习

一、实验目的

（1）练习滴定操作，初步掌握准确地确定终点的方法。

（2）练习酸碱标准溶液的配制和浓度的比较。

（3）熟悉甲基橙和酚酞指示剂的使用和终点的颜色变化。初步掌握酸碱指示剂的选择方法。

二、实验原理

浓盐酸易挥发,固体 NaOH 容易吸收空气中的水分和 CO_2,因此不能直接配制准确浓度的 HCl 和 NaOH 标准溶液,只能先配制近似浓度的溶液,然后用基准物质标定其准确浓度。也可用另一已知准确浓度的标准溶液滴定该溶液,再根据它们的体积比求得该溶液的浓度。

酸碱指示剂都具有一定的变色范围。$0.1\ mol \cdot L^{-1}$ HCl 和 NaOH 溶液的滴定(强碱与强酸的滴定),其突跃范围为 pH = 4~10,应当选用在此范围内变色的指示剂,例如甲基橙或酚酞等。

在指示剂不变的情况下,$0.1\ mol \cdot L^{-1}$ HCl 与 $0.1\ mol \cdot L^{-1}$ NaOH 相互滴定时,所消耗的体积之比 $V(HCl)/V(NaOH)$ 应是一定的,改变被滴定溶液的体积,此体积之比应基本不变。由此,可以检验滴定操作技术和判断终点的能力。

三、实验用品

1. 仪器

酸式滴定管(50 mL),碱式滴定管(50 mL),锥形瓶(250 mL),移液管(25 mL),洗瓶,烧杯,量筒,台秤。

2. 药品

浓盐酸,固体 NaOH,甲基橙(0.2%)指示剂,酚酞(0.2%的乙醇溶液)指示剂。

四、实验内容

1. 溶液配制

(1) $0.1\ mol \cdot L^{-1}$ HCl 溶液

计算求出配制 500 mL $0.1\ mol \cdot L^{-1}$ HCl 溶液所需浓盐酸(相对密度 1.19,约 12 $mol \cdot L^{-1}$)的体积。然后,用小量筒量取此量的浓盐酸,加入水中,并稀释至 500 mL,贮于玻璃塞细口瓶中,充分摇匀。

(2) $0.1\ mol \cdot L^{-1}$ NaOH 溶液

计算求出配制 500 mL $0.1\ mol \cdot L^{-1}$ NaOH 溶液所需的固体 NaOH 的质量,在台秤上迅速称取 NaOH 固体置于烧杯中,立即用 500 mL 水溶解,配制成溶液,贮于有橡皮塞的细口瓶中,充分摇匀。

2. 酸碱溶液的相互滴定

(1) 按照"玻璃仪器的洗涤与干燥"中介绍的方法洗净酸碱滴定管各一支(检查是否漏水)。洗净后用自来水冲洗 2~3 次,再用蒸馏水将滴定管内壁润洗 2~3 次。然后用配制好的 $0.1\ mol \cdot L^{-1}$ 盐酸将酸式滴定管润洗 2~3 次,再于管内装满该酸溶液;用 $0.1\ mol \cdot L^{-1}$ NaOH 溶液将碱式滴定管润洗 2~3 次,再于管内装满该碱溶液。然后排出两滴定管管尖空气泡。调节滴定管液面至"0.00"刻度,或零点稍下处,静置片刻,准确读数并记录。

(2) 在 250 mL 锥形瓶中加入 20 mL 的 NaOH 溶液,2 滴甲基橙指示剂,用酸式滴定管中的盐酸溶液进行滴定操作练习。练习过程中,可以不断补充 NaOH 溶液和 HCl 溶液,反复进行练习,直至操作熟练再进行下面的实验。

（3）由碱式滴定管中放出 NaOH 溶液 $20\sim25$ mL 于锥形瓶中，静置 1 min 后准确读数。加入 2 滴甲基橙指示剂，用 0.1 mol·L^{-1} HCl 溶液滴定，近终点时，用洗瓶吹洗锥形瓶内壁，再继续滴定半滴 HCl 至溶液由黄色变为橙色为止。记下读数。平行测定三次，计算体积比 $V(HCl)/V(NaOH)$，要求相对平均偏差在 0.3% 以内。

（4）用移液管移取 25.00 mL 0.1 mol·L^{-1} HCl 溶液于 250 mL 锥形瓶中，加入 $2\sim3$ 滴酚酞指示剂，用 0.1 mol·L^{-1} NaOH 溶液滴至溶液呈微红色，此红色保持 30 s 不褪色即为终点。平行测定三次，要求三次之间消耗 NaOH 溶液体积的最大差值 $\leqslant0.04$ mL。

3. 数据记录及处理

（1）HCl 溶液滴定 NaOH 溶液（指示剂甲基橙）

记录项目	I	II	III
终读数 $V(NaOH)$/mL			
初读数 $V(NaOH)$/mL			
$V(NaOH)$/mL			
终读数 $V(HCl)$/mL			
初读数 $V(HCl)$/mL			
$V(HCl)$/mL			
$V(HCl)/V(NaOH)$			
$\overline{V}(HCl)/\overline{V}(NaOH)$			
偏差			
相对平均偏差			

（2）NaOH 溶液滴定 HCl 溶液（指示剂酚酞）

记录项目	I	II	III
$V(HCl)$/mL			
终读数 $V(NaOH)$/mL			
初读数 $V(NaOH)$/mL			
$V(NaOH)$/mL			
三次间最大差值 $V(NaOH)$/mL			

五、思考题

（1）酸式滴定管和碱式滴定管在使用上有何不同？如何检漏？

（2）配制 NaOH 溶液时，应选用何种天平称取试剂，为什么？

（3）标准溶液装入滴定管之前，为什么要用该溶液润洗滴定管 $2\sim3$ 次？锥形瓶是否也需用标准溶液润洗，为什么？

（4）滴定至临近终点时，加入半滴的操作是怎样进行的？

实验指导

（1）分析实验中所用的水，一般均为蒸馏水或去离子水，故除特别指明外，所说的"水"，意即蒸馏水或去离子水。

（2）固体氢氧化钠极易吸收空气中的 CO_2 和水分，所以称量必须迅速。市售固体氢氧化钠常因吸收 CO_2 而混有少量 Na_2CO_3，以致在分析结果中引入误差，因此在要求严格的情况下，配制 NaOH 溶液时必须设法除去 CO_3^{2-}，常用方法有两种：

① 在台秤上称取一定量固体 NaOH 于烧杯中，用少量水溶解后倒入试剂瓶中，再用水稀释到一定体积（配成所要求浓度的标准溶液），加入 $1\sim 2$ mL 200 g·L^{-1} $BaCl_2$ 溶液，摇匀后用橡皮塞塞紧，静置过夜，待沉淀完全沉降后，用虹吸管把清液转入另一试剂瓶中，塞紧，备用。

② 饱和的 NaOH 溶液（约 500 g·L^{-1}）具有不溶解 Na_2CO_3 的性质，所以用固体 NaOH 配制的饱和溶液，其中的 Na_2CO_3 可以全部沉降下来。在涂蜡的玻璃器皿或塑料容器中先配制饱和的 NaOH 溶液，待溶液澄清后，吸取上层溶液，用新煮沸并冷却的水稀释至一定浓度。

（3）如果甲基橙由黄色变为橙色终点不好观察，可以用三个锥形瓶进行比较：一个锥形瓶中加入 50 mL 水，滴入甲基橙 1 滴，呈现黄色；第二个锥形瓶中加入 50 mL 水，滴入甲基橙 1 滴，再滴入半滴 0.1 mol·L^{-1} HCl 溶液，则为橙色；第三个锥形瓶中加入 50 mL 水，滴入甲基橙 1 滴，再滴入 2 滴 0.1 mol·L^{-1} HCl 溶液，则呈红色。

§5.3　粗食盐的提纯

一、实验目的

⑴ 掌握用化学方法提纯氯化钠的原理。
（2）练习溶解、蒸发、浓缩、干燥、常压过滤、减压过滤等基本操作。
（3）学习 Ca^{2+}、Mg^{2+}、SO_4^{2-} 的定性检验方法。

二、实验原理

粗食盐中常含有不溶性杂质（如泥、沙等）和可溶性杂质（如 Ca^{2+}、Mg^{2+}、K^+ 和 SO_4^{2-} 等）。将粗食盐溶于水，用过滤的方法可以除去不溶性杂质。可加入 $BaCl_2$ 溶液，SO_4^{2-} 生成 $BaSO_4$ 沉淀，用过滤法除去。

$$Ba^{2+} + SO_4^{2-} =\!\!= BaSO_4 \downarrow$$

食盐中的 Mg^{2+}、Ca^{2+} 以及为沉淀 SO_4^{2-} 而带入的 Ba^{2+}，在加入 NaOH 溶液和 Na_2CO_3 溶液后，可生成沉淀经过滤除去。

$$2Mg^{2+} + 2OH^- + CO_3^{2-} =\!\!= Mg_2(OH)_2CO_3 \downarrow$$

$$Ba^{2+} + CO_3^{2-} =\!\!= BaCO_3 \downarrow$$

$$Ca^{2+} + CO_3^{2-} =\!=\!= CaCO_3 \downarrow$$

过量 NaOH 和 Na_2CO_3，可通过加 HCl 除去。

$$CO_3^{2-} + 2H^+ =\!=\!= CO_2 \uparrow + H_2O$$

$$H^+ + OH^- =\!=\!= H_2O$$

对于很少量的可溶性杂质（如 K^+ 等），在溶液蒸发、浓缩析出结晶 NaCl 时，绝大部分仍然会留在母液中，从而与氯化钠分离。

三、实验用品

1. 仪器

台秤，烧杯，普通漏斗，布氏漏斗，吸滤瓶，真空泵，蒸发皿，石棉网，酒精灯。

2. 药品

粗食盐，HCl（$2\ mol \cdot L^{-1}$，$6\ mol \cdot L^{-1}$），HAc（$6\ mol \cdot L^{-1}$），NaOH（$2\ mol \cdot L^{-1}$，$6\ mol \cdot L^{-1}$），$BaCl_2$（$1\ mol \cdot L^{-1}$），Na_2CO_3（$1\ mol \cdot L^{-1}$），$(NH_4)_2C_2O_4$（$0.5\ mol \cdot L^{-1}$），镁试剂。

3. 材料

pH 试纸，滤纸。

四、实验内容

1. 粗食盐的提纯

（1）粗食盐的溶解

在台秤上称取 8 g 粗食盐，放入小烧杯中，加入 30 mL 蒸馏水，用玻璃棒搅拌，并加热使其溶解。

（2）SO_4^{2-} 及不溶性杂质的除去

将溶液加热至近沸，在不断搅拌下缓慢逐滴加入 $1\ mol \cdot L^{-1}$ 的 $BaCl_2$ 溶液（约 2 mL）。将烧杯离开热源，待上层溶液澄清时，用吸管吸取少量上层清液，放入试管中，滴加 $1\sim2$ 滴 $6\ mol \cdot L^{-1}$ HCl 溶液，再滴入 $1\sim2$ 滴 $BaCl_2$ 溶液，检验 SO_4^{2-} 是否除净。若清液没有出现浑浊现象，说明 SO_4^{2-} 已沉淀完全；若清液变浑浊，则表明 SO_4^{2-} 尚未除尽，需再滴加 $BaCl_2$ 溶液，直到 SO_4^{2-} 沉淀完全为止。然后用小火加热 $3\sim5$ min，过滤，弃去沉淀，保留滤液。

（3）Ca^{2+}、Mg^{2+}、Ba^{2+} 的除去

在上述滤液中加入 1 mL $2\ mol \cdot L^{-1}$ 的 NaOH 溶液和 3 mL $1\ mol \cdot L^{-1}$ 的 Na_2CO_3 溶液，加热至近沸。待沉淀沉降后，仿照（2）中的方法，用 Na_2CO_3 溶液检验 Ba^{2+} 等离子已沉淀完全后，继续用小火加热 $3\sim5$ min，过滤，弃去沉淀，保留滤液。

（4）OH^-、CO_3^{2-} 的除去

在滤液中逐滴加入 $2\ mol \cdot L^{-1}$ HCl，充分搅拌，并用搅拌棒蘸取滤液在 pH 试纸上检验，使滤液呈微酸性（pH $= 3\sim4$）为止。

（5）蒸发、浓缩、结晶

将调好酸度的滤液置于蒸发皿中，用小火加热蒸发，浓缩至稀糊状，但切不可将溶液蒸

干。冷却到室温后,用布氏漏斗抽滤,尽量抽干。

(6) 干燥

将晶体重新置于干净的蒸发皿中,在石棉网上用小火加热烘干。

(7) 计算收率

产品冷却后,在台秤上称量产品质量,计算收率。

2. 产品纯度的检验

称取粗食盐和提纯后食盐各 1 g,分别用 5 mL 蒸馏水溶解,然后各分装于三支试管中,形成三个对照组。

(1) SO_4^{2-} 的检验

在第一组的两种溶液中,分别加入 1~2 滴 6 mol·L^{-1} HCl 溶液,再加入 2 滴 1 mol·L^{-1} $BaCl_2$溶液,分别观察有无白色沉淀产生。

(2) Ca^{2+} 的检验

在第二组的两种溶液中,各加入 2 滴 6 mol·L^{-1} HAc 溶液,再加入 2 滴 0.5 mol·L^{-1} 的$(NH_4)_2C_2O_4$溶液,分别观察有无白色沉淀产生。

(3) Mg^{2+} 的检验

在第三组两种溶液中,各加入 2~3 滴 6 mol·L^{-1} NaOH 溶液,使溶液呈碱性(用 pH 试纸试验),再加入 2~3 滴镁试剂,分别观察有无蓝色沉淀产生。

通过定性的检验结果,初步判断提纯后食盐的纯度。

五、思考题

(1) 中和过量的 NaOH 和 Na_2CO_3,为什么只选 HCl 溶液,用其他酸是否可以?

(2) 在除去 Ca^{2+}、Mg^{2+}、SO_4^{2-} 时,为什么先除去 SO_4^{2-}?

(3) 为什么在浓缩、结晶 NaCl 时,大多数的 K^+ 会留在母液中?

(4) 查阅文献,了解加碘盐的制备方法及劣质盐对人体的危害。

实验指导

(1) 为使沉淀完全,要求加入的 $BaCl_2$、NaOH、Na_2CO_3 沉淀剂要稍过量,注意不能过量太多。

(2) 把握好检验 SO_4^{2-}、Ba^{2+} 等是否除尽这一关,耐心认真做好检验工作。

(3) 浓缩结晶时,一定要用小火,切不可把溶液蒸干。

(4) 镁试剂为对硝基苯偶氮间苯二酚,分子式为:

$$O_2N-\!\!\!\!\bigcirc\!\!\!\!-N\!=\!N-\overset{\displaystyle HO}{\bigcirc}\!\!\!\!-OH$$

镁试剂在酸性溶液中呈黄色,在碱性溶液中呈红色或紫色,但被 $Mg(OH)_2$ 沉淀吸附后,则呈蓝色,因此可用来检验 Mg^{2+} 的存在。

§5.4　盐酸标准溶液的配制与标定

一、实验目的

（1）学会配制、标定盐酸标准溶液。

（2）学习酸碱指示剂的变色原理，指示剂选择的原则，了解混合指示剂的作用。

（3）巩固减量法称量操作，进一步掌握滴定操作。

二、实验原理

由于浓盐酸容易挥发，不能用来直接配制具有准确浓度的标准溶液。在配制盐酸标准溶液时，只能先配制成近似浓度的溶液，然后用基准物质标定其准确浓度；或者用另一已知准确浓度的标准溶液滴定该盐酸溶液，再根据它们的体积比计算出盐酸标准溶液的准确浓度。

经常用来标定盐酸标准溶液的基准物质有无水碳酸钠（Na_2CO_3）和硼砂（$Na_2B_4O_7 \cdot 10H_2O$）。

无水碳酸钠易吸收空气中的水分，先将其置于 270～300℃ 烘箱中烘干至恒重，然后保存于干燥器中备用。无水碳酸钠标定盐酸标准溶液的反应式为：

$$Na_2CO_3 + 2HCl \rightleftharpoons 2NaCl + H_2O + CO_2(g)$$

化学计量点的 pH = 3.89，可选用溴甲酚绿-二甲基黄混合指示剂指示终点，其终点的颜色变化为由绿色（或亮绿色）变为亮黄色（pH = 3.9），根据 Na_2CO_3 的质量和消耗的 HCl 体积，可以计算出盐酸的浓度 $c(HCl)$。

硼砂易于制得纯品，吸湿性小，摩尔质量大，但由于含有结晶水，当空气中相对湿度小于 39% 时，有明显的风化而失水的现象，常保存在相对湿度为 60%（蔗糖和食盐的饱和溶液）的恒温器中。硼砂标定盐酸标准溶液的反应式为：

$$Na_2B_4O_7 + 2HCl + 5H_2O \rightleftharpoons 4H_3BO_3 + 2NaCl$$

化学计量点的 pH 约为 5.1，可选用甲基红作指示剂。

本实验采用无水碳酸钠为基准物质标定 $0.1\ mol \cdot L^{-1}$ 的盐酸标准溶液。

三、实验用品

1. 仪器

分析天平，酸式滴定管（50 mL），烧杯（250 mL），锥形瓶（250 mL），称量瓶，量筒，洗瓶，滴定管架，试剂瓶。

2. 药品

浓盐酸（密度 1.18 g·mL^{-1}，AR），Na_2CO_3（AR），溴甲酚绿-二甲基黄混合指示剂。

四、实验内容

1. $0.1\ mol \cdot L^{-1}$ HCl 溶液的配制

在通风橱内用量筒量取计算量的浓盐酸，倒入预先盛有适量纯水的白色试剂瓶中，加水稀释至 1000 mL,摇匀,贴上标签。

2. 盐酸溶液浓度的标定

用减量法准确称取干燥至恒重的基准物质无水碳酸钠三份,每份约 0.15～0.2 g(应称准到小数点后第几位?)。分别置于 250 mL 锥形瓶中,各加 80 mL 水使之完全溶解。加 9 滴溴甲酚绿-二甲基黄混合指示剂溶液,用配制好的 HCl 溶液滴定,接近终点时,用洗瓶中蒸馏水吹洗锥形瓶内壁。继续滴定至溶液由绿色变为亮黄色(不带黄绿色)即为滴定终点。记下滴定用去的 HCl 溶液体积。平行标定三份,计算 HCl 标准溶液的浓度。其相对平均偏差不得大于 0.3%。

3. 数据记录及处理

盐酸溶液浓度的标定

记录项目 \ 序号	1	2	3
称量瓶+Na_2CO_3 质量(倒出前)/g			
称量瓶+Na_2CO_3 质量(倒出后)/g			
称出 Na_2CO_3 质量/g			
HCl 终点读数/mL			
HCl 起始读数/mL			
HCl 净用体积/mL			
HCl 浓度 c/mol・L^{-1}			
HCl 平均浓度 $\bar{c}$/mol・L^{-1}			
偏差			
平均偏差			
相对平均偏差/%			

五、思考题

(1) 浓盐酸与纯水用何种量器取,配制盐酸溶液时,用容量瓶还是试剂瓶配溶液?

(2) 为什么称取 0.15～0.2 g Na_2CO_3? 称得过多或过少有何不妥?

(3) 为什么选用溴甲酚绿-二甲基黄混合指示剂作本实验标定反应的指示剂? 能否改用酚酞作指示剂?

(4) 盛放 Na_2CO_3 的锥形瓶是否需要预先烘干? 加入的水量是否需要准确?

(5) 第一份滴定完成后,如滴定管中剩下的溶液还足够做第二份滴定时,是否可以不再添加滴定溶液而继续滴定第二份? 为什么?

实验指导

(1) 配好的标准溶液必须立即贴上标签。标签上注明试剂名称,配制日期,配制人姓名,并留一空位以备填入此溶液的准确浓度。

(2) 浓盐酸有挥发性,酸雾污染环境,腐蚀人的牙齿,故使用浓盐酸的操作应在通风橱中进行。为避免酸雾逸出,应先在试剂瓶中加入纯水,再加浓盐酸。

(3) 在实验开始前,应预先洗好称量瓶,放在干燥箱中烘干后,取出烘好的称量瓶放在干燥器中冷却。当室温≤293K 时,称量瓶冷却 20 min;若室温>293K,则冷却 30 min。若称量瓶冷却时间不够,称量时,质量会不断变化。

(4) 溴甲酚绿-二甲基黄混合指示剂配制:取 4 份质量分数为 0.002 溴甲酚绿乙醇溶液和 1 份质量分数为 0.002 二甲基黄乙醇溶液,混合均匀。

(5) 滴定前,要将悬在滴定管下口的液滴用小烧杯靠去。在滴定过程中,左手不能离开旋塞;眼睛要注视滴落点颜色的变化,不去看滴定管内液面的位置。

§5.5　EDTA 标准溶液的配制与标定

一、实验目的

(1) 学习 EDTA 标准溶液的配制和标定方法。
(2) 掌握配位滴定的原理,了解配位滴定的特点。
(3) 熟悉钙指示剂或二甲酚橙指示剂的使用及其终点的变化。

二、实验原理

乙二胺四乙酸(简称 EDTA,常用 H_4Y 表示)难溶于水,常温下其溶解度为 $0.2\,g\cdot L^{-1}$,在分析中不适用,通常使用其二钠盐配制标准溶液。乙二胺四乙酸二钠盐的溶解度为 $120\,g\cdot L^{-1}$,可配成 $0.3\,mol\cdot L^{-1}$ 以上的溶液,其水溶液 $pH\approx4.8$,通常采用间接法配制标准溶液。

标定 EDTA 溶液常用的基准物有 Zn、ZnO、$CaCO_3$、Bi、Cu、$MgSO_4\cdot7H_2O$、Hg、Ni、Pb 等。通常选用其中与被测组分相同的物质作基准物,这样,滴定条件较一致,可减少误差。

EDTA 溶液若用于测定石灰石或白云石中 CaO、MgO 的含量,则宜用 $CaCO_3$ 为基准物。首先可加 HCl 溶液与之作用,其反应如下:

$$CaCO_3 + 2HCl \Longrightarrow CaCl_2 + H_2O + CO_2(g)$$

然后把溶液转移到容量瓶中并稀释,制成钙标准溶液。吸取一定量钙标准溶液,调节酸度至 $pH\geqslant12$,用钙指示剂作指示剂以 EDTA 滴定至溶液从酒红色变为纯蓝色,即为终点。

钙指示剂(以 H_3In 表示)在溶液中按下式电离:

$$H_3In \Longrightarrow 2H^+ + HIn^{2-}$$

在 $pH\geqslant12$ 溶液中,HIn^{2-} 与 Ca^{2+} 形成比较稳定的配离子,反应如下:

$$HIn^{2-} + Ca^{2+} \Longrightarrow CaIn^- + H^+$$
$$\text{纯蓝色} \qquad\qquad \text{酒红色}$$

所以在钙标准溶液中加入钙指示剂,溶液呈酒红色,当用 EDTA 溶液滴定时,由于 EDTA 与 Ca^{2+} 形成比 $CaIn^-$ 配离子更稳定的配离子,因此在滴定终点附近,$CaIn^-$ 配离子不断转化为较稳定的 CaY^{2-} 配离子,而钙指示剂则被游离出来,其反应可表示如下:

$$CaIn^- + H_2Y^{2-} + OH^- \Longrightarrow CaY^{2-} + HIn^{2-} + H_2O$$

　　　酒红色　　　　　　　　　　　　无色　　　纯蓝色

由于 CaY^{2-} 无色,所以到达终点时溶液由酒红色变成纯蓝色。

用此法测定钙,若 Mg^{2+} 共存(在调节溶液酸度为 $pH \geqslant 12$ 时,Mg^{2+} 将形成 $Mg(OH)_2$ 沉淀),此共存的少量 Mg^{2+} 不仅不干扰钙的测定,而且会使终点比 Ca^{2+} 单独存在时更敏锐。当 Ca^{2+}、Mg^{2+} 共存时,终点由酒红色变到纯蓝色,当 Ca^{2+} 单独存在时则由酒红色变成紫蓝色,所以测定单独存在的 Ca^{2+} 时,常常加入少量 Mg^{2+} 溶液。

EDTA 若用于测定 Pb^{2+}、Bi^{3+},则宜以 ZnO 或金属锌为基准物,以二甲酚橙为指示剂,在 $pH \approx 5 \sim 6$ 的溶液中,二甲酚橙为指示剂本身显黄色,与 Zn^{2+} 的配合物呈紫红色。EDTA 与 Zn^{2+} 形成更稳定的配合物,因此用 EDTA 溶液滴定至近终点时,二甲酚橙被游离出来,溶液由紫红色变成黄色。

配位滴定中所用的蒸馏水,应不含 Fe^{3+}、Al^{3+}、Cu^{2+}、Ca^{2+}、Mg^{2+} 等杂质离子。

本实验采用碳酸钙为基准物质标定 $0.02\ mol \cdot L^{-1}$ 的 EDTA 标准溶液。

三、实验用品

1. 仪器

台秤,分析天平,酸式滴定管(50 mL),烧杯(50 mL、500 mL),容量瓶(100 mL、250 mL),锥形瓶(250 mL),移液管(25 mL),量筒(10 mL、50 mL),细口试剂瓶(1 000 mL),称量瓶,表面皿,洗瓶,滴定管架。

2. 药品

乙二胺四乙酸二钠(AR),$CaCO_3$(AR),HCl(1 : 1),镁溶液(溶解 1 g $MgSO_4 \cdot 7H_2O$ 于水中,稀释至 200 mL),NaOH(10%),钙指示剂(固体指示剂)。

四、实验内容

1. $0.02\ mol \cdot L^{-1}$ EDTA 溶液的配制

在台秤上称取乙二胺四乙酸二钠 7.6 g,溶解于 300~400 mL 温水中,稀释至 1 L,如浑浊,应过滤,转移至 1 000 mL 细口试剂瓶中,摇匀,贴上标签,注明试剂名称、配制日期、配制人。

2. $0.02\ mol \cdot L^{-1}$ 钙标准溶液的配制

置碳酸钙基准物于称量瓶中,在 110℃ 干燥 2 h,置于干燥器中冷却后,准确称取 0.5~0.6 g(应称准至小数点后第四位,为什么?)于 250 mL 烧杯中,盖上表面皿,加水润湿,再从杯嘴边逐滴加入数毫升 1 : 1 的 HCl 溶液至完全溶解,用水把可能溅到表面皿上溶液淋洗入杯中,加热近沸,待冷却后转移至 250 mL 容量瓶中,稀释至刻度,摇匀。

3. EDTA 溶液浓度的标定

用移液管移取 25.00 mL 钙标准溶液于 250 mL 锥形瓶中,加入约 25 mL 水、2 mL 镁溶液、5 mL 10%NaOH 溶液及约 0.01 g(米粒大小)钙指示剂,摇匀后,用 EDTA 溶液滴定至锥形瓶中溶液从红色变为蓝色,即为终点。记下所消耗的 EDTA 溶液的体积。平行标定三次,根据碳酸钙质量和消耗的 EDTA 溶液的体积,计算 EDTA 溶液浓度。

五、思考题

(1) 为什么通常使用乙二胺四乙酸二钠盐配制 EDTA 标准溶液,而不用乙二胺四乙酸?

(2) 以 HCl 溶液溶解 CaCO₃ 基准物时,操作中应注意些什么?

(3) 以 CaCO₃ 为基准物标定 EDTA 溶液时,加入镁溶液的目的是什么?

(4) 配位滴定法与酸碱滴定法相比,有哪些不同? 操作中应注意哪些问题?

(5) 以 CaCO₃ 为基准物,钙指示剂为指示剂标定 EDTA 溶液时,应控制溶液的酸度为多少? 为什么? 怎样控制?

实验指导

(1) 乙二胺四乙酸二钠溶解速度较慢,溶解需要一定时间。可在实验开始时,首先称量并置于烧杯中溶解。此时做其他实验内容,如配制钙标准溶液,准备滴定管,待 EDTA 全溶后再转移到试剂瓶中摇匀。注意不能直接在试剂瓶中溶解试剂。因为,固体溶解过程中有的有热效应;有的试剂溶解速度慢,在烧杯中溶解,可搅拌,可加热,方便试剂全部溶解。

(2) 配位反应的速度较慢,不像酸碱反应能在瞬间完成,故滴定时加入 EDTA 溶液速度不能太快。在室温较低时,尤其要注意。特别是临近终点时,应逐滴加入并充分摇动。

§5.6 KMnO₄ 标准溶液的配制与标定

一、实验目的

(1) 了解高锰酸钾标准溶液的配制方法和保存条件。

(2) 掌握用 Na₂C₂O₄ 作基准物标定高锰酸钾溶液浓度的原理、方法及滴定条件。

二、实验原理

KMnO₄ 是氧化还原滴定中最常用的氧化剂之一。但市售的 KMnO₄ 常含有少量杂质,如硫酸盐、氯化物及硝酸盐等,因此不能用直接法配制准确浓度的溶液。KMnO₄ 氧化能力强,还易和水中的有机物、空气中的尘埃等还原性物质作用;KMnO₄ 能自行分解:

$$4KMnO_4 + 2H_2O \Longrightarrow 4MnO_2 \downarrow + 4KOH + 3O_2 \uparrow$$

分解的速度随溶液的 pH 而改变。在中性溶液中,分解很慢,但 Mn^{2+} 和 MnO_2 的存在能加速其分解,见光则分解得更快。通常配制的 KMnO₄ 溶液要在暗处保存数天,待 KMnO₄ 把还原性杂质充分氧化后,除去生成的 MnO_2 沉淀,然后通过标定求出溶液的准确浓度。标定好的 KMnO₄ 溶液如需长期使用,则应定期重新标定。

标定 KMnO₄ 溶液的基准物质有 Na₂C₂O₄、H₂C₂O₄ · 2H₂O、As₂O₃ 等。其中 Na₂C₂O₄ 不含结晶水,容易提纯,没有吸湿性,因此是常用的基准物质。

在 H₂SO₄ 溶液中,KMnO₄ 和 Na₂C₂O₄ 的反应式如下:

$$2MnO_4^- + 5C_2O_4^{2-} + 16H^+ \Longrightarrow 10CO_2 \uparrow + 2Mn^{2+} + 8H_2O$$

反应要在酸性、较高温度和有 Mn^{2+} 作催化剂的条件下进行。滴定初期,反应很慢,$KMnO_4$ 溶液必须逐滴加入,如滴加过快,部分 $KMnO_4$ 在热溶液中将按下式分解而造成误差:

$$4KMnO_4 + 2H_2SO_4 \Longrightarrow 4MnO_2 + 2K_2SO_4 + 2H_2O + 3O_2 \uparrow$$

在滴定过程中逐渐生成的 Mn^{2+} 有催化作用,结果使反应速率逐渐加快。

因为 $KMnO_4$ 溶液本身具有特殊的紫红色,极易察觉,故用它作为滴定液时,不需要另加指示剂。

高锰酸钾溶液浓度的计算公式:

$$c(KMnO_4) = \frac{2 \times m(Na_2C_2O_4)}{M(Na_2C_2O_2) \times \dfrac{5 \times V(KMnO_4)}{1\,000}}$$

三、实验用品

1. 仪器

分析天平,台秤,酸式滴定管(50 mL),锥形瓶(250 mL),温度计,棕色试剂瓶(500 mL),量筒(10 mL),移液管(10 mL),容量瓶(100 mL),烧杯,可控温电炉。

2. 药品

$KMnO_4(s)$,$Na_2C_2O_4(A \cdot R)$,$H_2SO_4(3\ mol \cdot L^{-1})$。

四、实验内容

1. 0.02 mol·L⁻¹ $KMnO_4$ 标准溶液的配制

称取 1.6 g $KMnO_4$ 溶于 500 mL 水中,盖上表面皿,加热至沸并保持 1 h,将溶液在室温条件下静置 2~3 天后,用玻璃砂芯漏斗或玻璃纤维过滤除去 MnO_2 等杂质。滤液贮于洁净的棕色瓶中,放置暗处保存,待标定。

2. $KMnO_4$ 标准溶液的标定

准确称取已于 110℃ 烘干的 $Na_2C_2O_4$ 0.15~0.20 g 三份,分别装入 250 mL 锥瓶中。加入新煮沸过的蒸馏水 10 mL 使之溶解。再加入 10 mL 3 mol·L⁻¹ H_2SO_4,加热到 75~85℃(以冒较多蒸气为准)。立即用 $KMnO_4$ 滴定。先加入一滴 $KMnO_4$,摇动溶液,使红色褪去后,再继续滴定。随着反应速度的加快,可逐渐增加滴定速度,快到终点时应逐滴加入,直至滴定到加入一滴 $KMnO_4$ 溶液(最好半滴),摇匀后红色不褪去时为止。记录 $KMnO_4$ 溶液的用量,平行滴定三份。

五、思考题

(1) 用 $KMnO_4$ 法测定 H_2O_2 时,能否用 HNO_3 或 HCl 控制酸度?

(2) 用 $KMnO_4$ 滴定 $Na_2C_2O_4$ 过程中,加酸、加热和控制滴定速度等目的是什么?

(3) 配制 $KMnO_4$ 标准溶液时为什么要将 $KMnO_4$ 溶液煮沸一定时间(或放置数天)?配好的 $KMnO_4$ 溶液为什么要过滤后才能保存?可否用滤纸过滤?

(4) 配好的溶液为什么要装在棕色瓶中放置暗处保存?

实验指导

(1) 标定 $KMnO_4$ 溶液时,控制温度在 75~80℃(即溶液冒蒸气)趁热滴定,若温度过高,草酸易分解,过低影响反应速度,在滴定至终点时,溶液的温度不应低于 60℃。

(2) $KMnO_4$ 溶液滴定时,因开始 Mn^{2+} 浓度低,滴定速度不宜过快,应等第一滴溶液滴下红色消失后,再滴加第二滴,不宜过快,待几滴 $KMnO_4$ 溶液已经起作用后,滴定的速度可以稍快些,但不能让 $KMnO_4$ 溶液像流水似地滴下去,近终点时更需小心缓慢滴入。

(3) $KMnO_4$ 溶液应装在酸式滴定管中。因其具有较强的氧化性,可能与橡胶管作用,故不能装入碱式滴定管。由于 $KMnO_4$ 溶液颜色很深,不易观察溶液弯月面的最低点,因此体积读数应是视线与液面两侧的最高点成水平。

(4) 滴定终点为微红色,不宜过深,否则造成滴定误差。

(5) $KMnO_4$ 作氧化剂,通常是在强酸性溶液中反应,滴定过程中若出现棕色浑浊现象(为 $MnO(OH)_2$ 沉淀,是酸度不足引起的),应立即加入 H_2SO_4 补救,但若已经达到终点,则加 H_2SO_4 已无效,这时应重作实验。

(6) $KMnO_4$ 滴定的终点是不太稳定的,这是由于空气中含有还原性气体及尘埃等杂质,落入溶液中能使 $KMnO_4$ 缓慢分解,而使粉红色消失,故经 30 s 不褪色,即可认为终点已到。

§5.7 混合碱中各组分含量的测定

一、实验目的

(1) 掌握用双指示剂法测定混合碱溶液中 Na_2CO_3 和 $NaHCO_3$ 含量的测定原理和方法。

(2) 学习滴定管、移液管的使用。

二、实验原理

Na_2CO_3 和 $NaHCO_3$ 混合溶液中各组分含量的测定,可以采用双指示剂法。因为 CO_3^{2-} 的 $K_{b1}^{\ominus} = 1.8 \times 10^{-4}$,$K_{b2}^{\ominus} = 2.4 \times 10^{-8}$;$K_{b1}^{\ominus}/K_{b2}^{\ominus} \approx 10^4$。故可用 HCl 分步滴定 Na_2CO_3,第一化学计量点终点产物为 $NaHCO_3$,pH = 8.31;第二化学计量点终点的产物为 H_2CO_3,pH = 3.88。用 HCl 标准溶液滴定,选用两种不同指示剂分别指示第一、第二化学计量点的到达。根据到达两个化学计量点时消耗的 HCl 标准溶液的体积,便可判别试样的组成及计算各组分含量。

在混合碱试样中加入酚酞指示剂,此时溶液呈红色,用 HCl 标准溶液滴定到溶液由红色恰好变为无色时,Na_2CO_3 则被中和成 $NaHCO_3$,反应如下:

$$Na_2CO_3 + HCl \Longrightarrow NaCl + NaHCO_3$$

设滴定用去的 HCl 标准溶液的体积为 V_1(mL),再加入溴甲酚绿-二甲基黄混合指示剂,继续用 HCl 标准溶液滴定到溶液由绿色变为亮黄色。此时试液中的 $NaHCO_3$ 被中和成 CO_2 和 H_2O。

$$NaHCO_3 + HCl \Longrightarrow NaCl + CO_2 \uparrow + H_2O$$

此时,又消耗的 HCl 标准溶液(即第一计量点到第二计量点消耗的)的体积为 V_2(mL)。V_1 为中和 Na_2CO_3 时所消耗的 HCl 的体积,故滴定到第二计量点时 Na_2CO_3 所消耗的 HCl 的体积为 $2V_1$,中和 $NaHCO_3$ 消耗的 HCl 的体积为 (V_2-V_1),计算 $NaHCO_3$ 和 Na_2CO_3 含量的公式为:

$$\omega(NaHCO_3) = \frac{(V_2-V_1) \cdot c(HCl) \cdot M(NaHCO_3)}{1\,000 m_s} \times 100\%$$

$$\omega(Na_2CO_3) = \frac{V_1 \cdot c(HCl) \cdot M(Na_2CO_3)}{1\,000 m_s} \times 100\%$$

式中:m_s 为混合碱试样质量(g)。

三、实验用品

1. 仪器

称量瓶,酸式滴定管(50 mL),锥形瓶(250 mL),移液管(25 mL)。

2. 药品

无水碳酸钠(基准试剂),混合指示剂(3 份 0.1% 溴甲酚绿乙醇溶液加 1 份 0.2% 二甲基黄乙醇溶液),酚酞(0.2% 乙醇溶液),HCl($0.1\ mol \cdot L^{-1}$)。

四、实验内容

1. 0.1 mol/L HCl 标准溶液的标定

将无水碳酸钠(于实验前在烘箱中 150℃下烘 1 h 左右)放在称量瓶中,用减量法准确称取 0.15~0.20 g 三份(称量速度要快些,称量瓶要盖严)于 250 mL 锥形瓶中,加水 20~30 mL,溶解后,加混合指示剂 4~5 滴,用 HCl 溶液滴定至溶液由绿色变为亮黄色即为终点。计算 HCl 溶液的浓度及相对平均偏差。

2. 混合碱的测定

用差减法准确称取 0.8~1.0 g(经 150℃下烘干 1 h 并在干燥器中冷却至室温)的混合碱试样于小烧杯中,加 40~50 mL 水溶解,必要时可稍加热促进溶解,冷却后,将溶液定量转入到 100 mL 容量瓶中,用水冲洗小烧杯几次,一并转入容量瓶中,用水稀释至刻度,摇匀。用 25.00 mL 的移液管平行移取试液 25.00 mL 三份于 250 mL 锥形瓶中,加水 20~30 mL,酚酞指示剂 1~2 滴,用标定好的 HCl 标准溶液滴定至溶液恰好由红色褪至无色,记下消耗的 HCl 标准溶液的体积 V_1。再加入混合指示剂 1~2 滴,继续用 HCl 标准溶液滴定至溶液由绿色变为亮黄色,又消耗的 HCl 溶液的体积记为 V_2。按实验原理判断试样的组成并计算各组分的含量及相对平均偏差。

五、思考题

(1)用酚酞指示剂观察终点时,若 HCl 滴定过量,会对混合碱含量测定产生什么影响?为什么?

(2)采用双指示剂法测定混合碱,在同一份溶液测定,试判断下列五种情况下,混合碱中存在的成分是什么?

A. $V_1 = 0$　　B. $V_2 = 0$　　C. $V_1 > V_2$　　D. $V_1 < V_2$　　E. $V_1 = V_2$

（3）无水碳酸钠保存不当，吸水 1%，用此基准物质标定盐酸溶液浓度时，其结果有何影响？用此盐酸溶液测定试样，其影响如何？

实验指导

（1）正确控制滴定终点。

（2）称量无水碳酸钠和试样时，称量速度要快些。

§5.8　自来水总硬度的测定

一、实验目的

（1）了解水的硬度的测定意义和常用的硬度表示方法。

（2）掌握 EDTA 法测定水的硬度的原理和方法。

（3）掌握铬黑 T 和钙指示剂的应用，了解金属指示剂的特点。

二、实验原理

水的硬度主要是指水中含可溶性的钙盐和镁盐。含这两种盐量多的为硬水，含量少的为软水。可测定钙盐和镁盐的总量，或分别测定钙、镁的含量，前者称总硬度的测定，后者是钙、镁硬度的测定。水的硬度是水质控制的一个重要指标。

各国表示硬度的单位不同。其中德国硬度是较早的一种，也是被我国采用较普遍的硬度之一，1 德国硬度相当于氧化钙含量为 $10\ mg \cdot L^{-1}$ 或是氧化钙浓度为 $0.178m\ mol \cdot L^{-1}$ 所引起的硬度。现在我国《生活饮用水卫生标准》(GB5749 - 85)中规定我国城乡生活饮用水总硬度以碳酸钙计不得超过 $450\ mg \cdot L^{-1}$。

测定水的硬度时，通常在两个等份试样中进行。一份测定 Ca^{2+}、Mg^{2+} 总量，另一份测定 Ca^{2+} 的含量，由两者所用 EDTA 体积之差即可求出 Mg^{2+} 的含量。

测定 Ca^{2+}、Mg^{2+} 总量时，在 $pH = 10$ 的缓冲溶液中，以铬黑 T 为指示剂，用 EDTA 滴定。铬黑 T（以 In 表示）先与部分 Mg^{2+} 配位为 MgIn（酒红色），因稳定常数 $CaY^{2-} >$ $MgY^{2-} > MgIn > CaIn$，当滴入 EDTA 时，EDTA 首先与 Ca^{2+} 和 Mg^{2+} 配位，然后再夺取 MgIn 中的 Mg^{2+}，使铬黑 T 游离。因此到达终点时，溶液由酒红色变为纯蓝色。从 EDTA 标准溶液的用量，即可计算自来水样中 Ca^{2+}、Mg^{2+} 总量。总硬度以 $CaCO_3$ 含量表示，单位为 $mg \cdot L^{-1}$；也可折算为 CaO 含量表示，换算成德国硬度。

在测定 Ca^{2+} 含量时，先用 NaOH 调节溶液的 $pH = 12 \sim 13$，使 Mg^{2+} 形成难溶的 $Mg(OH)_2$ 沉淀。加入钙指示剂与 Ca^{2+} 配位，此时溶液呈红色。滴定时，EDTA 先与游离 Ca^{2+} 配位，然后夺取已和指示剂配位的 Ca^{2+}，使溶液的红色变为蓝色为终点。从 EDTA 标准溶液的用量可计算自来水样中 Ca^{2+} 的含量。

三、实验用品

1. 仪器

酸式滴定管(50 mL)，锥形瓶(250 mL)，移液管(50 mL)，烧杯(500 mL)，细口试剂瓶

（500 mL），量筒（10 mL、50 mL），洗瓶，滴定管架。

2. 药品

EDTA 标准溶液（0.02 mol·L^{-1}，实验§5.5 配制和标定），NH$_3$-NH$_4$Cl 缓冲溶液（pH = 10），NaOH（10%），铬黑 T 指示剂，钙指示剂。

四、实验内容

1. 总硬度的测定

用移液管准确吸取自来水样 50 mL 于 250 mL 锥形瓶中，加入 50 mL 蒸馏水、5 mL NH$_3$-NH$_4$Cl 缓冲溶液，摇匀。再加入约 0.01 g 铬黑 T 指示剂，摇匀，此时溶液呈酒红色。以 0.02 mol·L^{-1} EDTA 标准溶液滴定至纯蓝色，即为终点。平行测定三份，计算水样的总硬度，以 CaCO$_3$ 含量表示，单位为 mg·L^{-1}。

2. 钙硬度的测定

用移液管准确吸取自来水样 50 mL 于 250 mL 锥形瓶中，加入 50 mL 蒸馏水、4 mL 10% NaOH 溶液，摇匀，使溶液的 pH = 12～13。再加入约 0.01 g 钙指示剂，摇匀，此时溶液呈淡红色。以 0.02 mol·L^{-1} EDTA 标准溶液滴定至纯蓝色，即为终点。平行测定三份，计算水样的钙硬度，以水样中 Ca^{2+} 含量表示，单位为 mg·L^{-1}。

3. 镁硬度的确定

镁硬度由测定 Ca^{2+}、Mg^{2+} 总量和测定 Ca^{2+} 含量所用的 EDTA 体积之差即可计算确定。计算水样的镁硬度，以水样中 Mg^{2+} 含量表示，单位为 mg·L^{-1}。

五、思考题

（1）我国现在如何表示水的总硬度？怎样换算成德国硬度？

（2）Ca^{2+}、Mg^{2+} 与 EDTA 的配合物，哪个稳定？为什么滴定 Mg^{2+} 时要控制 pH = 10，而 Ca^{2+} 则需控制 pH = 12～13？

（3）如果待测液中只含有 Ca^{2+}，能否用铬黑 T 为指示剂进行测定？

（4）测定的水样中若含有少量 Fe^{3+}、Cu^{2+} 时，对终点会有什么影响？如何消除其影响？

（5）若在 pH > 13 的溶液中测定 Ca^{2+} 含量时会怎么样？

实验指导

（1）测定钙硬度时，采用沉淀掩蔽法排除 Mg^{2+} 对测定的干扰。由于沉淀会吸附被测离子 Ca^{2+} 和钙指示剂，从而影响测定的准确度和终点的观察（变色不敏锐），因此测定时注意：① 在水样中加入 NaOH 溶液后应放置或稍加热（298K），待看到 Mg(OH)$_2$ 沉淀后再加指示剂。放置或稍加热使 Mg(OH)$_2$ 沉淀形成，而且颗粒稍大，以减少吸附；② 临近终点时，必须逐滴加入并充分摇动，待颜色稳定后再滴加。

（2）如果水样中有铜、锌、锰等离子存在，则会影响测定结果。铜离子存在时会使滴定终点不明显；锌离子参与反应，使结果偏高；锰离子存在时，加入指示剂后马上变成灰色，影响滴定。遇此情况，可在水样中加入 1 mL 2% Na$_2$S 溶液，使铜离子成 CuS 沉淀；锰离子的影响可借助盐酸羟胺溶液消除。若有 Fe^{3+}、Al^{3+} 存在，可用三乙醇胺掩蔽。

§5.9　过氧化氢含量的测定

一、实验目的

(1) 掌握用高锰酸钾法测定过氧化氢含量的原理和方法。

(2) 掌握移液管及容量瓶的正确使用方法。

二、实验原理

过氧化氢(又称为双氧水)的含量可用高锰酸钾法测定。在稀硫酸溶液中,室温条件下,H_2O_2 被 $KMnO_4$ 定量氧化,其反应式如下:

$$2MnO_4^- + 5H_2O_2 + 6H^+ \Longrightarrow 2Mn^{2+} + 5O_2\uparrow + 8H_2O$$

根据高锰酸钾溶液的浓度和滴定所消耗的体积,可以算出溶液中过氧化氢的含量。

双氧水中 H_2O_2 含量$(g \cdot L^{-1})$的计算公式:

$$\rho(H_2O_2) = \frac{5 \times c(KMnO_4) \times V(KMnO_4) \times M(H_2O_2)}{2 \times V(H_2O_2) \times \frac{1}{10}}$$

测定过氧化氢时,用高锰酸钾溶液作滴定剂,根据微过量的高锰酸钾本身的紫红色显示终点。

市售 H_2O_2 含量约为 30%,极不稳定,滴定前需用水稀释到一定浓度,以减少取样误差。在要求较高的测定中,由于商品双氧水中常含有少量乙酰苯胺等有机物质作稳定剂,此类有机物也消耗 $KMnO_4$ 而造成误差,此时,可以用碘量法测定。

在生物化学中常用此法间接测定过氧化氢酶的含量。过氧化氢酶能使过氧化氢分解,故可以用适量的 H_2O_2 和过氧化氢酶发生作用后,在酸性条件下,用标准 $KMnO_4$ 溶液滴定残余的 H_2O_2,即可求得过氧化氢酶的含量。

三、实验用品

1. 仪器

酸式滴定管(50 mL),锥形瓶(250 mL),量筒(10 mL),移液管(25 mL),容量瓶(250 mL),烧杯。

2. 药品

$KMnO_4$ 标准溶液$(0.02 \text{ mol} \cdot L^{-1})$,$H_2SO_4$$(3 \text{ mol} \cdot L^{-1})$,$MnSO_4$$(1 \text{ mol} \cdot L^{-1})$,$H_2O_2$ 样品。

四、实验内容

用移液管吸取 1.00 mL H_2O_2 试样(浓度约为 30%),置于 250 mL 容量瓶中,加水稀释至刻度,充分摇匀。准确吸取稀释后的 H_2O_2 25.00 mL 于 250 mL 锥形瓶中,加入 10 mL 3 mol·L^{-1} H_2SO_4 以及 2～3 滴 1 mol·L^{-1} $MnSO_4$ 溶液,用 $KMnO_4$ 标准溶液滴定到溶液呈

浅红色 30 s 内不褪色即为终点。根据 $KMnO_4$ 溶液消耗的体积及稀释情况,计算样品中 H_2O_2 的含量$(g \cdot L^{-1})$。平行测定三次,计算相对偏差。

五、思考题

(1) 氧化还原法测定 H_2O_2 的基本原理是什么? $KMnO_4$ 与 H_2O_2 反应的物质的量之比是多少? 自拟计算 $\omega(H_2O_2)$ 的公式。

(2) 用 $KMnO_4$ 法测定 H_2O_2 时,为什么要在 H_2SO_4 酸性介质中进行,能否用 HCl 来代替?

实验指导

(1) $KMnO_4$ 溶液滴定时,滴定速度不宜过快,等加入 2~3 滴呈粉红色后,滴定的速度可以稍快些。

(2) 稀释 H_2O_2 溶液时,要小心操作,以免弄到手上和身上。

§5.10　葡萄糖含量的测定

一、实验目的

(1) 学会间接碘量法测定葡萄糖含量的方法原理,掌握返滴定法技能。

(2) 熟悉酸式滴定管的操作,掌握有色溶液滴定时体积的正确读法。

二、实验原理

I_2 与 NaOH 作用可生成次碘酸钠(NaIO),次碘酸钠可将葡萄糖$(C_6H_{12}O_6)$分子中的醛基定量地氧化为羧基,未与葡萄糖作用的次碘酸钠在碱性溶液中歧化生成 NaI 和 $NaIO_3$,在酸性条件下,未与葡萄糖作用的次碘酸钠可转变成碘(I_2)析出。用 $Na_2S_2O_3$ 标准溶液滴定析出的 I_2,从而可计算出葡萄糖的含量。涉及到的反应如下:

(1) I_2 与 NaOH 作用生成 NaIO 和 NaI:

$$I_2 + 2OH^- =\!\!= IO^- + I^- + H_2O$$

(2) $C_6H_{12}O_6$ 和 NaIO 定量作用:

$$C_6H_{12}O_6 + IO^- =\!\!= C_6H_{12}O_7 + I^-$$

总反应式为:$I_2 + C_6H_{12}O_6 + 2OH^- =\!\!= C_6H_{12}O_7 + 2I^- + H_2O$

(3) 未与葡萄糖作用的 NaIO 在碱性溶液中歧化成 NaI 和 $NaIO_3$:

$$3IO^- =\!\!= IO_3^- + 2I^-$$

(4) 在酸性条件下,$NaIO_3$ 又恢复成 I_2 析出:

$$IO_3^- + 5I^- + 6H^+ =\!\!= 3I_2 + 3H_2O$$

(5) 用 $Na_2S_2O_3$ 滴定析出的 I_2:

$$I_2 + 2S_2O_3^{2-} =\!\!= S_4O_6^{2-} + 2I^-$$

因为 1 mol 葡萄糖与 1 mol NaIO 作用,而 1 mol I_2 产生 1 mol NaIO,也就是 1 mol 葡萄糖与 1 mol I_2 相当,从而可以测定出葡萄糖的含量。

三、实验用品

1. 仪器

分析天平,台秤,烧杯,酸式滴定管(50 mL),容量瓶(100 mL),移液管(25 mL),锥形瓶(250 mL),碘量瓶(250 mL)。

2. 药品

KI(A. R.),HCl(2 mol $\cdot$ L^{-1}),NaOH(0. 2 mol $\cdot$ L^{-1}),Na$_2$S$_2$O$_3$(0. 05 mol $\cdot$ L^{-1}),I$_2$(0. 05 mol $\cdot$ L^{-1}),淀粉溶液(0. 5%),葡萄糖试样(5%)。

四、实验步骤

1. I_2 溶液的标定

移取 25. 00 mL I_2 溶液于 250 mL 锥形瓶中,加 100 mL 蒸馏水稀释,用已标定好的 Na$_2$S$_2$O$_3$ 标准溶液滴定至草黄色,加入 2 mL 淀粉溶液,继续滴定至蓝色刚好消失,即为终点。平行滴定三次,计算出 I_2 溶液的浓度。

2. 葡萄糖含量测定

取 5% 葡萄糖溶液 1 mL 于容量瓶(100 mL)中,准确稀释 100 倍,摇匀后移取 25. 00 mL 于锥形瓶中,准确加入 I_2 标准溶液 25. 00 mL,慢慢滴加 0. 2 mol $\cdot$ L^{-1} NaOH 溶液,边加边摇,直至溶液呈淡黄色。将锥形瓶盖好小表面皿,放置 10~15 min,加 2 mol $\cdot$ L^{-1} HCl 溶液 6 mL 使溶液成酸性,立即用 Na$_2$S$_2$O$_3$ 溶液滴定,至溶液呈浅黄色时,加入淀粉指示剂 3 mL,继续滴至蓝色消失,即为终点。记下滴定体积,平行滴定三次。

计算公式:

$$C_6H_{12}O_6\%(W/V) = \frac{\left(c(I_2)V(I_2) - \frac{1}{2}c(Na_2S_2O_3)V(Na_2S_2O_3)\right) \times M(C_6H_{12}O_6)}{\frac{25}{100}} \times 100\%$$

五、思考题

(1) 加入 NaOH 速度过快,会产生什么后果?

(2) I_2 溶液浓度的标定和葡萄糖含量的测定中均用到淀粉指示剂,各步骤中淀粉指示剂加入的时机有什么不同?

实验指导

(1) 碘易受有机物的影响,不可使用软木塞、橡皮塞,并应贮存于棕色瓶内避光保存。配制和装液时应戴上手套。I_2 溶液不能装在碱式滴定管中。

(2) 加 NaOH 的速度不能过快,否则过量 NaIO 来不及氧化 $C_6H_{12}O_6$ 就歧化成与 $C_6H_{12}O_6$ 反应的 NaIO$_3$ 和 NaI,使测定结果偏低。

(3) 0. 05 mol $\cdot$ L^{-1} I_2 溶液的配制:称取 3. 2 g I_2 于小烧杯中,加 6 g KI,先用约 30 mL

水溶解,待 I_2 完全溶解后,稀释至 250 mL,摇匀,贮于棕色瓶中,放置暗处。

(4) $Na_2S_2O_3$ 溶液的配制用新煮沸且刚冷却的蒸馏水,贮于棕色瓶中置于暗处。

§5.11　水中化学耗氧量(COD)的测定

一、实验目的

(1) 初步了解环境分析的重要性。

(2) 了解化学耗氧量(COD)与水质污染的关系。

(3) 了解高锰酸钾法测定水中 COD 的原理和方法。

二、实验原理

化学耗氧量(COD),是指 1 L 水中含的还原性物质,在一定条件下被氧化剂氧化时,所消耗氧或氧化剂的毫克数。这里说还原性物质主要是有机物也包括 NO_2^-、S^{2-}、Fe^{2+} 等离子。养殖水体内,后几种离子,相对甚少,故化学耗氧量被当作有机物耗氧量。

COD 的测定有几种方法,对于污染较严重的水样或工业废水,一般用重铬酸钾法或库仑法,对于一般水样可以用高锰酸钾法。由于高锰酸钾法是在规定的条件下所进行的反应,所以水中有机物只能部分被氧化,并不是理论上的全部需氧量,也不能反映水体中总有机物的含量。因此,常用高锰酸盐指数这一术语作为水质的一项指标,以区别于重铬酸钾法测定的化学需氧量。

高锰酸钾法分为酸性法和碱性法两种,本实验以酸性法测定水样的化学需氧量——高锰酸盐指数,以每升多少毫克 O_2 表示。

1. 碱性法

高锰酸钾在中性和碱性溶液中(适用于 Cl^- 大于 100 mg 的水样),氧化水样中有机物。把有机物以 C(碳)来代表的反应如下式:

$$4MnO_4^- + 3C + 2H_2O \Longrightarrow 4MnO_2 \downarrow + 3CO_2 \uparrow + 4OH^-$$

加硫酸于溶液使之呈酸性,剩余高锰酸钾和二氧化锰在酸性条件下,与一定量过量的草酸($H_2C_2O_4$)反应:

$$MnO_2 + C_2O_4^{2-} + 4H^+ \Longrightarrow Mn^{2+} + 2H_2O + 2CO_2 \uparrow \tag{1}$$

$$2MnO_4^- + 5C_2O_4^{2-} + 16H^+ \Longrightarrow 2Mn^{2+} + 8H_2O + 10CO_2 \uparrow \tag{2}$$

2. 酸性法

高锰酸钾在酸性溶液中,向被测水样中定量加入高锰酸钾溶液,加热水样,使高锰酸钾与水样中有机物质充分反应,剩余的高锰酸钾则加入一定量过量的草酸钠还原,最后用高锰酸钾标准溶液回滴过量的草酸钠。反应如下:

$$4MnO_4^- + 5C + 12H^+ \Longrightarrow 4Mn^{2+} + 5CO_2 \uparrow + 6H_2O \tag{3}$$

$$2MnO_4^- + 5C_2O_4^{2-} + 16H^+ \Longrightarrow 2Mn^{2+} + 8H_2O + 10CO_2 \uparrow \tag{4}$$

三、实验用品

1. 仪器

分析天平，烧杯，棕色酸式滴定管，移液管（10 mL、25 mL），锥形瓶（250 mL），容量瓶（250 mL），电炉。

2. 药品

H_2SO_4（1∶3），$KMnO_4$（A.R.），$Na_2C_2O_4$（A.R.），沸石。

四、实验步骤

1. 0.01 mol·L^{-1}（1/5 $KMnO_4$）标准溶液的标定

准确称取 0.15～0.20 g（准确至±0.000 1 g）经烘干的基准 $Na_2C_2O_4$ 于 100 mL 烧杯中，以适量水溶解，加入 1 mL 1∶3 H_2SO_4 移入 250 mL 容量瓶，以水稀释至刻度，摇匀。

移取 25.00 mL 上液，加入 5 mL 1∶3 H_2SO_4，加热至 60～80℃，以待标的 $KMnO_4$ 溶液滴至微红色（30 s 不变）为终点。平行滴定三次，记录高锰酸钾溶液消耗量。

2. 酸性溶液中测定 COD

移取 100 mL 水样于锥形瓶中，加 5 mL（1∶3）H_2SO_4 溶液，摇匀（如果水样中 Cl^- 的含量很大时，加入 10% 的硝酸银溶液 5 mL，除去水中的 Cl^-）。加入 10.00 mL $KMnO_4$ 溶液（即 V_1），摇匀，立即放入沸水浴中加热 30 min（从水浴重新沸腾起计时，沸水浴液面要高于反应溶液的液面），趁热加入 10.00 mL $Na_2C_2O_4$ 标准溶液（即 V），摇匀，立即用 $KMnO_4$ 溶液滴定至溶液呈微红色，记下消耗 $KMnO_4$ 溶液的体积（即 V_2）。平行滴定三次。

计算公式：

$$高锰酸盐指数\,(O_2,mg·L^{-1}) = \frac{\left[5c(KMnO_4)(V_1+V_2)-2c(Na_2C_2O_4)V(Na_2C_2O_4)\right] \times 16 \times 1\,000}{V_{水样}}$$

五、思考题

(1) 水样加入 $KMnO_4$ 煮沸后，若红色消失说明什么？应采取什么措施？

(2) 酸性溶液测定 COD 时，若加热煮沸出现 MnO_2 为什么需要重做？而碱性溶液测定 COD 时，出现绿色或 MnO_2 却是允许的，原因何在？

(3) 水样中 Cl^- 含量高时为什么对测定有干扰？应如何消除？

(4) 测定水中的 COD 有何意义？还有哪些测定方法？

实验指导

(1) 在水浴上加热完毕以后，溶液仍应保持淡红色，如红色很浅或全部褪去，说明高锰酸钾的用量不够。此时，应将水样稀释倍数加大后再测定。

(2) 在酸性条件下，草酸钠和高锰酸钾的反应温度应保持在 60～80℃，所以滴定操作必须趁热进行，若溶液温度过低，需适当加热。

§5.12 氯化物中氯含量的测定

一、实验目的

(1) 学习 $AgNO_3$ 标准溶液的配制和标定的方法。

(2) 掌握用莫尔法进行沉淀滴定的原理、方法和实验操作。

二、实验原理

莫尔法是测定可溶性氯化物中氯含量常用的方法。此法是在中性或弱碱性溶液中,以 K_2CrO_4 为指示剂,用 $AgNO_3$ 标准溶液进行滴定。由于 AgCl 沉淀的溶解度比 Ag_2CrO_4 小,溶液中首先析出白色 AgCl 沉淀。当 AgCl 定量沉淀后,过量一滴 $AgNO_3$ 溶液即与 CrO_4^{2-} 生成砖红色 Ag_2CrO_4 沉淀,指示终点到达。主要反应如下:

$$Ag^+ + Cl^- \rightleftharpoons AgCl(白色) \qquad K_{sp} = 1.8 \times 10^{-10}$$

$$2Ag^+ + CrO_4^{2-} \rightleftharpoons Ag_2CrO_4(砖红色) \quad K_{sp} = 2.0 \times 10^{-12}$$

滴定必须在中性或弱碱性溶液中进行,最适宜 pH 范围在 6.5～10.5 之间。如果有铵盐存在,溶液的 pH 范围在 6.5～7.2 之间。

指示剂的用量对滴定有影响,一般 K_2CrO_4 浓度以 $5 \times 10^{-3} \text{mol} \cdot L^{-1}$ 为宜。

凡是能与 Ag^+ 生成难溶化合物或络合物的阴离子,如:PO_4^{3-}、AsO_4^{3-}、AsO_3^{3-}、S^{2-}、SO_3^{2-}、CO_3^{2-}、$C_2O_4^{2-}$ 等均干扰测定,其中 H_2S 可加热煮沸除去,SO_3^{2-} 可用氧化成 SO_4^{2-} 的方法消除干扰。大量 Cu^{2+}、Ni^{2+}、Co^{2+} 等有色离子影响终点观察。凡能与指示剂 K_2CrO_4 生成难溶化合物的阳离子也干扰测定,如:Ba^{2+}、Pb^{2+} 等。Ba^{2+} 的干扰可加过量 Na_2SO_4 消除。Al^{3+}、Fe^{3+}、Bi^{3+}、Sn^{4+} 等高价金属离子在中性或弱碱性溶液中易水解产生沉淀,会干扰测定。

三、实验用品

1. 仪器

电子天平,烧杯(250 mL),棕色试剂瓶(500 mL),锥形瓶(250 mL),酸式滴定管(50 mL,棕色),量筒(10 mL、50 mL),移液管(25 mL)。

2. 药品

NaCl 基准试剂(在 500～600℃ 灼烧 30 min 后,于干燥器中冷却;也可将 NaCl 置于带盖的瓷坩锅中,加热,并不断搅拌,待爆炸声停止后,将坩锅放入干燥器中冷却后使用),$AgNO_3$(0.1 mol·L^{-1}),K_2CrO_4(5%)。

四、实验步骤

1. 0.1 mol·L^{-1} $AgNO_3$ 标准溶液的配制与标定

用电子天平称取 8.5 g $AgNO_3$ 于 250 mL 烧杯中,用适量不含 Cl^- 的蒸馏水溶解后,将溶液转入棕色瓶中,用水稀释至 500 mL,摇匀,在暗处避光保存。

用减量法准确称取 1.4～1.5 g NaCl 于小烧杯中,用蒸馏水(不含 Cl^-)溶解后,定量转入 250 mL 容量瓶中,用水冲洗烧杯数次,一并转入容量瓶中,稀释至刻度,摇匀。准确移取 25.00 mL NaCl 标准溶液三份于 250 mL 锥形瓶中,加水(不含 Cl^-)25 mL,加 5% K_2CrO_4 溶液 1 mL,在不断振荡下,用 $AgNO_3$ 溶液滴定至从黄色变为淡红色浑浊即为终点。根据 NaCl 标准溶液的浓度和 $AgNO_3$ 溶液的体积,计算 $AgNO_3$ 溶液的浓度及相对标准偏差。

2. 试样分析

准确称取氯化物试样 1.8～2.0 g 于小烧杯中,加水溶解后,定量转入 250 mL 容量瓶中,用水冲洗烧杯数次,一并转入容量瓶中,稀释至刻度,摇匀。移取此溶液 25.00 mL 三份于 250 mL 锥形瓶中,加水(不含 Cl^-)25 mL,5% K_2CrO_4 溶液 1 mL,在不断振荡下,用 $AgNO_3$ 溶液滴定至浑浊液从黄色变为橙色即为终点。计算 Cl^- 含量及相对平均偏差。

五、思考题

(1) 莫尔法测 Cl^- 时,为什么溶液的 pH 需控制在 6.5～10.5?

(2) 以 K_2CrO_4 作为指示剂时,其浓度太大或太小对滴定结果有何影响?

实验指导

(1) 指示剂 K_2CrO_4 的用量对测定结果有影响,必须定量加入。

(2) 实验完毕后,将装 $AgNO_3$ 溶液的滴定管先用蒸馏水冲洗 2～3 次后再用自来水洗净,以免 AgCl 残留于管内。

(3) 应准确确定终点。

§5.13　氯化钡中钡的测定

一、实验目的

(1) 了解晶形沉淀条件和沉淀方法。

(2) 练习沉淀的过滤、洗涤和灼烧的操作技术。

(3) 测定氯化钡中钡的含量,并用换算因数计算测定结果。

二、实验原理

钡的难溶盐中硫酸钡的溶解度最小,若加入过量沉淀剂,使其溶解度更为降低,溶解损失可忽略不计。灼烧干燥法中,过量的沉淀剂 H_2SO_4 可在高温下挥发除去,是沉淀 Ba^{2+} 的理想沉淀剂,使用时可过量 50%～100%,$BaSO_4$ 沉淀初生成时,一般形成细小的晶体,过滤时易穿过滤纸,为了得到纯净而颗粒较大的晶体沉淀,应当在热的酸性稀溶液中,在不断搅拌下逐滴加入热的稀 H_2SO_4。反应介质一般为 0.05 mol·L^{-1} 的 HCl 溶液,加热温度以近沸较好。在酸性条件下沉淀 $BaSO_4$ 还能防止 $BaCO_3$、$BaHPO_4$、BaC_2C_4、$BaCrO_4$ 等沉淀。将所得的 $BaSO_4$ 沉淀经过陈化,过滤,洗涤,灼烧,最后称量,即可求得试样中 Ba^{2+} 的含量。

三、实验用品

1. 仪器

煤气灯,泥三角,高温炉,瓷坩埚,致密定量滤纸,布氏漏斗,抽滤瓶,循环水真空泵。

2. 药品

$HCl(2\ mol \cdot L^{-1})$,$H_2SO_4(1\ mol \cdot L^{-1})$,$AgNO_3(0.1\ mol \cdot L^{-1})$。

四、实验内容

1. 空坩埚恒重

洗净两只瓷坩埚,在 800~850℃ 的煤气灯火焰下(或在高温炉中)灼烧,第一次灼烧 30 min,取出稍冷片刻,放入干燥器中冷却至室温(约 30 min),称重。第二次灼烧 15~20 min,冷至室温,再称重,如此操作直到两次称量不超过 0.2 mg,即已恒重。

2. 沉淀的准备

准确称取 $BaCl_2 \cdot 2H_2O$ 试样 0.4~0.6 g 于 250 mL 烧杯中,加水 100 mL,搅拌使其溶解,加入 $2\ mol \cdot L^{-1}$ HCl 3 mL,加热近沸(勿使溶液沸腾,以免溅失)。另取 $1\ mol \cdot L^{-1}$ H_2SO_4 4 mL,加水 30 mL,加热近沸,在不断搅拌下趁热用滴管逐滴(开始不能太快,4~5 s 加一滴,后面可稍微加快)加入到热试样溶液中,待沉淀完毕,$BaSO_4$ 沉降后,于上层清液中滴加 1~2 滴稀 H_2SO_4,仔细观察,若无浑浊,表示已沉淀完全。将玻璃棒靠在烧杯口上(切不可拿出烧杯外),盖上表面皿,于水浴上加热 0.5~1 h,或在室温下放置 12 h 陈化。

3. 沉淀的过滤与洗涤

用慢速定量滤纸(倾泻法)先将上层清液倾注在滤纸上,用稀 H_2SO_4 洗涤液(3 mL H_2SO_4 稀释成 200 mL)洗涤 3~4 次,每次约 10 mL(少量多次),最后小心地将沉淀转移到滤纸上,并用一小块滤纸擦净杯壁后置于漏斗内的滤纸上,继续用洗涤液洗涤沉淀至无 Cl^-(用 $AgNO_3$ 检查)。

4. 沉淀的炭化、灰化与灼烧

将滤纸和沉淀取出包好,置于已恒重的坩埚中,在电炉上炭化、灰化,再移入马弗炉中,于 800~850℃ 灼烧至恒重,第一次 1 h,第二次 10~15 min。冷却,称量,如此操作直至恒重。平行测定 2~3 次。根据试样及沉淀的质量计算 $\omega(Ba)$。

5. 数据处理

$$\omega(Ba) = \frac{m(BaSO_4)}{m(样)} \cdot \frac{M(Ba)}{M(BaSO_4)} \cdot 100\%$$

表 5-1 　$BaCl_2 \cdot 2H_2O$ 中 Ba 的测定

记录项目 ＼ 试验序号	I	II
试样＋称量瓶质量(倾出样品前)/g		
试样＋称量瓶质量(倾出样品后)/g		
$BaCl_2$ 试样质量/g		

（续表）

记录项目 \ 试验序号	I	II
坩埚＋$BaSO_4$ 沉淀质量（第一次）/g		
坩埚＋$BaSO_4$ 沉淀质量（第二次）/g		
空坩锅质量（第一次）/g		
空坩锅质量（第二次）/g		
$BaSO_4$ 沉淀质量/g		
Ba 含量%		
平均值%		
相对平均偏差		

五、思考题

（1）沉淀 $BaSO_4$ 时为什么要在稀溶液中进行？不断搅拌的目的是什么？

（2）为什么沉淀 $BaSO_4$ 时要在热溶液中进行，而在自然冷却后进行过滤？趁热过滤或强制冷却好不好？

（3）洗涤沉淀时，为什么用洗涤液要少量、多次？为保证 $BaSO_4$ 沉淀的溶解损失不超过 0.1%，洗涤沉淀用水量最多不超过多少毫升？

（4）以 H_2SO_4 为沉淀剂沉淀 Ba^{2+} 时，可以过量多少？为什么？

（5）为什么要用无灰、紧密滤纸过滤 $BaSO_4$ 沉淀？

（6）如何检查 $BaSO_4$ 沉淀已经洗净？倾泻法过滤和洗涤沉淀有何优点？

（7）烘干和灰化滤纸时，应注意些什么？

实验指导

（1）$BaCl_2 \cdot 2H_2O$ 试样称取要控制一定量。

（2）试液和沉淀剂都要预先稀释，而且试液要预先加热。

（3）检查沉淀是否完全。

（4）沉淀完毕后，保温放置一段时间才能进行过滤。

§5.14 铅、铋混合液中铅、铋含量的连续测定

一、实验目的

（1）学习利用控制酸度对铅、铋离子进行连续测定的方法。

（2）掌握 EDTA 标准溶液的配制及标定方法。

二、实验原理

Bi^{3+}、Pb^{2+} 均能与 EDTA 形成稳定的络合物，其 lgK 值分别为 27.94 和 18.04,两者稳

定性相差很大，$\Delta \lg K = 9.90 > 6$。因此,可以用控制酸度的方法在一份试液中连续滴定 Bi^{3+} 和 Pb^{2+}。在测定中,均以二甲酚橙(XO)作指示剂,XO 在 pH $<$ 6 时呈黄色,在 pH $>$ 6.3 时呈红色;而它与 Bi^{3+}、Pb^{2+} 所形成的络合物呈紫红色,它们的稳定性与 Bi^{3+}、Pb^{2+} 和 EDTA 所形成的络合物相比要低;而 $K_{Bi-XO} > K_{Pb-XO}$。

测定时,先用 HNO_3 调节溶液 pH $= 1.0$,用 EDTA 标准溶液滴定溶液由紫红色突变为亮黄色,即为滴定 Bi^{3+} 的终点。然后加入六亚甲基四胺,使溶液 pH 为 5～6,此时 Pb^{2+} 与 XO 形成紫红色络合物,继续用 EDTA 标准溶液滴定至溶液由紫红色突变为亮黄色,即为滴定 Pb^{2+} 的终点。

三、实验用品

1. 仪器

移液管(25 mL),锥形瓶(250 mL),酸式滴定管(50 mL),量筒(50 mL),锥形瓶(250 mL),酸式滴定管(50 mL),试剂瓶(500 mL),容量瓶(250 mL),烧杯(100 mL)。

2. 药品

纯金属锌粒(99.99%),EDTA(0.020 mol·L^{-1}),HNO_3(0.10 mol·L^{-1}),HCl (1∶1),六亚甲基四胺(20%),二甲酚橙(2 g·L^{-1}),Bi^{3+}、Pb^{2+} 混合液(Bi^{3+}、Pb^{2+} 各约为 0.010 mol·L^{-1} 含 HNO_3 0.15 mol·L^{-1})。

四、实验步骤

1. 0.020 mol·L^{-1}EDTA 标准溶液的配制

称量 4.0 g 乙二胺四乙酸二钠于 500 mL 烧杯中,加入 200 mL 水,温热溶解,转入聚乙烯瓶中,用水稀释至 500 mL,摇匀。

2. 以 $ZnSO_4 \cdot 7H_2O$ 为基准物标定 EDTA

(1) 锌标准溶液的配制

准确称取 1.2～1.5 g $ZnSO_4 \cdot 7H_2O$ 于 100 mL 烧杯中,用 40～50 mL 蒸馏水溶解,转移至 250 mL 容量瓶中,加入蒸馏水至刻度,摇匀,计算浓度。

(2) EDTA 标准溶液的标定

移取 25.00 mL 锌标准溶液于锥形瓶中,加入 2 mL 1∶3 HCl 及 15 mL 20%六亚甲基四胺溶液,加入 1～2 滴二甲酚橙 2 g·L^{-1} 水溶液,溶液立刻变紫红色,用 0.020 mol·L^{-1} EDTA 标准溶液滴定由紫红色变为亮黄色,即为终点,记下终点读数 V(平行滴定三次),计算 EDTA 标准溶液的浓度。

3. Pb^{2+}、Bi^{3+} 混合液的测定

移取 25.00 mL Pb^{2+}、Bi^{3+} 混合液于 250 mL 锥形瓶中,加入 10 mL 0.10 mol·L^{-1} HNO_3,2 滴二甲酚橙,用 EDTA 标准溶液滴定溶液由紫红色突变为亮黄色,即为终点,记下读数 V_1,然后加入 15 mL 20%六亚甲基四胺溶液,溶液变为紫红色,继续用 EDTA 标准溶液滴定溶液由紫红色突变为亮黄色,即为终点,记下读数 V_2。平行测定三次,计算混合试液中 Pb^{2+} 和 Bi^{3+} 的含量(以质量浓度 mg·mL^{-1} 表示)。

五、思考题

(1) 按本实验操作,滴定 Bi^{3+} 的起始酸度是否超过滴定 Bi^{3+} 的最高酸度? 滴定至 Bi^{3+}

的终点时,溶液中酸度为多少? 此时再加入 10 mL 200 g·L⁻¹ 六亚四基四胺后,溶液 pH 约为多少?

（2）能否取等量混合试液两份,一份控制 pH $\approx$ 1.0 滴定 Bi^{3+},另一份控制 pH 为 5～6 滴定 Bi^{3+}、Pb^{2+} 总量? 为什么?

（3）滴定 Pb^{2+} 时要调节溶液 pH 为 5～6,为什么加入六亚甲基四胺而不加入醋酸钠?

实验指导

（1）测定 Bi^{3+} 时若酸度过低,Bi^{3+} 将水解,将产生白色浑浊液,会使终点过早出现,而且产生回红的现象,此时放置片刻,继续滴定至透明的稳定的亮黄色,即为终点。

（2）指示剂应做一份加一份。

（3）滴定速度要慢,并且充分摇动锥形瓶。

§5.15　醋酸解离常数和解离度的测定

一、实验目的

（1）掌握弱酸解离平衡的概念。
（2）掌握 pH 法测定醋酸解离常数和解离度的原理和方法。
（3）学习酸度计的使用方法。
（4）熟练滴定操作。

二、实验原理

本实验通过测定醋酸(HAc)溶液的 pH 来求算 HAc 的标准解离平衡常数。

醋酸在水溶液中存在下列解离平衡:

$$HAc + H_2O \Longrightarrow H_3O^+ + Ac^-$$

设醋酸的原始浓度为 c_0,平衡时 $c(H^+) = c(Ac^-)$,$c(HAc) = c_0 - c(H^+)$,则其标准解离平衡常数表达式为:

$$K^\circ(HAc) = \frac{[c(H^+)/c^\circ][C(Ac^-)/c^\circ]}{c(HAc)/c^\circ}$$

解离度(α)的表达式为:

$$\alpha = \frac{c(H^+)}{c_0} \times 100\%$$

当 $\alpha < 5\%$ 时,$c(HAc) \approx c_0$,即

$$K^\circ(HAc) \approx \frac{[c(H^+)/c^\circ]^2}{c_0/c^\circ}.$$

在一定温度下,用酸度计可以测定一系列已知浓度的醋酸溶液的 pH,根据 pH = $-\lg[c(H^+)/c^\circ]$,可换算出相应的 $c(H^+)$,将 $c(H^+)$ 的不同值代入上式,可求出一系列对应的 $K^\circ(HAc)$ 值,取其平均值,即为该温度下醋酸的解离平衡常数。

三、实验用品

1. 仪器

酸度计,移液管,吸量管,锥形瓶,烧杯,碱式滴定管,容量瓶。

2. 药品

酚酞指示剂,HAc($0.20\ mol \cdot L^{-1}$),NaOH($0.2\ mol \cdot L^{-1}$,已标定)。

四、实验内容

1. HAc 溶液浓度的标定

用移液管吸取三份 25.00 mL $0.20\ mol \cdot L^{-1}$ HAc,分别置于三个 250 mL 锥形瓶中,各加 2～3 滴酚酞指示剂,分别用标准 NaOH 溶液滴定至溶液呈现微红色,0.5 min 内不褪色为止。记下所用 NaOH 溶液的体积,算出 HAc 溶液的精确浓度。

2. 配制不同浓度的 HAc 溶液

用移液管或吸量管分别移取 2.50 mL、5.00 mL、25.00 mL 已标定过的 HAc 溶液于三个 50 mL 容量瓶中,用蒸馏水稀释至刻度,摇匀,配制成不同浓度的 HAc 溶液。

3. HAc 溶液 pH 的测定

把上述三种稀释的和未稀释的 HAc 溶液按浓度由稀到浓编号为 1、2、3、4。将它们分别加入四只干净干燥的 50 mL 烧杯中,按浓度由稀到浓的顺序分别用 pH 计测定它们的 pH,记录,并记录实验时的室温。

4. 数据处理

(1) HAc 准确浓度的计算

滴定序号	1	2	3
NaOH 溶液的标准浓度/mol·L^{-1}			
NaOH 溶液的用量/mL			
HAc 溶液的用量/mL			
HAc 溶液的浓度/mol·L^{-1}			
HAc 溶液浓度的平均值/mol·L^{-1}			

(2) HAc 离解常数的计算

温度＿＿＿＿℃

编号	c_0(HAc) /mol·L^{-1}	pH	c(H$^+$) /mol·L^{-1}	α	$K^{\ominus}$(HAc) 测定值	$K^{\ominus}$(HAc) 平均值
1						
2						
3						
4						

五、思考题

（1）同温下不同浓度的 HAc 溶液的电离度是否相同？解离平衡常数是否相同？

（2）下列情况能否用近似公式

$$K^{\ominus}(\text{HAc}) = \frac{\left[c(\text{H}^+)/c^{\ominus}\right]^2}{c_0(\text{HAc})/c^{\ominus}}$$

求标准解离平衡常数？

① 所测 HAc 溶液浓度极稀（醋酸的电离度大于 5%）。

② 在 HAc 溶液（醋酸的电离度小于 5%）中加入一定数量的 NaAc(s)（假设溶液的体积不变）。

实验指导

pH 计的使用详见第四章 §4.4。

§5.16 分光光度法测定磺基水杨酸合铁（Ⅲ） 配合物的组成及稳定常数

一、实验目的

（1）了解光度法测定配合物组成及稳定常数的原理和方法。

（2）测定 pH<2.5 时，磺基水杨酸合铁（Ⅲ）的组成及其稳定常数。

（3）学习正确使用分光光度计。

二、实验原理

当一束有一定波长的单色光通过一定厚度的有色溶液时，根据朗伯-比尔定律，有色物质对光的吸收程度（用吸光度 A 表示）与有色物质的浓度、液层厚度成正比：

$$A = Kbc$$

式中：A 为吸光度；K 为摩尔吸光系数；b 为比色皿厚度；c 为有色物质的物质的量浓度。

本实验测定磺基水杨酸（$C_7H_6O_6S$）与 Fe^{3+} 形成配合物的组成和稳定常数。因溶液 pH 的不同，形成的配合物的组成也不同。在 pH < 4 时，它形成紫红色 1∶1 的配合物，在 pH 为 10 左右时可形成黄色 1∶3 的配合物，在 pH 为 4～10 之间生成红色的 1∶2 的配合物。本实验用等物质的量系列法测定 pH < 2.5 时磺基水杨酸与 Fe^{3+} 形成的配合物的组成和稳定常数（实验中通过加入一定量的 H_2SO_4 溶液来控制溶液的 pH）。

由于所测的磺基水杨酸溶液是无色的，很稀的 Fe^{3+} 溶液近似为无色，只有磺基水杨酸铁配离子是有色的。因此溶液的吸光度只与配离子的浓度成正比。通过对溶液吸光度的测定，可求出配离子的组成。

所谓等物质的量系列法，就是保持中心离子的浓度与配位体的浓度之和不变，既总物质的量不变，改变中心离子与配体的相对量，配制成一系列溶液（其中有一些溶液的中心离子是过量的,有一些溶液的配体是过量的,在这两种情况下,配离子的浓度都不可能达到最大值,只有当溶液中中心离子与配位体的物质的量之比与配位离子的组成一致时,配位离子的浓度才能达到最大,对应的吸光度也最大),并测定每份溶液的吸光度。

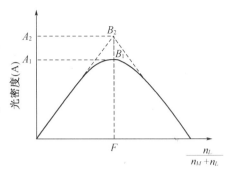

图 5 - 1　等物质的量系列法

若以吸光度(A)为纵坐标,以配体的物质的量分数为横坐标,得一曲线(图 5 - 1),曲线上与吸光度极大值相对应的物质的量分数比就是该有色配合物中中心离子与配体的组成之比。

实验测得的最大吸光度只能是在 B_1 点所对应的 A_1 值。由 B_1 点的横坐标 F 可计算配离子中中心离子与配体的物质的量比,即可求出配离子 ML_n 中配位体的数目 n。例如,若 $F = 0.5$,则

$$\frac{n_L}{n_M + n_L} = 0.5 \text{ 或 } \frac{n_M}{n_M + n_L} = 0.5$$

整理可得 $n = \dfrac{n_L}{n_M} = 1$,即中心离子与配位体的比是 $1:1$,可求出此配合物的组成为 ML 型配合物,图中 B_2 点可被认为 M 与 L 全部形成配合物时的吸光度。但由于配离子处于平衡时有部分解离,其浓度要稍小一些,因此实验测得的最大吸光度在 B_1 点,其值为 A_1,因此配离子的解离度 α 可表示为:

$$\alpha = \frac{A_2 - A_1}{A_2}$$

配离子的表观稳定常数可由以下平衡关系导出:

平衡浓度:
$$\begin{array}{ccc} M + nL & \Longrightarrow & ML_n \\ c\alpha \quad c\alpha & & c(1-\alpha) \end{array}$$

$$K = \frac{[ML_n]}{[M][L]^n} = \frac{c(1-\alpha)}{c\alpha(c\alpha)^n}$$

当 $n = 1$ 时,$K = \dfrac{1-\alpha}{c\alpha^2}$

即 c 为相应于 A 点的中心离子浓度。

三、实验用品

1. 仪器

722 型分光光度计,容量瓶 2 个(250 mL),洗耳球,吸量管 3 支(10 mL),小烧杯 11 只(50 mL)。

2. 试剂

H_2SO_4(0.01 mol·L^{-1}),$(NH_4)Fe(SO_4)_2$(0.010 0 mol·L^{-1}),磺基水杨酸(0.010 0 mol·L^{-1})。

3. 材料

擦镜纸。

四、实验内容

1. 配制系列溶液

(1) 配制 $0.001\,0\ \text{mol} \cdot \text{L}^{-1}\ \text{Fe}^{3+}$ 溶液。准确吸取 $10.0\ \text{mL}\ 0.010\,0\ \text{mol} \cdot \text{L}^{-1}\ \text{Fe}^{3+}$ 溶液,注入 $100\ \text{mL}$ 容量瓶中,用 $0.01\ \text{mol} \cdot \text{L}^{-1}\ \text{H}_2\text{SO}_4$ 溶液稀释至刻度,摇匀备用。

同法配制 $0.001\,0\ \text{mol} \cdot \text{L}^{-1}$ 磺基水杨酸溶液。

(2) 取干净、干燥小烧杯($50\ \text{mL}$)11 只进行编号,依表 5-1 所示溶液体积,依次在 11 只 $50\ \text{mL}$ 烧杯中混合配制好等物质的量系列溶液。

2. 测定系列溶液的吸光度

用波长为 $500\ \text{nm}$ 的光源,$1\ \text{cm}$ 的比色皿,用 $0.01\ \text{mol} \cdot \text{L}^{-1}\ \text{H}_2\text{SO}_4$ 作参比溶液,将测定值记入表 5-2 中。注意比色皿要先用蒸馏水冲洗,再用待测溶液洗 2～3 次,然后装好溶液。用擦镜纸擦净比色皿光面外的液滴(液滴较多时,应先用滤纸吸去大部分液体,再用擦镜纸擦净)。

3. 实验数据处理

表 5-2 磺基水杨酸合铁(Ⅲ)配合物的组成及吸光度的测定

混合溶液编号	$0.01\ \text{mol} \cdot \text{L}^{-1}$ H_2SO_4	$0.010\,0\ \text{mol} \cdot \text{L}^{-1}$ Fe^{3+}	$0.010\,0\ \text{mol} \cdot \text{L}^{-1}$ 磺基水杨酸	磺基水杨酸的物质的量分数	混合液吸光度(A)
	V/mL	V/mL	V/mL		
1	10.00	10.00	0.00	0	
2	10.00	9.00	1.00	0.1	
3	10.00	8.00	2.00	0.2	
4	10.00	7.00	3.00	0.3	
5	10.00	6.00	4.00	0.4	
6	10.00	5.00	5.00	0.5	
7	10.00	4.00	6.00	0.6	
8	10.00	3.00	7.00	0.7	
9	10.00	2.00	8.00	0.8	
10	10.00	1.00	9.00	0.9	
11	10.00	0.00	10.00	1.0	

(1) 以吸光度 A(为纵坐标)对磺基水杨酸(为横坐标)物质的量分数作图。

(2) 从图中找出最大吸收峰,确定在本实验条件下,Fe^{3+} 与磺基水杨酸形成配合物的组成。

(3) 求出配合物的表观稳定常数。

五、思考题

(1) 使用分光光度计时,在操作上应注意什么? 若入射光不是单色光,能否准确测出配合物的组成与稳定常数？

（2）用等物质的量系列法测定配合物组成时，为什么溶液中中心离子的物质的量与配位体的物质的量比正好与配合物组成相同时，配合物的浓度最大？

（3）等物质的量系列法用来作图的纵坐标和横坐标分别是什么？图形有什么特点？如何算出配合物的组成和稳定常数？

实验指导

（1）药品的配制

Fe^{3+} 溶液（0.01 mol·L^{-1}）：用 4.82 g 分析纯硫酸铁铵 $(NH_4)Fe(SO_4)_2 \cdot 12H_2O$ 晶体溶于 1 L 0.01 mol·L^{-1} 高氯酸中配制而成。

磺基水杨酸（0.0010 mol·L^{-1}）：用 2.54 g 分析纯磺基水杨酸溶于 1 L 0.01 mol·L^{-1} 高氯酸配制而成。

（2）1∶1 磺基水杨酸合铁（Ⅲ）配离子的 $\lg K_稳$ 为 14.64（文献值）。由于磺基水杨酸是弱酸，在溶液中也存在着解离平衡，因此实验测得的稳定常数为表观值，还应做如下校正：$K_稳 = K_{稳(表观)} \cdot \alpha_H$。一般文献和手册上查得 $K_稳$ 而不是 $K_{稳(表观)}$。α_H 称为加质子常数，与溶液的 pH 有关。α_H 值从手册中查得 pH = 2 时，$\lg \alpha_H = 10.3$。

§5.17　邻二氮杂菲分光光度法测定铁

一、实验目的

（1）了解分光光度法测定物质含量的一般条件及其方法。

（2）理解并掌握邻二氮杂菲分光光度法测定铁的方法。

（3）了解分光光度计的构造和使用方法。

二、实验原理

1. 分光光度法测定的条件

分光光度法测定物质含量时要注意的条件是：显色反应的条件与测量吸光度的条件。

显色反应的条件有：① 显色剂用量；② 介质的酸度；③ 显色时溶液的温度；④ 显色时间及干扰物质的消除方法等。

测量吸光度的条件包括：① 应选择的入射光波长；② 吸光度范围；③ 参比溶液等。

2. 邻二氮杂菲-亚铁配合物

邻二氮杂菲（Phen）是测定微量铁的一种比较好的试剂。在 pH 为 2～9 的条件下 Fe^{2+} 与邻二氮杂菲生成极稳定的橘红色配合物，反应式如下：

此配合物的 $\lg K_{稳} = 21.3$，摩尔吸光系数 $\varepsilon_{510} = 1.1 \times 10^4 \text{L} \cdot \text{mol}^{-1} \cdot \text{cm}^{-1}$。

Fe^{3+} 与邻二氮杂菲也能生成 1∶3 的淡蓝色配合物，其 $\lg K_{稳} = 14.1$。因此，在显色前应预先用盐酸羟胺把 Fe^{3+} 离子还原为 Fe^{2+}，其反应式如下：

$$2Fe^{3+} + 2NH_2OH \cdot HCl \longrightarrow 2Fe^{2+} + N_2 + 2H_2O + 4H^+ + 2Cl^-$$

测定时，控制溶液酸度在 $pH = 5$ 左右较为适宜。当酸度高时，反应进行较慢；酸度太低，则 Fe^{2+} 水解，影响显色。Cu^{2+}、Co^{2+}、Ni^{2+}、Cd^{2+}、Hg^{2+}、Mn^{2+}、Zn^{2+} 等离子也能与 Phen 生成稳定配合物，在少量情况下，不影响 Fe^{2+} 的测定，量大时可用 EDTA 掩蔽或预先分离。

三、实验用品

1. 仪器

分光光度计，烧杯，容量瓶（100 mL，50 mL），吸量管（10 mL）。

2. 药品

铁标准溶液（$100~\mu g \cdot mL^{-1}$：准确称取 0.864 g 分析纯 $NH_4Fe(SO_4)_2 \cdot 12H_2O$，溶解于 30 mL 2 $mol \cdot L^{-1}$ 的 HCl 溶液后移入 1 000 mL 容量瓶中，以水稀释至刻度，摇匀），铁标准溶液（$10~\mu g \cdot mL^{-1}$：由 $100~\mu g \cdot mL^{-1}$ 的铁标准溶液准确稀释 10 倍而成），盐酸羟胺固体及溶液（10%，因其不稳定，需临用时配制），邻二氮杂菲（0.1%，新配制），NaAc（1 $mol \cdot L^{-1}$）。

四、实验内容

1. 条件试验

(1) 吸收曲线的测绘

准确移取 $10~\mu g \cdot mL^{-1}$ 的铁标准溶液 5 mL 于 50 mL 容量瓶中，加入 10% 盐酸羟胺溶液 1 mL，摇匀，稍冷后，加入 1 $mol \cdot L^{-1}$ NaAc 溶液 5 mL 和 0.1% 邻二氮杂菲溶液 3 mL，加水稀释至刻度，摇匀。放置 10 min，在分光光度计上，用 2 cm 的比色皿，以水为参比溶液，波长从 570 nm 开始到 430 nm 为止，每隔 10 nm 或 20 nm 测定一次吸光度（其中从 530～490 nm，每隔 10 nm 测一次）。然后以波长为横坐标，吸光度为纵坐标绘制出吸收曲线，从吸收曲线上确定测定的适宜波长。

(2) 邻二氮杂菲-亚铁配合物的稳定性

用上面溶液继续进行测定，其方法是在最大吸收波长 510 nm 处，每隔一定时间测定其吸光度，例如在加入显色剂后立即测定一次吸光度，经 30 min、60 min、90 min、120 min 后，分别再测一次吸光度，然后以时间 t 为横坐标，吸光度 A 为纵坐标绘制曲线。此曲线则表示该配合物的稳定性。

(3) 显色剂浓度试验

取 50 mL 容量瓶 7 个，进行编号，用 5 mL 移液管准确移取 $10~\mu g \cdot mL^{-1}$ 铁标准溶液 5 mL 于容量瓶中，然后加入 1 mL 10% 盐酸羟胺溶液，经 2 min 后，再加入 5 mL 1 $mol \cdot L^{-1}$ NaAc 溶液，然后分别加入 0.1% 邻二氮杂菲溶液 0.3 mL、0.6 mL、1.0 mL、1.5 mL、2.0 mL、3.0 mL 和 4.0 mL，用水稀释至刻度，摇匀。在分光光度计上，用适宜波长（例如 510 nm）、2 cm 比色皿，以水为参比，测定上述各溶液的吸光度。然后以加入的邻二氮杂菲试剂的体积为横坐标，吸光度为纵坐标，绘制曲线，从中找出显色剂最适宜的加入量。

（4）溶液酸度对配合物的影响

准确移取 100 $\mu g \cdot mL^{-1}$ 铁标准溶液 5 mL 于 100 mL 容量瓶中，加入 5 mL 2 $mol \cdot L^{-1}$ 的 HCl 溶液和 10 mL 10%盐酸羟胺溶液，经过 2 min 后再加入 0.1%邻二氮杂菲溶液 30 mL，用水稀释至刻度，摇匀，备用。

取 50 mL 容量瓶 7 个，进行编号，用移液管分别准确移取上述溶液 10 mL 于各容量瓶中。在滴定管中装入 0.4 $mol \cdot L^{-1}$ 的 NaOH 溶液，然后依次在容量瓶中加入 0.4 $mol \cdot L^{-1}$ 的 NaOH 溶液 0.0 mL、2.0 mL、3.0 mL、4.0 mL、6.0 mL、8.0 mL 及 10.0 mL（如果按本实验步骤准确加入铁标准溶液及盐酸，则此处加入的 0.4 $mol \cdot L^{-1}$ 的 NaOH 溶液的量能使溶液的 pH 达到要求；否则会略有出入，因此在实验时，最好先加几毫升的 NaOH（例如 3 mL、6 mL），以 pH 试纸确定该溶液的 pH，然后再确定其他几个容量瓶应加 NaOH 溶液的量），然后，以水稀释至刻度，摇匀，使各溶液的 pH 从≤2 开始逐步增加至 12 以上。测定各容量瓶中溶液的 pH，先用 1～14 广范 pH 试纸粗略确定其 pH，然后用精密 pH 试纸确定其较准确的 pH。同时在分光光度计上用适宜之波长（例如 510 nm）、2 cm 比色皿、水为空白测定各溶液吸光度 A。最后以 pH 为横坐标，吸光度为纵坐标，绘制 A-pH 曲线。并从此曲线上找出适宜的 pH 范围。

根据上面条件试验的结果，确定邻二氮杂菲分光光度法测定铁的分析步骤。

2. 铁含量的测定

（1）标准曲线的测绘

取 50 mL 容量瓶（或比色管）6 只，分别移取（务必准确量取，为什么？请讨论）10 $\mu g \cdot mL^{-1}$ 铁标准溶液 2.0 mL、4.0 mL、6.0 mL、8.0 mL 和 10.0 mL 于 5 只容量瓶中，另一容量瓶中不加铁标准溶液（配制空白溶液，作参比）。然后各加 1 mL 10%盐酸羟胺，摇匀，经 2 min 后，再各加 5 mL 1 $mol \cdot L^{-1}$ NaAc 溶液及 3 mL 0.1%邻二氮杂菲，以水稀释至刻度，摇匀。在分光光度计上，用 2 cm 比色皿，在最大吸收波长（510 nm）处，测定各溶液的吸光度。以铁含量为横坐标，吸光度为纵坐标，绘制标准曲线。

（2）未知液中铁含量的测定

吸取 5 mL 未知液代替标准溶液，其他实验步骤同上，测定吸光度。由未知液的吸光度在标准曲线上查出 5 mL 未知液中的铁含量，然后以 $\mu g \cdot mL^{-1}$ 表示未知液中铁的含量。

注意：（1）、（2）两项的溶液配制和吸光度测定宜同时进行。

3. 数据记录及处理

（1）记录及绘制曲线。

① 吸收曲线

波长/nm	430	450	470	490	500	510	520	530	550	570
吸光度										

② A-t 曲线

放置时间/min	0	30	60	90	120
吸光度					

③ $A - c$ 曲线

显色剂量/mL	0.3	0.6	1.0	1.5	2.0	3.0	4.0
吸光度							

④ 标准曲线

标准溶液的量/mL	0	2.0	4.0	6.0	8.0	10.0	未知液
总含铁量/μg	0	20	40	60	80	100	
吸光度							

(2) 对各项测定结果进行分析并得出结论。例如从吸收曲线可得出：邻二氮杂菲亚铁配合物在波长 510 nm 处吸光度最大，因此测定铁时宜选用的波长为 510 nm 等等。

五、思考题

(1) 邻二氮杂菲分光光度法测定铁的适宜条件如何确定，为什么？

(2) Fe^{3+} 标准溶液在显色前要加盐酸羟胺的目的是什么？ 如测定一般铁盐的总铁量，是否需要加盐酸羟胺？

(3) 如用配制已久的盐酸羟胺溶液，对分析结果会有什么影响？

(4) 在本实验的各项测定中，加某种试剂的体积要比较准确，而某种试剂的加入量则不必准确量度，为什么，请说明理由？

(5) 根据本次实验的数据，计算在最适宜波长下邻二氮杂菲亚铁配合物的摩尔吸光系数 ε。

实验指导

(1) 注意在做这些条件试验时，考虑试验的最佳途径，建议先配条件试验(3)中的(6)号溶液，马上做条件试验(2)和(1)，然后再做(3)，最后做(4)，这样时间上可节省很多，因稳定性试验至少要 2.5 h。

(2) 绘制各种条件试验曲线、标准曲线以及计算试样中物质的含量，是应该掌握的处理实验数据的基本功。对有条件的学校，可用 Excel 处理数据。

§5.18　电导率法测定硫酸钡的溶度积

一、实验目的

(1) 熟悉沉淀的生成、陈化、离心分离、洗涤等基本操作。

(2) 学习饱和溶液的制备。

(3) 掌握电导率法测定难溶盐溶度积的原理和方法。

(4) 掌握电导率仪的使用。

二、实验原理

在 $BaSO_4$ 的饱和溶液中，存在着下列平衡：

$$BaSO_4(s) \rightleftharpoons Ba^{2+} + SO_4^{2-}$$

其一定温度下 $BaSO_4$ 的溶度积为:

$$K_{sp}^{\circ}(BaSO_4) = \left[c(Ba^{2+})/c^{\circ}\right] \cdot \left[c(SO_4^{2-})/c^{\circ}\right] = \left[c(BaSO_4)/c^{\circ}\right]^2$$

本实验通过测定 $BaSO_4$ 饱和溶液的电导率,再根据电导率与浓度的关系,计算出 $c(BaSO_4)$,进而即可求 $BaSO_4$ 的溶度积。

电解质溶液的电导 G 为:

$$G = \frac{1}{R}$$

式中:R 为电阻;G 单位为西门子(siemans),符号为 S。

电导率 κ 为:

$$\kappa = G\frac{l}{A}$$

式中:κ 单位为 $S \cdot m^{-1}$;l 为电极间的距离;A 为电极的面积;$\frac{l}{A}$ 称为电极常数或电导池常数,对于某给定的电极来说,一般是由制造厂给出。

Λ_m 表示摩尔电导,即在一定温度下,相距 1 m 的两个平行电极之间,含有 1 mol 电解质溶液的电导率,称为摩尔电导,单位为 $S \cdot m^2 \cdot mol^{-1}$。$\Lambda_m$ 与 κ(电导率)、c(电解质溶液的浓度)的关系为:

$$\Lambda_m = \frac{\kappa}{c}$$

用电导率仪测定 $BaSO_4$ 饱和溶液的电导率,通过下式可算出 $BaSO_4$ 的浓度:

$$c(BaSO_4) = \frac{\kappa(BaSO_4)}{1\,000\,\Lambda_m(BaSO_4)}$$

在实验中,所测得的 $BaSO_4$ 饱和溶液的电导率,包含有水电离出的 H^+ 和 OH^-,所以计算时必须减去,即:

$$\kappa(BaSO_4) = \kappa(BaSO_4\ 溶液) - \kappa(H_2O)$$

则硫酸钡溶度积的计算式为:

$$K_{sp}^{\circ}(BaSO_4) = \left\{\frac{\kappa(BaSO_4\ 溶液) - \kappa(H_2O)}{1\,000\,\Lambda_m(BaSO_4)}\right\}^2$$

已知 25℃时,硫酸钡饱和溶液的 Λ_m 为 $286.88 \times 10^{-4}\,S \cdot m^2 \cdot mol^{-1}$。

三、实验用品

1. 仪器

雷磁 DDS－11A 型电导率仪,DJS－1 型铂光亮电极,离心机,烧杯,酒精灯,表面皿,离心试管。

2. 药品

$H_2SO_4(0.05 \text{ mol} \cdot L^{-1})$，$BaCl_2(0.05 \text{ mol} \cdot L^{-1})$，$AgNO_3(0.01 \text{ mol} \cdot L^{-1})$。

四、实验内容

1. $BaSO_4$ 沉淀的制备

(1) 取 $0.05 \text{ mol} \cdot L^{-1}$ $BaCl_2$ 和 H_2SO_4 溶液各 30 mL，分别倒入小烧杯中。

(2) 将 H_2SO_4 溶液加热至近沸时，在不断搅拌下，逐滴将 $BaCl_2$ 溶液加入到 H_2SO_4 溶液中，继续加热近沸 10 min（适当搅拌），静置、陈化。当沉淀上面的溶液澄清时，用倾析法倾去上层清液。

(3) 将沉淀和少量余液，用玻璃棒搅成乳状，分次转移至离心管中，进行离心分离，弃去溶液。

(4) 在小烧杯中盛约 40 mL 蒸馏水，加热近沸，用其洗涤离心管中的 $BaSO_4$ 沉淀，每次加入约 4~5 mL 水，用玻璃棒将沉淀充分搅混，再离心分离，弃去洗涤液。重复洗涤至洗涤液中无 Cl^- 为止（至少洗涤四次）。

2. $BaSO_4$ 饱和溶液的制备

在上面制得的纯 $BaSO_4$ 沉淀中，加入少量水，用玻璃棒将沉淀搅混后，全部转移到小烧杯中，再加蒸馏水 60 mL，搅拌均匀后，加热近沸 10 min（适当搅拌），稍冷后，再搅拌 5 min，静置，冷却至室温。

当沉淀至上面的溶液澄清时，即可进行电导率的测定。

3. 电导率的测定

(1) 测定配制 $BaSO_4$ 饱和溶液的蒸馏水的电导率。

(2) 测定 $BaSO_4$ 饱和溶液的电导率。

4. 数据处理

室温/℃ _____

$\kappa(H_2O)/S \cdot m^{-1}$	
$\kappa(BaSO_4$溶液$)/S \cdot m^{-1}$	
$\Lambda_m/S \cdot m^2 \cdot mol^{-1}$	
$c(BaSO_4)/mol \cdot L^{-1}$	
$K_{sp}^{\ominus}(BaSO_4)$	

五、思考题

(1) 制备 $BaSO_4$ 时，为什么要反复洗涤沉淀？否则对实验结果有何影响？

(2) 在测定 $BaSO_4$ 的电导率时，水的电导为什么不能忽略？

实验指导

(1) 制备 $BaSO_4$ 沉淀时，一定要反复洗涤沉淀，否则会造成很大的实验误差。每次用热水洗涤时，注意将离心试管底部的 $BaSO_4$ 沉淀搅起来，充分搅拌，再离心分离。

(2) 待 $BaSO_4$ 饱和溶液冷却至室温且上层液澄清时再测定其电导率。

（3）使用电导率仪注意：① 测量时手不要靠近盛液烧杯，更不要接触烧杯，以免人体感应而造成较大的测量误差；② 盛装被测溶液的容器必须清洁，无离子玷污；③ 测量完毕后，将测量开关拨到校正位置，量程开关拨到最大挡；④ 拆下的电极用蒸馏水洗干净，用清洁纸条吸干，放回盒中。

§5.19　化学反应速率与活化能的测定

一、实验目的

（1）测定过二硫酸铵和碘化钾反应的反应速率，并计算反应级数、反应速率常数和反应的活化能。

（2）加深理解浓度、温度和催化剂对反应速率的影响。

（3）学习实验数据的表达与处理。

二、实验原理

在水溶液中过二硫酸铵和碘化钾发生如下反应：

$$S_2O_8^{2-} + 3I^- \Longrightarrow 2SO_4^{2-} + I_3^- \tag{1}$$

瞬时速度为：

$$r = \kappa c^m(S_2O_8^{2-})c^n(I^-)$$

式中 κ 是反应速率常数，m 与 n 之和是反应级数。若 $c(S_2O_8^{2-})$、$c(I^-)$ 是起始浓度，则 r 表示初速率（r_0）。

平均速率为：

$$\bar{r} = \frac{-\Delta c(S_2O_8^{2-})}{\Delta t}$$

由于本实验在 Δt 时间内反应物浓度的变化很小，所以可近似地用平均速率代替初速率：

$$r_0 = \frac{-\Delta c(S_2O_8^{2-})}{\Delta t} = \kappa c^m(S_2O_8^{2-})c^n(I^-)$$

为了能够测出反应在 Δt 时间内 $S_2O_8^{2-}$ 浓度的改变值，需要在混合 $(NH_4)_2S_2O_8$ 和 KI 溶液时，加入一定体积已知浓度的 $Na_2S_2O_3$ 溶液和淀粉溶液，这样在反应（1）进行的同时还进行反应：

$$2S_2O_3^{2-} + I_3^- \Longrightarrow S_4O_6^{2-} + 3I^- \tag{2}$$

这个反应进行得非常快，几乎瞬间完成，而反应（1）比反应（2）慢得多。因此，由反应（1）生成的 I_3^- 立即与 $S_2O_3^{2-}$ 反应，生成无色的 $S_4O_6^{2-}$ 和 I^-。所以在反应的开始阶段看不到碘与淀粉反应而显示的特有蓝色。但是一旦 $Na_2S_2O_3$ 耗尽，反应（1）继续生成的 I_3^- 就与淀粉反应而呈现出特有的蓝色。

由于从反应开始到蓝色出现标志着 $S_2O_3^{2-}$ 全部耗尽，所以从反应开始到出现蓝色这段时间 Δt 里，$S_2O_3^{2-}$ 浓度的改变 $\Delta c(S_2O_3^{2-})$ 实际上就是 $Na_2S_2O_3$ 的起始浓度。

从反应式(1)和(2)可以看出，$S_2O_8^{2-}$ 减少的量为 $S_2O_3^{2-}$ 减少量的一半，所以 $S_2O_8^{2-}$ 在 Δt 时间内减少的量可以从下式求得：

$$\Delta c(S_2O_8^{2-}) = \frac{\Delta c(S_2O_3^{2-})}{2}$$

即：

$$r = -\frac{\Delta c(S_2O_3^{2-})}{2\Delta t} = \frac{c(S_2O_3^{2-})}{2\Delta t}$$

通过改变反应物 $S_2O_8^{2-}$ 和 I^- 的初始浓度，计算可以得到该反应不同初始浓度时的初速率。

可以通过分别控制其中一种反应物的浓度为定值，测定其反应速率，然后经数学处理及作图来求反应级数。

通过固定 I^- 浓度不变来求 m。当 $c(I^-)$ 不变时：

$$r = \kappa c^m(S_2O_8^{2-})c^n(I^-) = \kappa' c^m(S_2O_8^{2-})$$

两边取对数后，$\lg r$ 对 $\lg c(S_2O_8^{2-})$ 作图，可得斜率为 m 的一条直线，这样就求得 m。

同理 $S_2O_8^{2-}$ 浓度固定不变，可求出 n 值。

求得 r、m、n 以后，可由下式求得 κ 值，即

$$\kappa = \frac{r}{c^m(S_2O_8^{2-})c^n(I^-)} = -\frac{\Delta c(S_2O_8^{2-})}{\Delta t\, c^m(S_2O_8^{2-})c^n(I^-)} = \frac{c(S_2O_3^{2-})\;\cdot}{2\Delta t\, c^m(S_2O_8^{2-})c^n(I^-)}$$

测定反应的活化能，可以通过测出几个不同温度下的 κ 值，然后再通过 $\lg \kappa - \dfrac{1}{T}$ 作图而求得。由阿累尼乌斯公式，反应速率常数 κ 与反应温度 T 有下面的关系式：

$$\lg \kappa = -\frac{E_a}{2.303RT} + C = -\frac{E_a}{19.147T} + C$$

式中：E_a 为反应活化能；R 为气体常数($8.314\ \text{J}\cdot\text{mol}^{-1}\cdot\text{K}^{-1}$)；$T$ 为绝对温度(K)；C 是积分常数(对同一反应，C 值不变)。作 $\lg\kappa - \dfrac{1}{T}$ 图，可得一直线，其斜率为 $-\dfrac{E_a}{19.147}$，所以 $E_a = -19.147 \times$ 斜率。

首先测定在室温的 κ 值，然后测定高于室温或低于室温的速率常数 κ 值，作图，即可计算其反应的活化能。

三、实验用品

1. 仪器

烧杯,试管,量筒,秒表,温度计,恒温水浴锅。

2. 药品

$(NH_4)_2S_2O_8$($0.20\ \text{mol}\cdot\text{L}^{-1}$),$KI$($0.20\ \text{mol}\cdot\text{L}^{-1}$),$Na_2S_2O_3$($0.010\ \text{mol}\cdot\text{L}^{-1}$),

$KNO_3(0.20 \ mol \cdot L^{-1})$，$(NH_4)_2SO_4(0.20 \ mol \cdot L^{-1})$，$Cu(NO_3)_2(0.20 \ mol \cdot L^{-1})$，淀粉溶液$(0.4\%)$，冰。

四、实验步骤

1. 浓度对化学反应速率的影响

在室温条件下进行表 5-3 中编号 I 的实验。用量筒分别量取 20.0 mL 0.20 mol·L⁻¹ KI 溶液、8.0 mL 0.010 mol·L⁻¹ $Na_2S_2O_3$ 溶液和 2.0 mL 0.4%淀粉溶液，全部加入烧杯中，混合均匀。然后用另一量筒取 20.0 mL 0.20 mol·L⁻¹ $(NH_4)_2S_2O_8$ 溶液，迅速倒入上述混合液中，同时启动秒表，并不断搅动，仔细观察。当溶液刚出现蓝色时，立即按停秒表，记录反应时间和室温。

用同样方法按照表 5-3 的用量进行编号 II、III、IV、V 的实验。

表 5-3　浓度对反应速率的影响

室温：＿＿＿＿℃

	实验编号	I	II	III	IV	V
试剂用量 /mL	0.20 mol·L⁻¹ $(NH_4)_2S_2O_8$	20.0	10.0	5.0	20.0	20.0
	0.20 mol·L⁻¹ KI	20.0	20.0	20.0	10.0	5.0
	0.010 mol·L⁻¹ $Na_2S_2O_3$	8.0	8.0	8.0	8.0	8.0
	0.4%淀粉溶液	2.0	2.0	2.0	2.0	2.0
	0.20 mol·L⁻¹ KNO_3	0	0	0	10.0	15.0
	0.20 mol·L⁻¹ $(NH_4)_2SO_4$	0	10.0	15.0	0	0
混合液中反应物起始浓度/mol·L⁻¹	$(NH_4)_2S_2O_8$					
	KI					
	$Na_2S_2O_3$					
反应时间 Δt/s						
$S_2O_8^{2-}$ 的浓度变化 $\Delta c(S_2O_8^{2-})$/mol·L⁻¹						
反应速率 r/mol·L⁻¹ s⁻¹						

2. 温度对化学反应速率的影响

按表 5-3 实验 IV 中的药品用量，将装有碘化钾、硫代硫酸钠、硝酸钾和淀粉混合溶液的烧杯和装有过二硫酸铵溶液的小烧杯，放入冰水浴中冷却，待它们温度冷却到低于室温约 10℃时，将过二硫酸铵溶液迅速加到混合溶液中，同时记时并不断搅动，当溶液刚出现蓝色时，记录反应时间。此实验编号记为 VI。

同样方法在热水浴中进行高于室温 10℃的实验。此实验编号记为 VII。

将此两次实验数据 VI、VII 和实验 IV 的数据记入表 5-4 中进行比较。

表 5-4 温度对化学反应速率的影响

实验编号	IV	VI	VII
反应温度 T/K			
反应时间 $\Delta t/s$			
反应速率 $r/mol \cdot L^{-1} \cdot s^{-1}$			

3. 催化剂对化学反应速率的影响

按表 5-3 实验 IV 的用量,把碘化钾、硫代硫酸钠、硝酸钾和淀粉溶液加到 150 mL 烧杯中,再加入 2 滴 0.02 mol·L^{-1} Cu(NO_3)$_2$ 溶液,搅匀,然后迅速加入过二硫酸铵溶液,搅动、记时。将此实验的反应速率与表 5-3 中实验 IV 的反应速率定性地进行比较。

4. 数据处理

(1)反应级数和反应速率常数的计算

将处理数据填入下表:

实验编号	I	II	III	IV	V
$\lg r$					
$\lg c(S_2O_8^{2-})$					
$\lg c(I^-)$					
m					
n					
速率常数 $\kappa/mol^{-1} \cdot L \cdot s^{-1}$					
平均速率常数 $\kappa/mol^{-1} \cdot L \cdot s^{-1}$					

(2)反应活化能的计算

将处理数据填入下表:

实验编号	室温时平均反应速率常数	VII	IV
反应速率常数 $\kappa/mol^{-1} \cdot L \cdot s^{-1}$			
$\lg \kappa$			
$\dfrac{1}{T}/K^{-1}$			
反应活化能 $E_a/kJ \cdot mol^{-1}$			

五、思考题

(1)若不用 $S_2O_8^{2-}$,而用 I^- 或 I_3^- 的浓度变化来表示反应速率,则反应速率常数 κ 是否一样?

（2）为什么本实验可以用反应出现蓝色的时间长短来计算反应速率？溶液出现蓝色后，反应是否终止了？

（3）如何解释浓度、温度、催化剂对反应速率的影响？

实验指导

（1）若碘化钾溶液有碘析出，或出现浅黄色现象，则不能使用。过二硫酸铵溶液需要新配制，因为时间长了过二硫酸铵易分解，如所配制过二硫酸铵溶液的 pH ＜ 3，证明该试剂已有分解，不适合本实验使用。

（2）取用各种反应溶液应有专用的量筒和滴管并贴上标签。

（3）应注意加入溶液的次序，在 $(NH_4)_2S_2O_8$ 溶液加入之前，要将其他溶液先混合，搅拌均匀后，再迅速加入 $(NH_4)_2S_2O_8$ 溶液。

（4）当溶液出现蓝色的瞬时，就应立即停表记时，第二次使用秒表之前应检查是否回零。

（5）本实验活化能测定值的误差不超过 10%（文献值：51.8 kJ·mol^{-1}）。

（6）作图法求 m、n、E_a 时，要注意画取直线的原则。

（7）作图时，注明坐标轴的名称、标值、量纲。

§5.20 硝酸钾的制备和提纯

一、实验目的

（1）利用物质溶解度随温度变化的不同，学习用复分解反应制备盐类的方法。

（2）练习用重结晶法提纯物质。

（3）练习溶解、过滤、结晶等基本操作。

二、实验原理

复分解法是制备无机盐类的常用方法。本实验是用 $NaNO_3$ 和 KCl 通过复分解反应来制取 KNO_3。当 KCl 和 $NaNO_3$ 溶液混合时，在混合液中存在 K^+、Na^+、Cl^-、NO_3^- 四种离子，由这四种离子组成的四种盐在不同的温度下的溶解度如表 5-5。

表 5-5 几种盐类在不同温度下的溶解度（g/100 g H$_2$O）

盐 ＼ 温度/℃	0	10	20	30	50	80	100
NaCl	37.5	35.8	36.0	36.3	36.8	38.4	39.8
NaNO$_3$	73	80	88	96	114	148	180
KCl	27.6	31.0	34.0	37.0	42.6	51.1	56.7
KNO$_3$	13.3	20.9	31.6	45.8	83.5	169	246

由表 5-5 中的数据可以看出，四种盐的溶解度在不同的温度下的差别是非常显著的。氯化钠的溶解度随温度变化不大，而 KNO_3 的溶解度却随温度的升高迅速增大。因此，只要把 $NaNO_3$ 和 KCl 的混合液在较高温度下加热浓缩，首先析出 $NaCl$ 晶体，将 $NaCl$ 晶体趁热

过滤除去,滤液冷却后,其中的 KNO₃ 因溶解度急剧下降而析出,就可得到含少量 NaCl 等杂质的晶体,然后可用重结晶的方法提纯 KNO₃。

三、实验用品

1. 仪器

水泵,烧杯,量筒,表面皿,布氏漏斗,吸滤瓶,台秤。

2. 试剂

$NaNO_3(s)$,$KCl(s)$,$AgNO_3(0.1\ mol \cdot L^{-1})$,$HNO_3(5\ mol \cdot L^{-1})$。

3. 材料

滤纸。

四、实验内容

1. 硝酸钾的制备

(1) 在台秤上称取固体 $NaNO_3$ 22 g,固体 KCl 15 g,放入 100 mL 烧杯中,加入 35 mL 蒸馏水,用酒精灯加热溶解。

(2) 继续加热并不断搅拌,大约蒸发至原溶液体积的 2/3 左右,这时 NaCl 晶体析出。趁热迅速用吸滤法过滤。

(3) 滤液转入 50 mL 烧杯中,冷却,KNO_3 晶体析出,用吸滤法过滤,尽量吸干。

(4) 称重,计算 KNO_3 粗产品的百分率。

2. 用重结晶法提纯 KNO_3

除保留 0.1 g 的粗产品提供纯度检验外,将粗产品放在 50 mL 烧杯中,按 KNO_3∶H_2O =2∶1 的比例计算加水量,加入计算量的蒸馏水,加热搅拌至晶体全部溶解为止。然后冷却,待大量 KNO_3 晶体析出后吸滤,称重,计算产率。

3. 产品纯度的检验

分别称取 0.1 g 的 KNO_3 粗产品和一次重结晶后的产品放入两个小烧杯中,各加入 20 mL 蒸馏水溶解,各取 1 mL 稀释至 10 mL,各加 2 滴 $0.1\ mol \cdot L^{-1}$ $AgNO_3$ 溶液,观察现象,比较纯度。

五、思考题

(1) 产品的主要杂质是什么?

(2) 实验中为何要趁热过滤除去 NaCl 晶体?

实验指导

(1) 除去 NaCl 时,大约蒸发至原溶液体积的 2/3 左右,若所剩溶液的体积较大,则析出的 NaCl 较少,产品的纯度差;若所剩溶液的体积较少,则有部分 KNO_3 析出,产品的产量低。

(2) 加热蒸发析出 NaCl 时,要不断搅拌,否则大量析出的 NaCl 晶体会引起暴沸,使浓的盐溶液溅出烧杯,严重时会将烧杯冲倒。

(3) 趁热抽滤除去 NaCl 时动作要迅速,事先做好充分的准备。为防止抽滤时部分 KNO_3 在吸滤瓶中析出,将吸滤瓶可预先放在沸水浴或烘箱中预热或抽滤时将吸滤瓶放在沸水浴。趁热迅速把滤液转移到小烧杯中。

§5.21　卤素、氧、硫、氮、磷、硅、硼

一、实验目的

（1）比较卤素单质的氧化性和卤离子的还原性，掌握氯的含氧酸盐的氧化性。

（2）掌握 H_2O_2 的性质。

（3）掌握氮、硫、磷、硅、硼常见含氧酸及其盐的性质。

二、实验原理

卤素的价电子构型为 ns^2np^5，是典型的非金属元素。卤素单质在常温下都是以双原子分子存在，它们都是氧化剂，卤素单质的氧化性顺序是 $F_2>Cl_2>Br_2>I_2$，卤离子的还原能力为 $I^->Br^->Cl^->F^-$。

卤化氢易溶于水，其水溶液称为氢卤酸，氢氟酸为弱酸，其余均为强酸，并且具有一定的还原性，其中 HI 的还原性最强。

除氟以外，卤素能形成四种氧化态的含氧酸（次、亚、正、高）。这些含氧酸及其盐在性质上呈现明显的规律性。例如：

$$氧化性：HClO > HClO_2 > HClO_3 > HClO_4$$

$$酸性：HClO < HClO_2 < HClO_3 < HClO_4$$

次氯酸和次氯酸盐都是强氧化剂。例如：

$$NaClO + 2HCl(浓) == Cl_2 \uparrow + NaCl + H_2O$$

$$NaClO + 2KI + H_2O == I_2 + NaCl + 2KOH$$

$$2NaClO + MnSO_4 == MnO_2 \downarrow + Na_2SO_4 + Cl_2 \uparrow$$

卤酸盐在酸性溶液中都是较强的氧化剂，例如：

$$KClO_3 + 6KI + 3H_2SO_4 == 3I_2 + KCl + 3K_2SO_4 + 3H_2O$$

若 $KClO_3$ 过量，则继续发生如下反应：

$$2HClO_3 + I_2 == 2HIO_3 + Cl_2 \uparrow$$

氧族元素位于周期表中 ⅥA 族，其价电子构型为 ns^2np^4。其中氧和硫为较活泼的非金属元素。

H_2O_2 是一种淡蓝色的粘稠液体，通常所用的 H_2O_2 溶液为含 H_2O_2 3％ 或 30％ 的水溶液。H_2O_2 不稳定，易分解放出 O_2，光照、受热、增大溶液碱性或存在痕量重金属物质（如 Cu^{2+}、MnO_2 等），都会加速 H_2O_2 的分解。

$$2H_2O_2 == 2H_2O + O_2 \uparrow$$

H_2O_2 中氧的氧化态居中，所以 H_2O_2 既有氧化性又有还原性。例如：

$$H_2O_2 + 2I^- + 2H^+ = I_2 + 2H_2O$$

$$5H_2O_2 + 2MnO_4^- + 6H^+ = 5O_2\uparrow + 2Mn^{2+} + 8H_2O$$

在酸性溶液中，H_2O_2 与 $Cr_2O_7^{2-}$ 反应生成 $CrO(O_2)_2$。$CrO(O_2)_2$ 不稳定，在水溶液中与 H_2O_2 进一步反应生成 Cr^{3+}。

$$4H_2O_2 + Cr_2O_7^{2-} + 2H^+ = 2CrO(O_2)_2 + 5H_2O$$

$$2CrO(O_2)_2 + 7H_2O_2 + 6H^+ = 2Cr^{3+} + 7O_2\uparrow + 10H_2O$$

由于 $CrO(O_2)_2$ 能与某些有机溶剂如乙醚、戊醇等形成较稳定的蓝色配合物，故此反应常用来鉴定 H_2O_2。

硫化氢稍溶于水，具有较强的还原性，H_2S 的水溶液易被空气中的氧氧化而析出硫。

$$2H_2S + O_2 = 2S\downarrow + 2H_2O$$

SO_2 溶于水生成 H_2SO_3，H_2SO_3 及其盐常作为还原剂，但遇到比其强的还原剂时，则表现出氧化性。

$$H_2SO_3 + I_2 + H_2O = SO_4^{2-} + 2I^- + 4H^+$$

$$5SO_3^{2-} + 2MnO_4^- + 6H^+ = 5SO_4^{2-} + 2Mn^{2+} + 3H_2O$$

$$H_2SO_3 + 2H_2S = 3S\downarrow + 3H_2O$$

$Na_2S_2O_3$ 既有氧化性又有还原性，但以还原性为主。

$$2S_2O_3^{2-} + I_2 = S_4O_6^{2-} + 2I^-$$

$$S_2O_3^{2-} + 4Cl_2 + 5H_2O = 2SO_4^{2-} + 8Cl^- + 10H^+$$

$S_2O_3^{2-}$ 遇酸分解：

$$S_2O_3^{2-} + 2H^+ = SO_2\uparrow + S\downarrow + H_2O$$

$S_2O_3^{2-}$ 与 Ag^+ 反应，$S_2O_3^{2-}$ 过量时，生成配离子：

$$2S_2O_3^{2-} + 2Ag^+ = [Ag(S_2O_3)_2]^{3-}$$

过硫酸盐在酸性介质中具有强氧化性，例如：

$$5S_2O_8^{2-} + 2Mn^{2+} + 8H_2O = 2MnO_4^- + 10SO_4^{2-} + 16H^+$$

Ag^+ 为该反应的催化剂。

氮、磷位于周期表 ⅤA 族，价电子构型分别为 $2s^2 2p^3$ 及 $3s^2 3p^3$。

HNO_2 极不稳定，只能存在于冷的很稀的溶液中，常温下即发生歧化分解：

$$2HNO_2 = NO_2\uparrow + NO\uparrow + H_2O$$

亚硝酸及其盐既具有氧化性又具有还原性。硝酸具有强氧化性。

磷酸为非氧化性的三元中强酸，分子间易脱水缩合而成环状或链状的多磷酸。与磷酸的分级解离相对应，易溶的磷酸盐发生分级水解。在难溶的磷酸盐中，正盐的溶解度最小。

　　硅酸是一种几乎不溶于水的弱酸。由于硅酸易发生缩合作用,所以硅酸从水溶液中析出时一般呈凝胶状,烘干、脱水后可得到硅胶,用 $CoCl_2$ 溶液浸泡后制成的硅胶称为变色硅胶,用作干燥剂。

　　由于硼的价电子数少于其价层轨道数,故硼的化学性质主要表现在缺电子性质上。

　　硼酸为片状晶体,它在热水中的溶解度较大。硼酸是一元弱酸,它在水溶液中不是本身释放 H^+,而是分子中的硼原子加合了来自水的 OH^- 而使水释放出了 H^+:

$$H_3BO_3 + H_2O \Longrightarrow B(OH)_4^- + H^+$$

　　在硼酸溶液中加入多羟基化合物(如甘油),由于生成了比 $[B(OH)_4]^-$ 更稳定的配离子,上述平衡右移,从而大大增强了硼酸的酸性。

　　在浓 H_2SO_4 存在下,硼酸能与醇(如甲醇、乙醇)发生酯化反应生成硼酸酯,该硼酸酯燃烧呈特有的绿色火焰。此性质用于鉴定硼酸及硼酸盐。

　　硼酸可缩合为链状或环状的多硼酸。常见的多硼酸是四硼酸,其盐为硼砂($Na_2B_4O_7 \cdot 10H_2O$)。硼砂、B_2O_3、H_3BO_3 在熔融状态均能溶解一些金属氧化物,并因金属的不同而显示特征的颜色。

三、实验用品

1. 仪器

烧杯,试管,表面皿,离心机,酒精灯。

2. 药品

二氧化锰(s),过二硫酸钾(s),氯化钙(s),氯化钠(s),溴化钾(s),碘化钾(s),硝酸钴(s),硫酸铜(s),硫酸镍(s),硫酸锌(s),三氯化铁(s),硼酸(s),硼砂($Na_2B_4O_7 \cdot 10H_2O$)(s),锌片,HCl(浓、6 $mol \cdot L^{-1}$、2 $mol \cdot L^{-1}$),H_2SO_4(浓、1 $mol \cdot L^{-1}$),HNO_3(浓、0.5 $mol \cdot L^{-1}$),NaOH(6 $mol \cdot L^{-1}$),KI(0.2 $mol \cdot L^{-1}$),KBr(0.1 $mol \cdot L^{-1}$),$KMnO_4$(0.1 $mol \cdot L^{-1}$),$K_2Cr_2O_7$(0.5 $mol \cdot L^{-1}$),$KClO_3$(饱和),NaClO(饱和),NaCl(0.1 $mol \cdot L^{-1}$),$Na_2S_2O_3$(0.2 $mol \cdot L^{-1}$),Na_2SO_3(0.1 $mol \cdot L^{-1}$),$CuSO_4$(0.1 $mol \cdot L^{-1}$),$MnSO_4$(0.2 $mol \cdot L^{-1}$、0.002 $mol \cdot L^{-1}$),$ZnSO_4$(0.1 $mol \cdot L^{-1}$),$CdSO_4$(0.1 $mol \cdot L^{-1}$),$AgNO_3$(0.2 $mol \cdot L^{-1}$),$Hg(NO_3)_2$(0.1 $mol \cdot L^{-1}$),$NaNO_2$(饱和、0.5 $mol \cdot L^{-1}$),Na_3PO_4(0.1 $mol \cdot L^{-1}$),Na_2HPO_4(0.1 $mol \cdot L^{-1}$),NaH_2PO_4(0.1 $mol \cdot L^{-1}$),$Na_4P_2O_7$(0.1 $mol \cdot L^{-1}$),$CaCl_2$(0.5 $mol \cdot L^{-1}$),Na_2SiO_3(20%),$NH_3 \cdot H_2O$(浓、2 $mol \cdot L^{-1}$),H_2O_2(3%),氯水,溴水,碘水,CCl_4,乙醚,无水乙醇,甘油,淀粉溶液(2%),H_2S 溶液(饱和)。

3. 材料

pH 试纸,淀粉碘化钾试纸,醋酸铅试纸,红色石蕊试纸,蓝色石蕊试纸,冰,木条。

四、实验内容

1. 卤素的性质

(1) 卤素的氧化性和卤离子的还原性比较

设计实验,证明氧化性:$Cl_2 > Br_2 > I_2$;证明还原性:$I^- > Br^- > Cl^-$。

(2) 次氯酸盐和氯酸盐的氧化性

① 次氯酸盐的氧化性

取三支试管分别注入 $0.5\ mL$ 饱和次氯酸钠溶液。第一支试管中加入 $4\sim5$ 滴 $0.2\ mol \cdot L^{-1}$ KI 溶液，2 滴 $1\ mol \cdot L^{-1}\ H_2SO_4$ 溶液。第二支试管中加入 $4\sim5$ 滴 $0.2\ mol \cdot L^{-1}$ 的 $MnSO_4$ 溶液。第三支试管中加入 $4\sim5$ 滴浓盐酸。

观察以上实验现象，写出有关反应方程式。

② 氯酸盐的氧化性

向 $0.5\ mL\ 0.2\ mol \cdot L^{-1}$ KI 溶液中，滴加几滴 $1\ mol \cdot L^{-1}\ H_2SO_4$ 酸化，再滴入几滴饱和的 $KClO_3$ 溶液，观察有何现象。继续往该溶液中滴加 $KClO_3$ 溶液，又有何变化，解释实验现象，写出相应的反应方程式。

2. 过氧化氢的性质

(1) H_2O_2 的氧化性和还原性

设计实验，分别证明 H_2O_2 的氧化性和还原性。

(2) H_2O_2 的催化分解

自选催化剂，催化分解 H_2O_2，并通过实验验证。

(3) H_2O_2 的鉴定

在试管中加入 $2\ mL\ 3\%\ H_2O_2$、$0.5\ mL$ 乙醚、$1\ mL\ 1\ mol \cdot L^{-1}\ H_2SO_4$ 和 $3\sim4$ 滴 $0.5\ mol \cdot L^{-1}$ 的 $K_2Cr_2O_7$ 溶液，振荡试管，观察溶液和乙醚层的颜色有何变化。

3. 硫的含氧酸盐的性质

(1) SO_3^{2-} 的氧化还原性

设计实验，分别证明 SO_3^{2-} 的氧化性和还原性，写出有关的反应方程式。

(2) $S_2O_3^{2-}$ 的性质

设计实验验证：

① $S_2O_3^{2-}$ 在酸中的不稳定性；

② $S_2O_3^{2-}$ 的还原性；

③ $S_2O_3^{2-}$ 的配位性。

写出有关的反应方程式。

(3) $S_2O_8^{2-}$ 的氧化性

在试管中加入 $3\ mL\ 1\ mol \cdot L^{-1}\ H_2SO_4$ 溶液、$3\ mL$ 蒸馏水、3 滴 $0.002\ mol \cdot L^{-1}$ $MnSO_4$ 溶液，混合均匀后分为两份。

在第一份中加入少量过二硫酸钾固体。第二份中加入 1 滴 $0.2\ mol \cdot L^{-1}$ $AgNO_3$ 溶液和少量过二硫酸钾固体。将两支试管同时放入同一只热水浴中加热，溶液的颜色有何变化？写出反应方程式。

比较以上实验结果并解释之。

4. 氮的含氧酸及其盐的性质

(1) 亚硝酸和亚硝酸盐

① 亚硝酸的生成和分解

把 $1\ mL\ 3\ mol \cdot L^{-1}\ H_2SO_4$ 溶液和 $1\ mL$ 饱和 $NaNO_2$ 溶液分别在冰水中冷却，然后将两者混合，继续放在冰水中，观察反应情况和产物的颜色。将试管从冰水中取出，放置片刻（在通风橱内进行），观察有何现象发生，写出相应的反应方程式。

② NO_2^- 的氧化性和还原性

设计实验,分别证明 NO_2^- 的氧化性和还原性,写出有关的反应方程式。

(2) 硝酸的氧化性

分别往两支各盛少量锌片的试管中加入 1 mL 浓 HNO_3(在通风橱内进行)和 1 mL $0.5 \text{ mol} \cdot L^{-1}$ HNO_3 溶液,观察两者反应现象。将两滴锌与稀硝酸反应的溶液滴到一只表面皿上,再将润湿的红色石蕊试纸贴于另一只表面皿凹处。向装有溶液的表面皿中加 3 滴 $6 \text{ mol} \cdot L^{-1}$ NaOH 溶液,迅速将贴有试纸的表面皿倒扣其上并且放在热水浴上加热。观察红色石蕊试纸是否变为蓝色。此法称为气室法,用于检验 NH_4^+。写出以上反应的方程式。

5. 磷酸盐的性质

(1) 酸碱性

① 用 pH 试纸测定 $0.1 \text{ mol} \cdot L^{-1}$ Na_3PO_4、Na_2HPO_4 和 NaH_2PO_4 溶液的 pH。

② 分别往三支试管中注入 0.5 mL $0.1 \text{ mol} \cdot L^{-1}$ 的 Na_3PO_4,Na_2HPO_4 和 NaH_2PO_4 溶液,再各滴加入适量的 $0.1 \text{ mol} \cdot L^{-1}$ $AgNO_3$ 溶液。是否有沉淀产生?试验溶液的酸碱性有无变化?解释之。写出有关的反应方程式。

(2) 溶解性

分别取 $0.1 \text{ mol} \cdot L^{-1}$ 的 Na_3PO_4、Na_2HPO_4 和 NaH_2PO_4 溶液各 0.5 mL,加入等量的 $0.5 \text{ mol} \cdot L^{-1}$ $CaCl_2$ 溶液,观察有何现象,用 pH 试纸测定它们的 pH。滴加 $2 \text{ mol} \cdot L^{-1}$ 氨水,各有何变化?再滴加 $2 \text{ mol} \cdot L^{-1}$ 盐酸,又有何变化?

比较磷酸钙、磷酸氢钙、磷酸二氢钙的溶解性,说明它们之间相互转化的条件,写出反应方程式。

(3) 配位性

取 0.5 mL $0.1 \text{ mol} \cdot L^{-1}$ 的 $CuSO_4$ 溶液,逐滴加入 $0.1 \text{ mol} \cdot L^{-1}$ 的焦磷酸钠溶液,观察沉淀的生成,继续滴加焦磷酸钠溶液,至沉淀溶解,写出相应的反应方程式。

6. 硅酸和硅酸盐

1. 硅酸水凝胶的生成

往 2 mL 20% 硅酸钠溶液中慢慢滴加 $6 \text{ mol} \cdot L^{-1}$ 盐酸,观察产物的颜色、状态。

2. 微溶性硅酸盐的生成——"水中花园"

在 100 mL 的小烧杯中加入约 50 mL 20% 的硅酸钠溶液,然后把氯化钙、硝酸钴、硫酸铜、硫酸镍、硫酸锌、三氯化铁固体各一小粒投入杯内(注意各固体之间保持一定间隔),放置一段时间后观察现象。

7. 硼化合物的性质

(1) 硼酸的性质

取一支试管加入 0.5 g H_3BO_3 晶体,加水 1～2 mL 振荡试管,观察是否完全溶解?然后加热,继续观察 H_3BO_3 晶体是否溶解,试说明 H_3BO_3 溶解度与温度的关系。用 pH 试纸试验溶液的酸性,此时往溶液中加入 5 滴甘油,混匀后测其 pH,解释酸度变化的原因。

(2) 硼的焰色反应

取一只瓷坩埚放少许硼砂(或 H_3BO_3),加入约 1 mL 无水乙醇,再加几滴浓 H_2SO_4,混合后点火,观察火焰的颜色,此法常用来鉴定硼酸或硼酸盐。

五、思考题

（1）用碘化钾淀粉试纸检验氯气时，试纸先呈蓝色，当在氯气中放置时间较长后，蓝色褪去，为什么？

（2）氯能从含碘离子的溶液中取代出碘，碘能从氯酸钾溶液中取代氯，这两个反应有无矛盾？

（3）以铅颜料〔$2PbCO_3 \cdot Pb(OH)_2$〕作画，天长日久为什么会变黑？ 如果小心地用 H_2O_2 稀溶液处理，为什么又可以恢复原来的色彩？

（4）长久放置的硫化氢、硫化钠、亚硫酸钠水溶液会发生什么变化？ 为什么？

（5）硫代硫酸钠溶液与硝酸银溶液反应时，为何有时为硫化银沉淀，有时又为 $[Ag(S_2O_3)_2]^{3-}$ 配离子？

（6）试设计利用 H_2O_2 的分解反应制备氧气的实验装置。

（7）NaH_2PO_4 显酸性，是否酸式盐溶液都显酸性？ 举例说明。

（8）为什么说硼酸是一元酸？ 在硼酸溶液中加入多羟基化合物后，溶液的酸度会怎样变化，为什么？

实验指导

（1）本次实验接触到一些有毒、强氧化性、强腐蚀性物质。实验中要注意安全操作。

氯气为剧毒、有刺激性气味的黄绿色气体，少量吸入人体会刺激鼻、喉部，引起咳嗽和喘息，大量吸入甚至会导致死亡。硫化氢是无色有腐蛋臭味的有毒气体，空气中含有 0.05% 的 H_2S 就能引起中毒，它主要是引起人体中枢神经系统中毒，产生头晕、头痛呕吐，严重时可引起昏迷、意识丧失，窒息而至死亡。二氧化硫是剧毒刺激性气体。溴蒸气对气管、肺部、眼、鼻、喉都有强烈的刺激作用，液溴具有强烈的腐蚀性，能灼伤皮肤。氯酸钾是强氧化剂，与可燃物质接触、加热、摩擦或撞击容易引起燃烧和爆炸。所有氮的氧化物均有毒，其中 NO_2 对人类危害最大。NO_2 对人体粘膜造成损害时会引起肿胀充血和呼吸系统损害等多种病症；损害神经系统会引起眩晕、无力、痉挛、面部发绀；损害造血系统会破坏血红素等。

（2）针对自行设计的试验内容，认真查阅参考资料，写出实验操作步骤，注明反应条件和相应的反应方程式。尽可能使用书中所已列出的药品。

（3）很多物质都有催化 H_2O_2 分解的作用，例如新鲜血液中的过氧化氢酶，也具有催化 H_2O_2 分解的作用，因此医院里用 H_2O_2 溶液洗伤口。当 H_2O_2 涂于伤口处时，H_2O_2 立即分解，释放出的氧起消毒杀菌的作用。实验室也常用 MnO_2 催化 H_2O_2 分解。

（4）仔细观察实验现象，做好记录，控制药品用量。

（5）硅酸凝胶的生成实验，一定要慢慢滴加 HCl 溶液。

（6）"水中花园"的生成是由于难溶硅酸盐的半透膜性质产生的。

（7）本次实验所列内容较多，教师可根据教学实际进行取舍。

§5.22　碱金属、碱土金属、铝、锡、铅

一、实验目的

(1) 学习钠、钾、镁、铝单质的还原性。

(2) 掌握锡(Ⅱ)的还原性和铅(Ⅳ)的氧化性。

(3) 掌握碱土金属、铝、锡、铅氢氧化物的生成和性质。

(4) 比较镁、钙、钡的碳酸盐、硫酸盐、铬酸盐、草酸盐的溶解性。

(5) 掌握锡、铅难溶盐的生成和性质。

(6) 学习用焰色反应鉴定元素。

二、实验原理

s 区元素包括ⅠA的碱金属和ⅡA族的碱土金属。它们是活泼金属。

碱金属盐类的最大特点是绝大多数易溶于水,而且在水中能完全电离,只有极少数盐类是微溶的。例如六羟基锑酸钠 $Na[Sb(OH)_6]$、酒石酸氢钾 $KHC_4H_4O_6$、钴亚硝酸钠钾 $K_2Na[CO(NO_2)_6]$ 等。钠、钾的一些微溶盐常用于鉴定钠、钾离子。

碱土金属盐类的重要特征是它们的难溶性,除氯化物、硝酸盐、硫酸镁、铬酸镁易溶于水外,其余碳酸盐、硫酸盐、草酸盐、铬酸盐等皆难溶。

碱金属和部分碱土金属的盐在氧化焰中灼烧时,能使火焰呈现出一定颜色,称为焰色反应。可以根据火焰的颜色定性地鉴别这些元素的存在。

铝位于第ⅢA族,价电子结构为 $3s^2 3p^1$,化学性质活泼,是典型的两性元素,又是一个亲氧元素。铝的标准电极电势的数值虽较负,但在水中稳定,主要是由于金属表面形成了致密的氧化膜,这种氧化膜不溶于水、有良好的抗腐蚀作用。

锡、铅位于第ⅣA族,价电子结构为 $ns^2 np^2$,是中等活泼的金属,主要氧化态为+2、+4,它们的氧化物不溶于水。Sn(Ⅱ)和Pb(Ⅱ)的氢氧化物都是白色沉淀,具有两性。

铅的+2氧化态较稳定,而锡的+4氧化态较稳定,所以 Sn(Ⅱ)具有还原性,Pb(Ⅳ)具有强氧化性。

$PbCl_2$ 是白色沉淀,微溶于冷水,易溶于热水,也溶于浓盐酸中形成配合物 $H_2[PbCl_4]$。PbI_2 为金黄色丝状有亮光的沉淀,易溶于沸水,溶于过量 KI 溶液,形成可溶性配合物 $K_2[PbI_4]$。$PbCrO_4$ 为难溶的黄色沉淀,溶于硝酸和较浓的碱。$PbSO_4$ 为白色沉淀,能溶解于饱和的 NH_4Ac 溶液中。

三、实验用品

1. 仪器

离心机,离心试管,试管,坩埚,烧杯,酒精灯。

2. 试剂

$HCl(2\ mol \cdot L^{-1}、6\ mol \cdot L^{-1}、浓)$,$HNO_3(6\ mol \cdot L^{-1}、浓)$,$H_2SO_4(2\ mol \cdot L^{-1})$,$HAc(2\ mol \cdot L^{-1})$,$NaOH(2\ mol \cdot L^{-1}、6\ mol \cdot L^{-1})$,$Na_2CO_3(0.1\ mol \cdot L^{-1})$,$MgCl_2$

$(0.1\ mol\cdot L^{-1})$，$CaCl_2(0.1\ mol\cdot L^{-1})$，$SrCl_2(0.1\ mol\cdot L^{-1})$，$BaCl_2(0.1\ mol\cdot L^{-1})$，$Al_2(SO_4)_3(0.1\ mol\cdot L^{-1})$，$SnCl_2(0.1\ mol\cdot L^{-1})$，$SnCl_4(0.1\ mol\cdot L^{-1})$，$Pb(NO_3)_2$ $(0.1\ mol\cdot L^{-1})$，$HgCl_2(0.1\ mol\cdot L^{-1})$，$KI(0.1\ mol\cdot L^{-1})$，$Na_2SO_4(0.5\ mol\cdot L^{-1})$，$(NH_4)_2C_2O_4(0.5\ mol\cdot L^{-1})$，$K_2CrO_4(0.1\ mol\cdot L^{-1})$，$MnSO_4(0.1\ mol\cdot L^{-1})$，$Na_2S$ $(1\ mol\cdot L^{-1})$，H_2S（饱和溶液），$Bi(NO_3)_3(0.1\ mol\cdot L^{-1})$，$NH_4Ac$（饱和），$Na^+$、$K^+$、$Ca^{2+}$、$Sr^{2+}$、$Ba^{2+}$试液（$10\ g\cdot L^{-1}$）或固体，酚酞指示剂，金属钠，金属钾，镁条，铝片，$PbO_2(s)$。

3. 材料

铂丝或镍铬丝，砂纸，小刀，镊子，火柴。

四、实验内容

1. 钠、钾、镁、铝单质的还原性

（1）钠、镁、铝与氧的反应

① 金属钠和氧的反应　用镊子夹取一小块金属钠，用滤纸吸干其表面的煤油，放入干燥的坩埚中加热。当钠开始燃烧时，停止加热，观察反应现象及产物的颜色和状态。试自行设计实验判断产物的是 Na_2O 还是 Na_2O_2。

② 镁条在空气中燃烧　取一小段镁条，用砂纸除去表面的氧化物。点燃，观察燃烧情况。

③ 铝在空气中氧化——铝毛的生成

取一小片铝片，用砂纸除去表面的氧化物，然后在其上滴加 4 滴 $0.1\ mol\cdot L^{-1}HgCl_2$ 溶液，用镊子夹住棉球蘸或纸将溶液擦干（注意：剧毒！），将铝片置于空气中，观察铝片上长出的铝毛，写出有关的反应方程式。

（2）钠、钾、镁与水的反应

① 取一小块金属钠，用滤纸吸干其表面煤油，将其放入盛有 1/4 体积水和 1 滴酚酞的 250 mL 烧杯中，观察反应情况。

② 用与①相同的方法做钾与水的反应，并与①的反应现象进行比较。

③ 取一段擦干净的镁条，投入盛有 2 mL 蒸馏水的试管中，加 1 滴酚酞，观察反应情况。水浴加热，继续观察反应现象。

2. 锡（Ⅱ）的还原性和铅（Ⅳ）的强氧化性

（1）锡（Ⅱ）的还原性

① 取 3 滴 $0.1\ mol\cdot L^{-1}HgCl_2$ 溶液，加入 $0.1\ mol\cdot L^{-1}$ $SnCl_2$ 溶液 1 滴，观察现象，继续滴加 $SnCl_2$ 溶液，观察反应现象有何变化？写出有关的反应方程式。此反应可用来鉴定 Sn^{2+} 或 Hg^{2+}。

② 取 0.5 mL $0.1\ mol\cdot L^{-1}SnCl_2$ 溶液，逐滴加入 $6\ mol\cdot L^{-1}NaOH$ 溶液，直到生成的沉淀溶解，再滴加 $0.1\ mol\cdot L^{-1}Bi(NO_3)_3$ 溶液，观察现象。写出反应方程式。此反应可用来鉴定 Sn^{2+} 或 Bi^{3+}。

（2）铅（Ⅳ）的强氧化性

① 取少量 PbO_2 固体，加入浓盐酸，观察现象，写出反应方程式。

② 取少量 PbO_2 固体，加入 2 mL $2\ mol\cdot L^{-1}H_2SO_4$ 及 2 滴 $0.1\ mol\cdot L^{-1}MnSO_4$ 溶液，

微热,静置,观察溶液的颜色,写出反应方程式。

3. 镁、钙、钡、铝、锡、铅氢氧化物的生成和性质

在六支试管中,分别加入 0.5 mL 0.1 mol·L⁻¹ $MgCl_2$、$CaCl_2$、$BaCl_2$、$Al_2(SO_4)_3$、$SnCl_2$、$Pb(NO_3)_2$,然后各逐滴加入 2 mol·L⁻¹ NaOH 溶液。观察沉淀的生成,写出有关的反应方程式。

把以上沉淀各分成两份,分别加入 6 mol·L⁻¹ NaOH 溶液和 6 mol·L⁻¹ HCl 溶液,观察各沉淀是否溶解,写出有关的反应方程式。

4. 碱土金属难溶盐的生成和性质

(1) 碳酸盐的生成和性质

在三支试管中,分别加入 0.5 mL 0.1 mol·L⁻¹ 的 $MgCl_2$、$CaCl_2$ 和 $BaCl_2$ 溶液,再各加入 0.5 mL 0.1 mol·L⁻¹ Na_2CO_3 溶液,稍加热,观察现象。试验各沉淀能否溶于 2 mol·L⁻¹ HAc 溶液。

(2) 硫酸盐的生成和性质

在三支试管中,各加入 0.5 mL 0.1 mol·L⁻¹ 的 $CaCl_2$、$SrCl_2$ 和 $BaCl_2$ 溶液,再各加入 0.5 mol·L⁻¹ Na_2SO_4 溶液,观察沉淀的生成(若无沉淀生成,可用玻璃棒摩擦试管壁)。试验各沉淀是否溶于 6 mol·L⁻¹ HCl 溶液。

(3) 铬酸盐的生成和性质

在三支试管中,各加入 0.5 mL 0.1 mol·L⁻¹ 的 $MgCl_2$,$CaCl_2$ 和 $BaCl_2$ 溶液,再各加入 0.5 mL 0.1 mol·L⁻¹ K_2CrO_4 溶液,观察现象。试验各沉淀是否溶于 2 mol·L⁻¹ HAc 及 2 mol·L⁻¹ HCl 溶液。

(4) 草酸盐的生成和性质

在三支试管中,各加入 0.5 mL 0.1 mol·L⁻¹ 的 $CaCl_2$、$SrCl_2$ 和 $BaCl_2$ 溶液,再各加入数滴 0.5 mL 0.5 mol·L⁻¹ $(NH_4)_2C_2O_4$ 溶液,观察沉淀生成。试验各沉淀是否溶于 2 mol·L⁻¹ HAc 和 2 mol·L⁻¹ HCl 溶液。

5. 锡、铅难溶盐的生成和性质

(1) 铅(Ⅱ)的氯化物和碘化物

① 氯化铅　制取少量 $PbCl_2$ 沉淀,观察其颜色,并分别试验其在热水和浓 HCl 中的溶解情况。

② 碘化铅　制取少量 PbI_2 沉淀,观察其颜色,并比较其在沸水、冷水中的溶解情况。

(2) 铬酸铅

制取少量 $PbCrO_4$ 沉淀,观察其颜色,并分别试验其在 6 mol·L⁻¹ HNO_3 和 6 mol·L⁻¹ NaOH 溶液中的溶解情况。

(3) 硫酸铅

制取少量 $PbSO_4$ 沉淀,观察其颜色,并试验其在饱和 NH_4Ac 溶液中的溶解情况。

(4) 锡、铅的硫化物

① 硫化亚锡和硫化锡　取三支离心试管,各加入 10 滴 0.1 mol·L⁻¹ $SnCl_2$ 溶液,滴加饱和 H_2S 水溶液,观察沉淀的颜色。离心,用蒸馏水洗涤沉淀,然后分别试验沉淀与 6 mol·L⁻¹ HCl、1 mol·L⁻¹ Na_2S 溶液和浓 HNO_3 的作用,写出有关的反应方程式。用 0.1 mol·L⁻¹ $SnCl_4$ 代替 $SnCl_2$ 溶液,进行上述实验,写出有关的反应方程式。

② 硫化铅　取三支离心试管,各加入 10 滴 0.1 mol·L^{-1} Pb(NO$_3$)$_2$溶液,再滴加饱和 H$_2$S 水溶液,观察沉淀的颜色。离心,用蒸馏水洗涤沉淀,然后分别试验沉淀与 6 mol·L^{-1} HCl、1 mol·L^{-1}Na$_2$S 和浓 HNO$_3$的作用,写出有关反应方程式。

6. 碱金属和碱土金属的焰色反应

取镶有铂丝(或镍铬丝)的玻璃棒一根(金属丝的尖端弯成环状),按下列方法清洁:浸铂丝于 6 mol·L^{-1} HCl 中(放在滴板的凹穴内),在煤气灯的氧化焰上灼烧片刻,再浸入酸中,取出再灼烧,如此反复数次,直至火焰不再成任何颜色(用镍铬丝时,仅能烧至呈淡黄色),这时铂丝才算洁净。

用纯净的铂丝蘸取 Na$^+$试液或固体灼烧之,观察火焰的颜色。

用上述的清洁法把铂丝处理干净。用与上面相同的操作,分别观察钾、钙、锶和钡等盐溶液或固体的焰色反应。

五、思考题

(1) 钠和镁的标准电极电势相差无几(分别为－2.71V 和－2.37V),为什么两者与水反应的激烈程度却不相同?

(2) 如何解释镁、钙、钡的氢氧化物和碳酸盐的溶解度大小的递变规律?

(3) 实验室中怎样配制和保存 SnCl$_2$溶液?

(4) 为什么 SnS 不溶于 Na$_2$S,而 SnS$_2$可溶于 Na$_2$S?

(5) 试用两种方法鉴别 SnCl$_2$和 SnCl$_4$。

(6) 若实验室中发生镁燃烧的事故,能否用水或二氧化碳灭火器来扑火?

(7) 设计方案,分离下列混合离子:

Mg^{2+}、Ca^{2+}、Ba^{2+}

要求:① 写出分离的图示步骤;② 记录现象,写出有关反应方程式;③ 保留分离的实验样品,以备检查。

实验指导

(1) 金属钠、钾的保存。金属钠、钾遇水剧烈反应甚至爆炸,通常将它们保存在煤油中,放在阴凉处。使用时应在煤油中切割成小块,用镊子夹取并用滤纸把煤油吸干。切勿与皮肤接触。未用完的金属碎屑不能乱丢。

(2) 做焰色反应实验时,用铂丝鉴定一种元素后,如欲再鉴定另一种元素时,必须把铂丝处理干净。鉴定 K$^+$时,即使有微量的 Na$^+$存在,K$^+$显示的紫色火焰也将 Na$^+$的黄色火焰所遮蔽,故需通过蓝色的钴玻璃观察 K$^+$的火焰,因为蓝色玻璃能够吸收黄色光。

(3) 铝毛实验中,擦干用的棉球蘸或纸不能乱扔。

§5.23　铜、银、锌、镉、汞

一、实验目的

(1) 掌握铜、银、锌、镉、汞常见化合物的生成和性质。

(2) 学习铜、银、汞的氧化还原性,并掌握铜(Ⅰ)与铜(Ⅱ)、汞(Ⅰ)与汞(Ⅱ)的相互转化条件。

二、实验原理

　　ds 区元素包括周期表中的ⅠB 和ⅡB 族中的元素。铜、银位于ⅠB 族,电子构型为$(n-1)d^{10}ns^{1}$,铜的主要化合物的氧化数为$+1$ 和$+2$,银主要形成氧化数为$+1$ 的化合物。锌、镉、汞位于ⅡB 族,电子构型为$(n-1)d^{10}ns^{2}$,它们都能形成氧化数为$+2$ 的化合物,汞还能形成氧化数为$+1$ 的化合物。

　　$Zn(OH)_2$ 为两性。$Cu(OH)_2$ 以碱性为主,但能溶于较浓的 NaOH 溶液中。$Cd(OH)_2$ 基本为碱性。$Hg(OH)_2$ 和 AgOH 很不稳定,极易分解成相应的氧化物。

　　ZnS 为白色,溶于稀 HCl。CdS 为黄色,不溶于稀 HCl 而溶于浓 HCl。CuS 和 AgS 为黑色,两者溶于浓 HNO_3。HgS 为黑色,溶于王水。

　　Cu^{2+}、Ag^+、Zn^{2+}、Cd^{2+}、Hg^{2+} 都易形成配合物,如$[Cu(NH_3)_4]^{2+}$、$[Zn(NH_3)_4]^{2+}$、$[HgI_4]^{2-}$、$[Hg(SCN)_4]^{2-}$、$[Ag(NH_3)_2]^+$ 等。

　　铜和汞的电势图$(E^{\ominus}/V)$分别如下:

$$Hg^{2+} \xrightarrow{0.920} Hg_2^{2+} \xrightarrow{0.797} Hg$$

$$Cu^{2+} \xrightarrow{0.158} Cu^+ \xrightarrow{0.522} Cu$$

　　对于铜来说,$E^{\ominus}_{右} > E^{\ominus}_{左}$,Cu(Ⅰ)易歧化成 Cu(Ⅱ)和 Cu,但当 Cu(Ⅰ)形成沉淀或生成配合物时,在还原剂的作用下,Cu(Ⅱ)也能转化为 Cu(Ⅰ)的化合物。

　　对于汞来说,与铜相反,$E^{\ominus}_{右} < E^{\ominus}_{左}$,Hg(Ⅱ)和 Hg 反应易转化为 Hg(Ⅰ)。但当 Hg(Ⅱ)生成沉淀或配合物时,Hg(Ⅰ)也能转化成 Hg(Ⅱ)的化合物。

三、实验用品

　　1. 仪器

　　恒温水浴箱,离心机,试管,烧杯。

　　2. 试剂

　　Cu 粉,Hg,HCl(2 mol·L^{-1}、6 mol·L^{-1}、浓),H_2SO_4(3 mol·L^{-1}),HNO_3(2 mol·L^{-1}、6 mol·L^{-1}、浓),H_2S(饱和),NaOH(2 mol·L^{-1}、6 mol·L^{-1}、40%),$NH_3·H_2O$(2 mol·L^{-1}、浓),$CuCl_2$(0.5 mol·L^{-1}),KI(0.1 mol·L^{-1}),NaCl(0.1 mol·L^{-1}),$Na_2S_2O_3$(0.1 mol·L^{-1}),$AgNO_3$(0.1 mol·L^{-1}),$ZnSO_4$(0.1 mol·L^{-1}),$CuSO_4$(0.1 mol·L^{-1}),$Hg(NO_3)_2$(0.1 mol·L^{-1}),$CdSO_4$(0.1 mol·L^{-1}),葡萄糖溶液(10%),NH_4Cl(0.1 mol·L^{-1}),NH_4SCN(0.1 mol·L^{-1})。

四、实验内容

　　1. 氢氧化物或氧化物的生成和性质

　　(1)氢氧化铜的生成和性质

　　取三支试管(A,B,C),各加入 0.5 mL 0.1 mol·L^{-1} $CuSO_4$溶液,分别滴加 2 mol·L^{-1} NaOH 溶液,观察现象。然后将 A 管沉淀加热,往 B 管加 3 mol·L^{-1} H_2SO_4,C 管加过量

的 40%NaOH 溶液,观察现象并写出有关反应方程式。

(2) 氧化银的生成和性质

取两支离心试管(A,B),各加入 0.5 mL 0.1 mol·L⁻¹ AgNO₃溶液,慢慢滴加新配制的 2 mol·L⁻¹ NaOH 溶液,观察现象。离心,弃去上层清液,用蒸馏水洗涤沉淀,在 A 管中加入 2 mol·L⁻¹ HNO₃,在 B 管中加入 2 mol·L⁻¹ NH₃·H₂O,观察现象。写出有关的反应方程式。

(3) 锌、镉氢氧化物的生成和性质

取两支试管(A,B),各加入 1 mL 0.1 mol·L⁻¹ ZnSO₄溶液,分别滴加入 2 mol·L⁻¹ NaOH 溶液,观察沉淀的生成,然后在 A 管中加入 2 mol·L⁻¹ HCl,在 B 管中加入 2 mol·L⁻¹ NaOH 溶液,观察现象。写出有关的反应方程式。

用 0.1 mol·L⁻¹ CdSO₄取代 0.1 mol·L⁻¹ ZnSO₄,做上述实验。

(4) 氧化汞的生成和性质

取一支离心试管,加入 0.5 mL 0.1 mol·L⁻¹ Hg(NO₃)₂溶液,然后滴加 2 mol·L⁻¹ NaOH 溶液,观察现象。离心,弃去上层清液,加入 2 mol·L⁻¹ HCl 溶液,观察现象。

2. 硫化物的生成和性质

自行设计方案,分别生成铜、银、锌、镉、汞的硫化物沉淀,并分别选一种试剂将它们溶解。

3. 配合物的生成和性质

(1) 氨合物的生成

取 0.1 mol·L⁻¹ CuSO₄、0.1 mol·L⁻¹ AgNO₃、0.1 mol·L⁻¹ ZnSO₄、0.1 mol·L⁻¹ CdSO₄溶液各 0.5 mL,分别滴加 2 mol·L⁻¹ NH₃·H₂O,观察沉淀的生成,加入过量 NH₃·H₂O,各又有什么变化?写出有关的反应方程式。用 0.1 mol·L⁻¹ Hg(NO₃)₂溶液做同样实验,观察现象。

(2) 汞配合物的生成

取 1 滴 0.1 mol·L⁻¹ Hg(NO₃)₂溶液,滴加 0.1 mol·L⁻¹ KI,观察沉淀的生成,继续滴加至沉淀刚好溶解,写出反应方程式。然后在溶液中加入数滴 40%NaOH 溶液,再加几滴 0.1 mol·L⁻¹ NH₄Cl 溶液,生成红棕色沉淀物,这个反应常用来鉴定 NH₄⁺。

取 5 滴 0.1 mol·L⁻¹ Hg(NO₃)₂溶液,滴加 0.1 mol·L⁻¹ NH₄SCN,观察沉淀的生成,继续滴加至沉淀刚好溶解。再往该溶液中加几滴 0.1 mol·L⁻¹ ZnSO₄溶液,观察白色沉淀 Zn[Hg(SCN)₄]的生成,若现象不明显,可以用玻璃棒摩擦试管壁,该反应可定性检验 Zn²⁺。

4. 铜、银、汞的氧化还原性

(1) 铜的氧化还原性

① 氧化亚铜的生成和性质

取一支试管,加入 0.5 mL 0.1 mol·L⁻¹ CuSO₄溶液,加入过量 6 mol·L⁻¹ NaOH 溶液,至沉淀溶解溶液呈深蓝色,再加入数滴 10%葡萄糖溶液,摇匀,放在水浴中微热,观察现象。离心分离,用蒸馏水洗涤沉淀,往沉淀中加入 3 mol·L⁻¹ H₂SO₄溶液,观察现象,写出有关方程式。

② 氯化亚铜的生成和性质

取一支试管,加入 10 mL 0.5 mol·L^{-1} $CuCl_2$溶液,加入浓盐酸 3 mL 和少量铜粉,加热振荡,直至溶液呈深棕色。吸出少量溶液,加到盛有 10 mL 蒸馏水的试管中,如有白色沉淀产生,迅速把全部溶液倾倒入一个盛有 100 mL 蒸馏水的烧杯中,静置,让沉淀沉降,洗涤沉淀。

取两份少许沉淀,一份与浓 $NH_3·H_2O$ 作用,一份与浓盐酸作用,观察现象,写出有关的反应方程式。

③ 碘化亚铜的生成

取 1 mL 0.1 mol·L^{-1} $CuSO_4$溶液,滴加 0.1 mol·L^{-1} KI 溶液,观察现象;再滴加 0.1 mol·L^{-1} $Na_2S_2O_3$溶液(不宜过多),观察现象,写出反应方程式。

(2) 银的氧化还原性

取一支试管,依次用 6 mol·L^{-1} NaOH 和蒸馏水洗净,加入 2 mL 0.1 mol·L^{-1} $AgNO_3$溶液,逐滴加入 2 mol·L^{-1} $NH_3·H_2O$,至生成的沉淀刚好溶解。再往溶液中加入 2 滴 $NH_3·H_2O$,然后加入 10% 葡萄糖溶液数滴,摇匀后把试管放在水浴中加热,观察试管壁上有何变化? 说明原因,写出反应方程式。实验完毕,用 6 mol·L^{-1} HNO_3溶解银镜,并回收。

(3) 汞的氧化还原性

取 1 mL 0.1 mol·L^{-1} $Hg(NO_3)_2$溶液,加入 1 滴汞,充分振荡,用滴管把清液转移到另外两支试管中(余下的汞回收)。在一支试管中滴加 0.1 mol·L^{-1} NaCl,另一支试管中滴加 2 mol·L^{-1} $NH_3·H_2O$,观察现象,写出反应方程式。

5. 设计分离和鉴别方案

分离和鉴定下列各组混合离子(任选一组):

(1) Cu^{2+}、Ag^+、Hg_2^{2+}、Hg^{2+}

(2) Al^{3+}、Ag^+、Zn^{2+}、Hg^{2+}

(3) Cu^{2+}、Ag^+、Zn^{2+}、Cd^{2+}

要求:① 写出分离鉴定的图示步骤;② 记录现象,写出有关反应方程式;③ 保留鉴定实验的样品,以备检查。

五、思考题

(1) 进行银镜反应时,为什么要先把银离子转变成银氨离子? 如何才能使镀层光亮? 如何洗净试管上的银镜?

(2) 使用汞时应注意什么? 为什么储存汞要用水封?

(3) 制备 CuI 沉淀时,加入 $Na_2S_2O_3$ 溶液的目的是什么? 为什么不宜加入过量的 $Na_2S_2O_3$溶液?

(4) 有两瓶失落标签的试剂,已知是甘汞和升汞,试用两种化学方法鉴别它们。

(5) 比较 Cu^{2+}、Ag^+、Zn^{2+}、Cd^{2+}、Hg^{2+}、Hg_2^{2+} 与氨水的反应。

实验指导

(1) $Cu(OH)_2$ 微显两性,能溶于浓碱。在浓 NaOH 中形成蓝紫色 $[Cu(OH)_4]^{2-}$ 配位离子。

（2）由于制备条件不同，Cu_2O 晶粒的大小差异，可呈现黄、橙、红等不同的颜色。

（3）银镜反应实验中，若试管不干净，往往生成黑色沉淀，得不到光亮的银镜。

银镜反应方程式：

$$2Ag(NH_3)_2^+ + C_6H_{11}O_5CHO + 2OH^- = 2Ag\downarrow + C_5H_{11}O_5COO^- + NH_4^+ + 3NH_3 + H_2O$$

（4）汞的安全使用。汞易挥发，它在人体内会积累起来，引起慢性中毒。所以贮存时，要加入适量的水，使汞在水面下，以减少挥发。使用时，应将盛有汞的容器放在搪瓷盆上，以免汞洒落在桌子上或地上。万一洒落时，要用吸管尽可能地把汞吸起来。并用硫磺粉洒在汞洒落的地方，使汞转变为硫化汞。

（5）含镉、汞废液的处理：任意排放含镉、汞的废液，会造成环境的污染，应设法使镉、汞转化为难溶物而除去。

① 镉废液的处理：在废液中加石灰或电石渣，使镉离子转变为难溶的 $Cd(OH)_2$ 沉淀除去。

$$Cd^{2+} + 2OH^- = Cd(OH)_2\downarrow$$

② 含汞废液的处理：用废铜屑、锌粒作为还原剂处理废液，可直接回收金属汞。或在废液中加入 Na_2S，使汞转变成难溶的 HgS 沉淀而除去，除汞效率可达 99%。

$$Hg^{2+} + S^{2-} = HgS\downarrow$$

（6）教师可根据实际教学需要，选择相应的实验项目。

§5.24　铬、锰、铁、钴、镍

一、实验目的

（1）掌握铬、锰、铁、钴、镍各主要氧化态化合物的性质。

（2）掌握铁、钴、镍配合物的生成和性质。

二、实验原理

铬是ⅥB族元素，原子的价电子层结构为 $3d^5 4s^1$，常见的是氧化态为 $+3$ 和 $+6$ 的化合物。

铬（Ⅲ）盐与氨水或氢氧化钠溶液反应，生成灰蓝色的 $Cr(OH)_3$ 胶状沉淀，它具有两性，既溶于酸又溶于碱。铬（Ⅲ）具有还原性，且在碱性介质中的还原性较强。例如：

$$2CrO_2^- + 3H_2O_2 + 2OH^- = 2CrO_4^{2-} + 4H_2O$$

常见的铬（Ⅵ）的化合物是铬酸盐和重铬酸盐。这两种酸根在水溶液中可以相互转化。

$$2CrO_4^{2-} + 2H^+ \rightleftharpoons Cr_2O_7^{2-} + H_2O$$

当重铬酸盐遇 Ba^{2+}、Pb^{2+}、Ag^+ 等离子时，将生成溶度积小的铬酸盐。所以无论向铬酸盐溶液或重铬酸盐溶液中加入这些离子，生成的都是铬酸盐沉淀。例如：

$$Cr_2O_7^{2-} + 2Ba^{2+} + H_2O \Longrightarrow 2H^+ + 2BaCrO_4 \downarrow$$

铬（Ⅵ）在酸性介质中表现出强氧化性。例如：

$$Cr_2O_7^{2-} + 3SO_3^{2-} + 8H^+ \Longrightarrow 2Cr^{3+} + 3SO_4^{2-} + 4H_2O$$

$$Cr_2O_7^{2-} + 6Fe^{2+} + 14H^+ \Longrightarrow 2Cr^{3+} + 6Fe^{3+} + 7H_2O$$

锰为ⅦB族元素，原子的价电子层结构为 $3d^5 4s^2$，常见的是氧化态为 $+2$、$+4$ 和 $+7$ 的化合物。

锰（Ⅱ）盐与碱或氨水反应，生成白色的 $Mn(OH)_2$ 沉淀。$Mn(OH)_2$ 为碱性氢氧化物，在空气中易被氧化。

$$2Mn(OH)_2 + O_2 \Longrightarrow 2MnO(OH)_2$$

锰（Ⅱ）在酸性介质中比较稳定，当遇到强氧化剂如 $NaBiO_3$、PbO_2、$K_2S_2O_8$ 等，被氧化成紫色的 MnO_4^-。

二氧化锰是锰（Ⅳ）的重要化合物，在酸性介质中二氧化锰是一种强氧化剂。

$$MnO_2 + SO_3^{2-} + 2H^+ \Longrightarrow Mn^{2+} + SO_4^{2-} + H_2O$$

$$MnO_2 + 4HCl(浓) \Longrightarrow MnCl_2 + Cl_2 \uparrow + 2H_2O$$

在碱性条件下，二氧化锰可被氧化为锰（Ⅵ）的化合物。

$$2MnO_2 + 4KOH + O_2 \Longrightarrow 2K_2MnO_4 + 2H_2O$$

K_2MnO_4 只有在强碱性溶液中（ $pH \geqslant 12$ ）才能稳定。如果在酸性、弱碱性或中性条件下，会发生歧化反应。

$$3MnO_4^{2-} + 4H^+ \Longrightarrow 2MnO_4^- + MnO_2 \downarrow + 2H_2O$$

锰（Ⅶ）的化合物中最常见的是高锰酸钾。它是强氧化剂，它的还原产物受介质的酸碱性的影响。例如：

$$2MnO_4^- + 5SO_3^{2-} + 6H^+ \Longrightarrow 2Mn^{2+} + 5SO_4^{2-} + 3H_2O$$

$$2MnO_4^- + 3SO_3^{2-} + H_2O \Longrightarrow 2MnO_2 \downarrow + 3SO_4^{2-} + 2OH^-$$

$$2MnO_4^- + SO_3^{2-} + 2OH^- \Longrightarrow 2MnO_4^{2-} + SO_4^{2-} + H_2O$$

铁、钴、镍为ⅧB族元素，也称为铁系元素。常见的氧化态为 $+2$、$+3$。

二价态的氢氧化物具有还原性，还原性的递变规律为：

$$Fe(OH)_2 > Co(OH)_2 > Ni(OH)_2$$

例如，$Fe(OH)_2$ 很快被空气中的氧氧化，$Co(OH)_2$ 缓慢被空气中的氧氧化，而 $Ni(OH)_2$ 则不能被空气中的氧氧化。

三价态的氢氧化物具有氧化性，氧化性的递变规律为：

$$Fe(OH)_3 < Co(OH)_3 < Ni(OH)_3$$

例如，分别用浓盐酸处理这三种氢氧化物，发生的反应如下：

$$Fe(OH)_3 + 3HCl = FeCl_3 + 3H_2O$$

$$2Co(OH)_3 + 6HCl = 2CoCl_2 + Cl_2 \uparrow + 6H_2O$$

$$2Ni(OH)_3 + 6HCl = 2NiCl_2 + Cl_2 \uparrow + 6H_2O$$

铁系元素能形成多种配合物。这些配合物的形成,常常作为 Fe^{2+}、Fe^{3+}、Co^{2+}、Ni^{2+} 的鉴定方法。

三、实验用品

1. 仪器

离心机,离心试管,试管,酒精灯,石棉网。

2. 试剂

$(NH_4)_2Cr_2O_7(s)$,$NaBiO_3(s)$,$MnO_2(s)$,$(NH_4)_2Fe(SO_4)_2 \cdot 6H_2O(s)$,$NH_4Cl(s)$,$H_2SO_4(2\ mol \cdot L^{-1})$,$HCl(浓,2\ mol \cdot L^{-1})$,$NaOH(2\ mol \cdot L^{-1}、6\ mol \cdot L^{-1})$,$NH_3 \cdot H_2O$ $(2\ mol \cdot L^{-1}、6\ mol \cdot L^{-1},浓)$,$K_2Cr_2O_7(0.1\ mol \cdot L^{-1})$,$KMnO_4(0.01\ mol \cdot L^{-1})$,$KI$ $(0.1\ mol \cdot L^{-1})$,$Na_2SO_3(0.1\ mol \cdot L^{-1})$,$BaCl_2(0.1\ mol \cdot L^{-1})$,$Pb(NO_3)_2$ $(0.1\ mol \cdot L^{-1})$,$Cr_2(SO_4)_3(0.1\ mol \cdot L^{-1})$,$MnSO_4(0.1\ mol \cdot L^{-1})$,$AgNO_3$ $(0.1\ mol \cdot L^{-1})$,$K_2CrO_4(0.1\ mol \cdot L^{-1})$,$CoCl_2(0.5\ mol \cdot L^{-1})$,$NiSO_4(0.2\ mol \cdot L^{-1})$,$FeSO_4(0.1\ mol \cdot L^{-1})$,$FeCl_3(0.1\ mol \cdot L^{-1})$,$K_3[Fe(CN)_6](0.1\ mol \cdot L^{-1})$,$K_4[Fe(CN)_6](0.1\ mol \cdot L^{-1})$,$KSCN(1\ mol \cdot L^{-1})$,$NaClO(饱和)$,$H_2O_2(3\%)$,乙醚,氯水,戊醇,$CCl_4$,丁二酮肟(1%)。

3. 材料

KI 淀粉试纸。

四、实验内容

1. 铬的重要化合物的性质

(1) $(NH_4)_2Cr_2O_7$ 的分解

在一支干燥的大试管中加入少量的 $(NH_4)_2Cr_2O_7(s)$,将试管垂直固定,用酒精灯加热,观察反应现象,写出反应方程式。

(2) 设计方案,完成下列转化:

$$Cr^{3+} \xrightarrow{①} CrO_2^- \xrightarrow{②} CrO_4^{2-} \xrightarrow{③} Cr_2O_7^{2-} \xrightarrow{⑤} Cr^{3+}$$

要求:写出各转化实验的实验步骤;记录现象,解释并写出反应方程式。

(3) 难溶性铬酸盐的生成和性质

在三支试管各加入 1 mL 0.1 mol · L⁻¹ K_2CrO_4 溶液,分别滴加 0.1 mol · L⁻¹ 的 $AgNO_3$ 溶液、$BaCl_2$ 溶液及 $Pb(NO_3)_2$ 溶液,观察产物的颜色和状态,写出反应方程式。

2. 锰的重要化合物

(1) $Mn(OH)_2$ 的生成和性质

在二支试管各加入 1 mL 0.1 mol · L⁻¹ $MnSO_4$ 溶液,另取一支试管加入 2 mL 2 mol · L⁻¹ NaOH 溶液,加热煮沸,除去 O_2,再用长滴管吸取该 NaOH 溶液伸入盛有

$MnSO_4$ 溶液试管底部,挤压胶头放出 NaOH 溶液(整个操作过程要尽量避免将空气带进溶液)。观察二支试管中的产物的颜色和状态。在其中一支试管内加入 2 mol·L^{-1} HCl 溶液数滴,观察沉淀是否溶解。在另一支试管中加入 2 mol·L^{-1} NaOH 溶液,观察沉淀是否溶解,放置一段时间后,观察沉淀颜色有何变化? 写出有关反应方程式。

(2) 设计方案,完成下列转化:

$$MnO_4^{2-} \underset{③}{\overset{④}{\rightleftarrows}} MnO_4^- \underset{②}{\overset{①}{\rightleftarrows}} Mn^{2+}$$

$$\downarrow ⑤ \quad \underset{⑦}{\overset{⑥}{\rightleftarrows}}$$

$$MnO_2$$

要求:写出各转化实验的实验步骤;记录现象,解释并写出反应方程式。

3. 铁、钴、镍的重要化合物

(1) M(Ⅱ)氢氧化物的生成和性质

① 氢氧化亚铁的生成和性质

取一支试管,加入 1 mL 蒸馏水和几滴稀 H_2SO_4,煮沸赶尽溶于水中的 O_2,然后加入少量$(NH_4)_2Fe(SO_4)_2·6H_2O$ 晶体使其溶解。在另一试管中加入 1 mL 6 mol·L^{-1} NaOH 溶液,小心煮沸,除去 O_2。冷却后,用一支长滴管吸取该 NaOH 溶液,将滴管插到盛$(NH_4)_2Fe(SO_4)_2$溶液试管的底部,慢慢放出 NaOH 溶液(此步操作目的是为避免将空气中O_2带入溶液),观察产物的颜色及状态。摇荡后,放置一段时间,观察有何变化? 解释现象并写出反应方程式。

② 氢氧化钴(Ⅱ)的生成和性质

在一支试管中加入 0.5 mL 0.5 mol·L^{-1} $CoCl_2$溶液,再滴加 2 mol·L^{-1} NaOH 溶液,直到生成 $Co(OH)_2$ 沉淀。放置一段时间,观察有何变化? 解释现象并写出反应方程式。

③ 氢氧化镍(Ⅱ)的生成和性质

在一支试管加入 0.5 mL 0.2 mol·L^{-1} $NiSO_4$溶液,再滴加 2 mol·L^{-1} NaOH 溶液,观察现象。放置一段时间后,有何变化? 解释现象。

根据上述实验结果,比较 Fe(Ⅱ)、Co(Ⅱ)、Ni(Ⅱ)氢氧化物还原性强弱及其递变规律。

(2) M(Ⅲ)氢氧化物的生成和性质

① 氢氧化铁的生成和性质

取 1 mL 0.1 mol·L^{-1} $FeCl_3$ 溶液,滴加 2 mol·L^{-1} NaOH 溶液,观察现象。然后加 0.5 mL 浓 HCl 溶液,观察有何现象,并用 KI 淀粉试纸检验是否有氯气产生。在此 $FeCl_3$ 溶液中滴加数滴 0.1 mol·L^{-1}KI 溶液和 0.5 mL CCl_4,振荡后,观察现象,写出反应方程式。

② 氢氧化钴(Ⅲ)的生成和性质

取 0.5 mL 0.5 mol·L^{-1} $CoCl_2$溶液,滴加 2 mol·L^{-1} NaOH 溶液和氯水数滴,得棕色氢氧化钴(Ⅲ)沉淀,然后在沉淀中加入浓 HCl 0.5 mL,观察现象,并用 KI 淀粉试纸检验是否有氯气产生,写出反应方程式。

③ 氢氧化镍(Ⅲ)的生成和性质

取 0.5 mL 0.2 mol·L^{-1} $NiSO_4$溶液,滴加 2 mol·L^{-1} NaOH 溶液和氯水数滴,得棕黑色氢氧化镍(Ⅲ)沉淀。然后加入浓 HCl 0.5 mL,观察现象,并用 KI 淀粉试纸检验是否有氯气产生,写出反应方程式。

综合上述实验:① 比较铁、钴、镍 M(Ⅲ)氢氧化物与 M(Ⅱ)氢氧化物的颜色何不同? ② 比较 Fe(Ⅲ)、Co(Ⅲ)、Ni(Ⅲ)氢氧化物氧化性强弱及其变化规律。

(3) 铁、钴、镍的配合物

① 铁配合物的生成和性质

(a) 取 0.5 mL 0.1 mol·L^{-1} $FeSO_4$ 溶液,加入 1 滴 0.1 mol·L^{-1} $K_3[Fe(CN)_6]$ 溶液,观察蓝色沉淀的生成。写出反应方程式。此反应可作为 Fe^{2+} 的鉴定反应。

(b) 取 0.5 mL 0.1 mol·L^{-1} $FeCl_3$ 溶液,加入 1 滴 0.1 mol·L^{-1} $K_4[Fe(CN)_6]$ 溶液,观察蓝色沉淀的生成,写出反应方程式。此反应可作为 Fe^{3+} 的鉴定反应。

(c) 取 0.5 mL 0.1 mol·L^{-1} $FeCl_3$ 溶液,滴加 1 mol·L^{-1} KSCN 溶液,观察现象,写出反应方程式。此反应可作为 Fe^{3+} 的鉴定反应。

② 钴配合物的生成和性质

(a) 取几滴 0.5 mol·L^{-1} $CoCl_2$ 溶液,加入 0.5 mL 戊醇,然后滴加 1 mol·L^{-1} KSCN 溶液,振荡,戊醇层呈现蓝色表示有 Co^{2+} 存在,写出反应方程式。此反应可作为 Co^{2+} 的鉴定反应。

(b) 取 0.5 mL 0.5 mol·L^{-1} $CoCl_2$ 溶液,加入少量 NH_4Cl 固体,然后滴加浓 NH_3·H_2O,观察黄褐色 $[Co(NH_3)_6]^{2+}$ 配合物的生成。静置一段时间,观察溶液颜色有何变化(必要时可以滴加 3‰ H_2O_2 溶液并加少量活性炭作催化剂)。如果溶液变为橙黄色,则表示有 $[Co(NH_3)_6]^{3+}$ 生成,解释现象。

③ 镍的配合物

(a) 取几滴 0.2 mol·L^{-1} $NiSO_4$ 溶液,加 2 滴 6 mol·L^{-1} NH_3·H_2O,再加入 1 滴 1‰ 丁二酮肟(又名二乙酰二肟)的乙醇溶液,生成桃红色沉淀,表示有 Ni^{2+} 存在,写出反应方程式。此反应可作为 Ni^{2+} 的鉴定反应。

(b) 取 2 mL 0.2 mol·L^{-1} $NiSO_4$ 溶液,滴加 2 mol·L^{-1} NH_3·H_2O,观察现象。再加入过量浓 NH_3·H_2O,观察沉淀溶解情况及溶液颜色的变化,解释现象,并写出反应方程式。

五、思考题

(1) 不用其他试剂,将下列几种溶液一一鉴别出来:

$AgNO_3$,NaOH,KNCS,$FeCl_3$,$SnCl_2$,$CoCl_2$,$NiSO_4$,K_2CrO_4

(2) 某实验小组在做 Na_2O_2 和 $KMnO_4$ 反应的实验时,发现所加 H_2SO_4 溶液的量不同,出现下列三种现象:加少量 H_2SO_4 时溶液呈绿色,适量时生成棕色沉淀,过量时溶液几乎无色。试解释之。

(3) 浓盐酸与 $Fe(OH)_3$、$Co(OH)_3$ 和 $Ni(OH)_3$ 的反应有何不同? 为什么?

(4) 为什么向 $K_2Cr_2O_7$ 溶液中加入 $BaCl_2$ 溶液,得到的沉淀是 $BaCrO_4$ 而不是 $BaCr_2O_7$?

(5) 向 $FeCl_3$ 溶液中加入 NH_4SCN 溶液,再加入饱和的 NaF 溶液,溶液的颜色有什么变化,为什么? 用 NH_4SCN 鉴定 Co^{2+} 时,Fe^{3+} 存在干扰,如何排除 Fe^{3+} 的干扰?

(6) 变色硅胶中含有的氯化钴起什么作用?

(7) 设计方案,分离和鉴定下列各组混合离子:

① Al^{3+}、Cr^{3+}、Mn^{2+}、Zn^{2+}

② Fe^{3+}、Al^{3+}、Cr^{3+}、Ni^{2+}

③ Cr^{3+}、Fe^{3+}、Co^{2+}、Ni^{2+}

实验指导

(1) $KMnO_4$ 固体与浓 H_2SO_4 相混合是一种极强的氧化剂,因为有 Mn_2O_7 生成,它受热能发生爆炸。与有机物质接触,可发生剧烈的爆炸或燃烧,因此千万要小心。

(2) Co^{2+} 与 $NaOH$ 反应生成 $Co(OH)_2$ 沉淀,由于沉淀颗粒的大小、溶液的碱度及所吸附的离子等因素的影响,可出现蓝色、绿色和粉红色三种沉淀。一般蓝色沉淀较不稳定,放置或加热都可转变为粉红色。

(3) 二价钴的水合盐(或水溶液)是粉红色的,脱水时通常呈蓝色。由于蓝色的 $CoCl_2$ 在潮湿的空气中变为粉红色,故可用于检出水分。变色硅胶就是掺有 $CoCl_2$(作指示剂)的硅胶,它吸水后变红,就是这个道理。它们的相互转化温度和特征颜色如下:

$$CoCl_2 \cdot 6H_2O \xrightarrow{325.3K} CoCl_2 \cdot 2H_2O \xrightarrow{363K} CoCl_2 \cdot H_2O \xrightarrow{393K} CoCl_2$$
$$\text{粉红} \qquad\qquad \text{紫红} \qquad\qquad \text{蓝紫} \qquad\qquad \text{蓝色}$$

(4) $CoCl_2$ 与氨水反应,当有铵盐存在时,则抑制氨水电离而形成 $[Co(NH_3)_6]^{2+}$,使溶液呈黄褐色。

$$CoCl_2 + 6NH_3 \cdot H_2O \underset{}{\overset{NH_4Cl}{\rightleftharpoons}} [Co(NH_3)_6]^{2+} + 2Cl^- + 6H_2O$$

$[Co(H_2O)_6]^{2+}$ 不稳定,可被空气氧化为橙黄色的 $[Co(H_2O)_6]^{3+}$:

$$4[Co(NH_3)_6]^{2+} + O_2 + 2H_2O =\!=\!= 4[Co(NH_3)_6]^{3+} + 4OH^-$$

(5) 过去和近来的不少无机(或普通)化学教材或实验书上,都把 Fe^{3+} 与 $K_4[Fe(CN)_6]$ 反应生成的蓝色沉淀称为普鲁士蓝,把 Fe^{2+} 与 $K_3[Fe(CN)_6]$ 反应生成的蓝色沉淀称为腾氏蓝,并把这两个反应的方程式表示为:

$$4Fe^{3+} + 3[Fe(CN)_6]^{4-} =\!=\!= Fe_4[Fe(CN)_6]_3 \downarrow$$

$$3Fe^{2+} + 2[Fe(CN)_6]^{3-} =\!=\!= Fe_3[Fe(CN)_6]_2 \downarrow$$

随着科学技术的不断发展,已由 X 射线、磁性数据都证明了普鲁士蓝和腾氏蓝的组成和结构完全相同,是属于同一种物质。为了更合理地反映这一事实,不少教材都把它们的组成统一表示为 $KFe[Fe(CN)_6] \cdot H_2O$,并称之为"铁蓝"。

(6) 制取 $Mn(OH)_2$ 和 $Fe(OH)_2$ 的操作过程要避免将空气带入溶液中。

第六章 综合实验

§6.1 硫酸亚铁铵的制备与含量分析

一、实验目的

(1) 掌握复盐的一般特性及硫酸亚铁铵的制备方法。

(2) 熟练掌握水浴加热、蒸发、结晶和减压过滤等基本操作。

(3) 掌握高锰酸钾法测定 Fe^{2+} 的方法及 Fe^{3+} 定性检验方法。

二、实验原理

1. 硫酸亚铁铵的制备

$FeSO_4$ 易被空气中的氧气所氧化。若在 $FeSO_4$ 溶液中加入与之等物质的量的 $(NH_4)_2SO_4$，能生成不易被空气氧化的复盐 $FeSO_4 \cdot (NH_4)_2SO_4 \cdot 6H_2O$，该晶体叫摩尔盐，在定量分析中常用来配制亚铁离子的标准溶液。本实验利用 $FeSO_4 \cdot (NH_4)_2SO_4 \cdot 6H_2O$ 的溶解度比 $(NH_4)_2SO_4$ 和 $FeSO_4 \cdot 7H_2O$ 的溶解度小这一特点，从 $FeSO_4$ 和 $(NH_4)_2SO_4$ 的混合液中析出 $FeSO_4 \cdot (NH_4)_2SO_4 \cdot 6H_2O$ 复盐晶体。

表 6-1 $(NH_4)_2SO_4$、$FeSO_4 \cdot 7H_2O$、$FeSO_4 \cdot (NH_4)_2SO_4 \cdot 6H_2O$ 在水中的溶解度(g/100 g H_2O)

$T/℃$	10	20	30	40	50
$(NH_4)_2SO_4$	73.0	75.4	78.0	81.0	84.5
$FeSO_4 \cdot 7H_2O$	40.0	48.0	60.0	73.3	—
$FeSO_4 \cdot (NH_4)_2SO_4 \cdot 6H_2O$	18.1	21.2	24.5	27.9	31.3

本实验先采用铁屑和稀硫酸作用生成硫酸亚铁溶液：

$$Fe + H_2SO_4 = FeSO_4 + H_2\uparrow$$

然后在硫酸亚铁溶液加入硫酸铵，并使其全部溶解，经蒸发浓缩、冷却结晶，得到 $FeSO_4 \cdot (NH_4)_2SO_4 \cdot 6H_2O$ 晶体。

$$FeSO_4 + (NH_4)_2SO_4 + 6H_2O = FeSO_4 \cdot (NH_4)_2SO_4 \cdot 6H_2O$$

2. 目视比色法测定硫酸亚铁铵的 Fe^{3+} 含量

硫酸亚铁铵中的 Fe^{3+} 含量高低，是影响其质量的重要指标之一。本实验根据 Fe^{3+} 与 KSCN(显色剂)作用，生成红色配合物颜色的深浅来确定产品的等级，反应式为：

$$Fe^{3+} + nSCN^- = Fe(SCN)_n^{3-n}$$

Fe^{3+} 愈多,红色愈深。将样品溶液与标准 Fe^{3+} 系列溶液作对比,以确定产品级别。

3. 硫酸亚铁铵中 Fe^{2+} 的含量的测定

在稀 H_2SO_4 溶液中,$KMnO_4$ 能定量地将 Fe^{2+} 氧化成 Fe^{3+},即:

$$5Fe^{2+} + MnO_4^- + 8H^+ = 5Fe^{3+} + Mn^{2+} + 4H_2O$$

因此,可以用 $KMnO_4$ 标准溶液滴定产品中的 Fe^{2+},从而得到产品中 Fe^{2+} 的含量。滴定到化学计量点时,微过量的 $KMnO_4$ 使溶液呈现淡红色,从而指示滴定终点。

三、实验用品

1. 仪器

台称,分析天平,恒温水浴,锥形瓶,棕色酸式滴定管,吸滤瓶,布氏漏斗,循环水泵。

2. 试剂

铁屑,Na_2CO_3(10%),H_2SO_4(3 mol·L^{-1}),$(NH_4)_2SO_4$(s),HCl(3 mol·L^{-1}),KSCN(25%),$KMnO_4$ 标准溶液(0.01 mol·L^{-1},已标定)。

四、实验内容

1. 硫酸亚铁铵的制备

(1) 铁屑的净化(除去油污)

在台秤上称取 4 g 铁屑,放入锥形瓶内,加入 20 mL 10% Na_2CO_3 溶液,缓缓加热约 10 min,用倾析法除去碱液,用水将铁屑冲洗干净。

(2) $FeSO_4$ 的制备

往盛有 4 g 铁屑的锥形瓶中加入 30 mL 3 mol·L^{-1} H_2SO_4 溶液,把锥形瓶放在水浴锅上(70~80℃)加热直至反应基本完全,要注意随时补充由于加热蒸发掉的水,最后得到蓝绿色 $FeSO_4$ 溶液。趁热在普通漏斗中过滤,用数毫升热水洗涤小烧杯及漏斗中的残渣,将留在小烧杯和漏斗上的残渣取出,用滤纸吸干后称重。根据已反应的铁屑的质量,算出溶液中 $FeSO_4$ 的理论产量。

(3) 硫酸亚铁铵的制备

根据 $FeSO_4$ 的理论产量,按反应方程式计算所需 $(NH_4)_2SO_4$ 的质量,将其加入到滤液中,加热并充分搅拌至固体 $(NH_4)_2SO_4$ 完全溶解后,将混合液转入瓷蒸发皿中(pH=1~2),加热至有晶膜呈现,静置,自然冷却,可析出浅蓝绿色的 $FeSO_4·(NH_4)_2SO_4·6H_2O$ 晶体,然后抽滤,用少量无水乙醇洗涤晶体,晾干(或真空干燥)后称量,计算理论产量和产率。

2. 产品中 Fe^{3+} 杂质的限量分析

在台秤上称取 1.0 g 自制产品置于 25 mL 比色管中,用 15 mL 不含 O_2 的蒸馏水溶解。加 2 mL 3 mol·L^{-1} HCl 和 1 mL 25% 的 KSCN 溶液,继续加不含氧气的蒸馏水至刻度,摇匀。将呈现的红色与标准色阶对照,确定产品达到的试剂级别。

3. 硫酸亚铁铵中的 Fe^{2+} 含量的测定

准确称取 0.5~0.6 g 硫酸亚铁铵试样于 250 mL 锥形瓶中,加入 10 mL 3 mol·L^{-1} H_2SO_4 溶液,35 mL 不含 O_2 的蒸馏水,使试样完全溶解后,立即用 $KMnO_4$ 标准溶液滴定至微红色,且保持 0.5 min 内不褪色即为终点。记下所消耗 $KMnO_4$ 溶液的体积,平行测定三次,计算试样中 Fe^{2+} 的含量。

五、思考题

　　(1) 制备硫酸亚铁铵时,在蒸发、浓缩过程中,若发现溶液变黄,是什么原因? 应如何处理?

　　(2) 本实验中硫酸亚铁铵的理论产量应如何计算?

　　(3) 如何制备不含氧气的蒸馏水? 为什么配制样品溶液时一定要用不含氧气的蒸馏水?

实验指导

　　(1) 制备硫酸亚铁过程中,始终要保持必要的酸度,如果酸度不够,则会引起 Fe^{2+} 的水解和被空气氧化,使产品不纯;并注意随时补充由于加热蒸发掉的水分,以免硫酸亚铁晶体析出。

　　(2) 蒸发析出硫酸亚铁铵时应小心加热,以防溅出,蒸发至刚出现晶膜,即停止加热。

　　(3) Fe^{2+} 易被空气氧化,尤其是溶液中的 Fe^{2+} 更不稳定,试样溶解后应立即滴定。

　　(4) Fe(Ⅲ)标准色阶的配制

　　① Fe(Ⅲ)标准溶液的配制　称取 0.863 4 g $NH_4Fe(SO_4)_2 \cdot 12H_2O$,溶于少量水中,加 2.5 mL 浓硫酸,移入 1 000 mL 容量瓶中,用水稀释至刻度。此溶液含 Fe^{3+} 为 0.100 0 $g \cdot L^{-1}$。

　　② Fe(Ⅲ)标准色阶的配制　取 0.50 mL Fe(Ⅲ)标准溶液于 25 mL 的比色管中,加 2 mL 3 $mol \cdot L^{-1}$ HCl 和 1 mL 25% 的 KSCN,加不含氧的水稀释至刻度,这是一级试剂标准液(Fe^{3+}:0.05 $mg \cdot g^{-1}$,0.005%)。再分别取 1.00 mL 和 2.00 mL Fe(Ⅲ)标准溶液配制二级和三级试剂标准液(二级 Fe^{3+}:0.10 $mg \cdot g^{-1}$,0.01%;三级 Fe^{3+}:0.20 $mg \cdot g^{-1}$,0.02%),方法同上。

§6.2　三草酸根合铁(Ⅲ)酸钾的合成及组成分析

一、实验目的

　　(1) 学习简单配合物的制备方法,合成三草酸根合铁(Ⅲ)酸钾。

　　(2) 了解三草酸根合铁(Ⅲ)酸钾的光化学性质及用途。

　　(3) 掌握用 $KMnO_4$ 法测定 $C_2O_4^{2-}$ 与 Fe^{3+} 的基本原理和方法。

　　(4) 综合训练无机合成、滴定分析和重量分析的基本操作。

二、实验原理

　　三草酸根合铁(Ⅲ)酸钾是亮绿色单斜晶体,溶于水难溶于乙醇、丙酮等有机溶剂。110℃下可失去结晶水,230℃分解。该配合物为光敏物质,光照易分解,变为黄色。

$$2K_3[Fe(C_2O_4)_3] \xrightarrow{\text{光}} 3K_2C_2O_4 + 2FeC_2O_4 + 2CO_2$$

合成三草酸根合铁(Ⅲ)酸钾的工艺路线有多种。本实验以硫酸亚铁铵为原料,加草酸首先制得草酸亚铁:

$$(NH_4)_2Fe(SO_4)_2 \cdot 6H_2O + H_2C_2O_4 \Longrightarrow FeC_2O_4 \cdot 2H_2O(s,黄色) +$$
$$(NH_4)_2SO_4 + H_2SO_4 + 4H_2O$$

然后在过量草酸根存在下,用 H_2O_2 氧化制得三草酸根合铁(Ⅲ)酸钾。

$$6FeC_2O_4 \cdot 2H_2O + 3H_2O_2 + 6K_2C_2O_4 \Longrightarrow 4K_3[Fe(C_2O_4)_3] \cdot 3H_2O + 2Fe(OH)_3(s)$$

加入适量草酸可使 $Fe(OH)_3$ 转化为三草酸根合铁(Ⅲ)酸钾:

$$2Fe(OH)_3 + 3H_2C_2O_4 + 3K_2C_2O_4 \Longrightarrow 2K_3[Fe(C_2O_4)_3] \cdot 3H_2O$$

加入乙醇放置,即可析出产物的结晶。

利用如下分析方法可测定三草酸根合铁(Ⅲ)酸钾配合物各组分的含量,通过推算便可确定其化学式。

1. 产物组成的定性分析

K^+ 与 $Na_3[Co(NO_2)_6]$ 在中性或稀醋酸介质中,生成亮黄色的 $K_2Na[Co(NO_2)_6]$ 沉淀:

$$2K^+ + Na^+ + [Co(NO_2)_6]^{3-} \Longrightarrow K_2Na[Co(NO_2)_6](s)$$

Fe^{3+} 与 KSCN 反应生成血红色 $Fe(NCS)_n^{3-n}$,$C_2O_4^{2-}$ 与 Ca^{2+} 生成白色 CaC_2O_4 沉淀,可判断 Fe^{3+}、$C_2O_4^{2-}$ 处于配合物的内界还是外界。

2. 产物组成的定量分析

(1)用重量分析法测定结晶水含量

将已知质量的 $K_3[Fe(C_2O_4)_3] \cdot 3H_2O$ 晶体,在 110℃ 下干燥,根据失重的情况即可计算出结晶水的含量。

(2)用高锰酸钾法测定 $C_2O_4^{2-}$ 和 Fe^{3+} 的含量,并确定 Fe^{3+} 和 $C_2O_4^{2-}$ 的配位比

在酸性介质中,用 $KMnO_4$ 标准溶液滴定试液中的 $C_2O_4^{2-}$,根据 $KMnO_4$ 标准溶液的消耗量可直接计算出 $C_2O_4^{2-}$ 的质量分数:

$$5C_2O_4^{2-} + 2MnO_4^- + 16H^+ \Longrightarrow 10CO_2 + 2Mn^{2+} + 8H_2O$$

在余下的溶液中,用锌粉将 Fe^{3+} 还原为 Fe^{2+},再用 $KMnO_4$ 标准溶液滴定 Fe^{2+}:

$$Zn + 2Fe^{3+} \Longrightarrow 2Fe^{2+} + Zn^{2+}$$

$$5Fe^{2+} + MnO_4^- + 8H^+ \Longrightarrow 5Fe^{3+} + Mn^{2+} + 4H_2O$$

根据 $KMnO_4$ 标准溶液的消耗量,计算出 Fe^{3+} 的质量分数,由

$$n(Fe^{3+}) : n(C_2O_4^{2-}) = \frac{\omega(Fe^{3+})}{55.8} : \frac{\omega(C_2O_4^{2-})}{88.0}$$

可确定 Fe^{3+} 与 $C_2O_4^{2-}$ 的配位比。

(3)钾含量的测定

配合物中铁、草酸根、结晶水含量测定后便可计算出钾的质量分数。

三、实验用品

1. 仪器

台秤,电子分析天平,烧杯(100 mL、250 mL),量筒(10 mL、100 mL),布氏漏斗,吸滤瓶,真空泵,表面皿,称量瓶,干燥器,烘箱,锥形瓶(250 mL),酸式滴定管(50 mL),酒精灯,温度计,水浴锅,点滴板,试管,剪刀。

2. 试剂

H_2SO_4(2 mol·L^{-1}),$H_2C_2O_4$·$2H_2O$(s),H_2O_2(3%),$(NH_4)_2Fe(SO_4)_2$·$6H_2O$(s),$K_2C_2O_4$(饱和),KSCN(0.1 mol·L^{-1}),$CaCl_2$(0.5 mol·L^{-1}),$FeCl_3$(0.1 mol·L^{-1}),$KMnO_4$标准溶液(0.02 mol·L^{-1}),$Na_3[Co(NO_2)_6]$,$K_3Fe(CN)_6$(0.5 mol·L^{-1}),锌粉,乙醇(95%)。

3. 材料

滤纸。

四、实验内容

1. 三草酸根合铁(Ⅲ)酸钾的合成

(1) 制取 FeC_2O_4·$2H_2O$

称取 6 g $(NH_4)_2Fe(SO_4)_2$·$6H_2O$(s)于 250 mL 烧杯中,加入 1.5 mL 2 mol·L^{-1} H_2SO_4(防止该固体溶于水时发生水解)和 20 mL 去离子水,加热使其溶解。另称取 3.0 g $H_2C_2O_4$·$2H_2O$ 于烧杯中,加 30 mL 去离子水微热,溶解后取出 22 mL 倒入前面的 250 mL 烧杯中(剩余溶液不要倒掉,留着下面实验用),加热搅拌至沸(不断搅拌,以防暴沸),并微沸 5 min。静置,得到黄色 FeC_2O_4·$2H_2O$ 沉淀。用倾析法倒出上面清液,用热去离子水洗涤沉淀 3 次(少量多次),以除去可溶性杂质。

(2) 合成 $K_3[Fe(C_2O_4)_3]$·$3H_2O$

在上述沉淀中,加入 15 mL 饱和 $K_2C_2O_4$ 溶液,水浴加热至 40℃左右,用滴管慢慢滴加 25 mL 3% 的 H_2O_2 溶液,不断搅拌并保持温度在 40℃左右(此时有棕色的 $Fe(OH)_3$ 沉淀产生),滴加完后,加热溶液至沸以除去过量的 H_2O_2(加热过程要充分搅拌)。取上述(1)中配制的剩余 $H_2C_2O_4$ 溶液分批加入(先加入 5 mL,然后慢慢滴加 3 mL),并保持接近沸腾的温度直至体系变成绿色透明溶液。稍冷后,加入 10~15 mL 95% 的乙醇水溶液(溶剂替换法),在暗处放置,结晶(约 1 h)。减压抽滤,抽干后用少量乙醇洗涤产品,继续抽干,称量,计算产率,并将产品避光保存。

2. 产品的光敏试验

(1) 在表面皿上放少许 $K_3[Fe(C_2O_4)_3]$·$3H_2O$ 产品,置于日光下一段时间,观察晶体颜色变化,与放在暗处的晶体比较。

(2) 取 0.5 mL 上述产品的饱和溶液与等体积的 0.5 mol·L^{-1} $K_3Fe(CN)_6$ 溶液混合均匀。用毛笔蘸此混合液在白纸上写字,字迹经强光照射后,由浅黄色变为蓝色。

3. 产物的定性分析

称取 0.3 g 产品溶于 6 mL 蒸馏水中,溶液供下面实验用。

(1) K^+ 的鉴定

取 2 滴产物溶液于点滴板凹槽中,加入 2 滴 $Na_3[Co(NO_2)_6]$ 溶液,放置片刻,观察现象。

（2）Fe^{3+} 的鉴定

取一试管加入 10 滴产物溶液。另取一试管加入 10 滴 $0.1\ mol \cdot L^{-1}$ $FeCl_3$ 溶液。各加入 2 滴 $0.1\ mol \cdot L^{-1}$ KSCN,观察现象。在装有产物溶液的试管中加入 2 滴 $2\ mol \cdot L^{-1}$ H_2SO_4,再观察溶液颜色有何变化？解释实验现象。

（3）$C_2O_4^{2-}$ 的鉴定

取一试管加入 10 滴产物溶液。另取一试管加入 10 滴 $K_2C_2O_4$ 溶液。各加入 2 滴 $0.5\ mol \cdot L^{-1}$ $CaCl_2$ 溶液,观察实验现象有何不同？

4. 产物组成的定量分析

（1）结晶水质量分数的测定

取两个洁净称量瓶,放入烘箱中,在 110℃ 干燥 1 h,然后置于干燥器中冷至室温,在电子天平上称量。再放到烘箱中于 110℃ 干燥 0.5 h,即重复上述干燥—冷却—称量操作,直至恒重（两次称量相差不超过 0.3 mg）。

准确称取两份自制、研细产品各 0.5~0.6 g（称准至 0.1 mg）,分别放入两个已恒重的称量瓶中。置于烘箱中,在 110℃ 干燥 1 h,再在干燥器中冷至室温后,称量。重复上述干燥（改为 0.5 h）—冷却—称量操作,直至恒重。根据称量结果计算产品中结晶水的质量分数。

（2）草酸根质量分数的测定

准确称取两份 0.18~0.22 g 的自制产物（称准至 0.1 mg）,分别放入两个锥形瓶中,均加入 15 mL $2\ mol \cdot L^{-1}$ H_2SO_4 和 15 mL 去离子水,微热溶解,加热至 75~85℃（即液面冒水蒸气）,趁热用 $0.02\ mol \cdot L^{-1}$ $KMnO_4$ 标准溶液滴定至出现粉红色在 30 s 内不消失为终点（保留溶液待下一步分析使用）。根据消耗 $KMnO_4$ 溶液的体积,计算产物中 $C_2O_4^{2-}$ 的质量分数。

（3）铁质量分数的测定

在上述保留的溶液中加入一小匙锌粉,加热近沸,直到黄色消失,将 Fe^{3+} 还原为 Fe^{2+}。趁热过滤除去多余的锌粉,再用 5 mL 去离子水洗涤漏斗,并将洗涤液与滤液一并收集在另一锥形瓶中,继续用 $0.02\ mol \cdot L^{-1}$ $KMnO_4$ 标准溶液滴定至溶液呈粉红色。根据消耗 $KMnO_4$ 溶液的体积,计算产物中 Fe^{3+} 质量分数。

根据步骤（1）、（2）、（3）的实验结果,计算 K^+ 的质量分数,结合实验步骤（3）的结果,推断出配合物的化学式。

5. 实验数据处理

（1）结晶水质量分数的测定

	称量瓶＋产品	称量瓶＋产品（加热后）	失水	结晶水的质量分数
m_1/g				
m_2/g				

根据称量结果计算产品中结晶水的质量分数及所含结晶水的个数。

（2）草酸根质量分数的测定

	Ⅰ	Ⅱ
m(产品质量)/g		
$c(KMnO_4)/mol \cdot L^{-1}$		
$V(KMnO_4)/mL$(初读数)		
$V(KMnO_4)/mL$(终读数)		
$V(KMnO_4)/mL$		
$\omega = \dfrac{5c(KMnO_4) \cdot V(KMnO_4) \cdot 88.0 \times 10^{-3}}{2m}$		
$\bar{\omega}$		

（3）铁质量分数的测定

	Ⅰ	Ⅱ
m(产品质量)/g		
$c(KMnO_4)/mol \cdot L^{-1}$		
$V(KMnO_4)/mL$(初读数)		
$V(KMnO_4)/mL$(终读数)		
$V(KMnO_4)/mL$		
$\omega = \dfrac{5c(KMnO_4) \cdot V(KMnO_4) \cdot 55.8 \times 10^{-3}}{m}$		
$\bar{\omega}$		

（4）确定 Fe^{3+} 与 $C_2O_4^{2-}$ 的配位比

$$n(Fe^{3+}) : n(C_2O_4^{2-}) = \frac{\omega(Fe^{3+})}{55.8} : \frac{\omega(C_2O_4^{2-})}{88.0}$$

（5）根据上述的实验结果，计算 K^+ 的质量分数，结合实验 3 的结果，推断出配合物的化学式。

五、思考题

（1）制备过程中，滴完 H_2O_2 后为什么还要煮沸溶液？

（2）在制备步骤中，向最后的溶液中加入乙醇的作用是什么？能否用蒸干溶液的方法来提高产率？为什么？

（3）$KMnO_4$ 滴定 $C_2O_4^{2-}$ 时，要加热，又不能使温度太高，为什么？

（4）根据三草酸根合铁（Ⅲ）酸钾的性质，如何保存该化合物？

实验指导

（1）Fe（Ⅱ）一定要氧化完全（可取 1 滴悬浊液于点滴板凹穴中，加 1 滴 $K_3Fe(CN)_6$ 溶液，如出现蓝色，说明还有 Fe（Ⅱ），需再加入 H_2O_2，至检验不到 Fe（Ⅱ）），如果 $FeC_2O_4 \cdot 2H_2O$ 未氧化完全，即使加非常多的 $H_2C_2O_4$ 溶液，也不能使溶液变透明，此时应采取趁热过滤，或往沉淀上再加 H_2O_2 等补救措施。

(2) $K_3[Fe(C_2O_4)_3]$ 溶液未达饱和，冷却时不析出晶体，可继续加热蒸发浓缩，直至稍冷后表面出现晶膜。

§6.3 三氯化六氨合钴(Ⅲ)的制备及组成分析

一、实验目的

(1) 掌握三氯化六氨合钴(Ⅲ)的制备和组成的测定方法。

(2) 进一步练习水浴加热、减压过滤、滴定等基本操作。

二、实验原理

本实验利用活性炭作催化剂，在氯化铵存在下加入过量氨水，用过氧化氢氧化二氯化钴来制备三氯化六氨合钴(Ⅲ)。总的反应式为：

$$2CoCl_2 + 2NH_4Cl + 10NH_3 + H_2O_2 == 2[Co(NH_3)_6]Cl_3 + 2H_2O \qquad (1)$$

得到的固体中混有活性炭，可以将其溶解在含 HCl 的酸性溶液中，过滤出活性炭后，在高浓度的 HCl 溶液中使三氯化六氨合钴(Ⅲ)结晶出来。

三氯化六氨合钴(Ⅲ)为橙黄色单斜晶体，293 K 下在水中的饱和溶解度为 0.26 mol·L^{-1}。在水溶液中，$K^{\circ}_{不稳} = 2.2 \times 10^{-34}$；在室温下基本不被强碱或强酸所破坏，只有在煮沸的条件下，才被过量强碱所分解。

$$2[Co(NH_3)_6]Cl_3 + 6NaOH == 2Co(OH)_3 \downarrow + 12NH_3 \uparrow + 6NaCl \qquad (2)$$

用过量标准酸液吸收反应(2)中逸出的氨，再用标准碱液返滴剩余的酸，从而测定出氨的含量。

$$NH_3 + HCl == NH_4Cl$$

$$HCl + NaOH == NaCl + H_2O$$

滤出反应(2)中的钴(Ⅲ)氢氧化物，在酸性介质中与 KI 作用，定量析出 I_2，用标准 $Na_2S_2O_3$ 溶液滴定，可计算出 Co 的含量。

$$2Co(OH)_3 + 6H^+ + 2I^- == 2Co^{2+} + I_2 + 6H_2O$$

$$I_2 + 2S_2O_3^{2-} == 2I^- + S_4O_6^{2-}$$

利用 Cl^- 与 Ag^+ 标准溶液作用，定量生成 AgCl 沉淀，由 Ag^+ 标准溶液的消耗量可以确定样品中 Cl^- 的含量。

$$Ag^+ + Cl^- == AgCl \downarrow$$

三、实验用品

1. 仪器

锥形瓶，台秤，量筒，烧杯，布氏漏斗，吸滤瓶，真空泵，水浴锅，温度计，烘箱，酸式滴定管,碱式滴定管,分析天平。

2. 试剂

$CoCl_2 \cdot 6H_2O$（s），KI（s），NH_4Cl（s），活性炭，H_2O_2（体积分数为 6%），HCl（浓，6 mol·L^{-1}），HCl 标准溶液（0.5 mol·L^{-1}），NaOH 标准溶液（0.5 mol·L^{-1}），$Na_2S_2O_3$ 标准溶液（0.1 mol·L^{-1}），$AgNO_3$ 标准溶液（0.1 mol·L^{-1}），NaOH（10%），HNO_3（6 mol·L^{-1}），K_2CrO_4（5%），$NH_3 \cdot H_2O$（浓），乙醇（体积分数为 95%），淀粉（0.1%），冰块，甲基红指示剂（0.1%）。

3. 材料

滤纸,pH 试纸。

四、实验内容

1. 三氯化六氨合钴(Ⅲ)的制备

在锥形瓶中依次加入 6 g 研细的 $CoCl_2 \cdot 6H_2O$ 晶体、4 g NH_4Cl 晶体和 7 mL 蒸馏水,加热至固体溶解。加入 0.3 g 活性炭,搅拌均匀。待溶液冷却后,滴加浓氨水,至生成的沉淀溶解。总计加入约 14 mL 浓氨水。

待溶液冷却至 10℃ 以下,慢慢地加入 14 mL 6% 的 H_2O_2 溶液。在水浴锅上加热至 60℃,维持 20 min,并适当摇动锥形瓶,使反应完全。用自来水冷却,再用冰水冷却,即有沉淀生成。抽滤,然后将滤纸上的沉淀溶于含有 2 mL 浓盐酸的 70 mL 沸水中,趁热抽滤,将滤液移至小烧杯中。

向滤液中慢慢加入 7 mL 浓盐酸,冷却,有晶体析出。抽滤,晶体用少量乙醇洗涤,抽干,然后将晶体从滤纸上移入蒸发皿中,于 105℃ 烘干。称重,计算产率。

2. 三氯化六氨合钴(Ⅲ)组成的测定

（1）氨含量测定

准确称取 0.2 g 三氯化六氨合钴（Ⅲ）样品,置于 250 mL 锥形瓶中,加入 80 mL 的水溶解,然后加入 10 mL 10% 的 NaOH 溶液。用移液管准确加入 40 mL 0.5 mol·L^{-1} HCl 标准溶液于另一个锥形瓶中,将此锥形瓶置于冰水浴中,系统装置如图 6-1 所示。安全漏斗下端固定于一盛有 4 mL 左右 10% 的 NaOH 溶液的小试管内,使漏斗柄浸入试管液面下 2~3 cm,整个过程中漏斗柄的出口不能暴露在液面上。试管口的塞子要钻一个连通孔,以便试管内与锥形瓶连通。确认装置密封性合乎要求后,加热样品溶液,开始用大火,至沸后改为小火,保持微沸状态约 1 h。蒸出全部氨以后,拔掉氨导管,停止加热,用少量水将

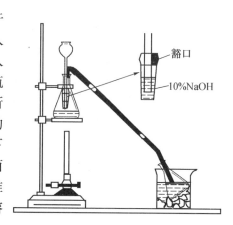

图 6-1 测定氨的装置

导管内外可能黏附的溶液洗入锥形瓶内,加入 2 滴 0.1% 甲基红指示剂,用 0.5 mol·L^{-1} NaOH 标准溶液滴定剩余盐酸,从而求出样品中氨的含量。

（2）钴含量测定

待上面蒸出氨后的样品溶液冷却后,取下漏斗、塞子和小试管,用少量的蒸馏水将试管

外沾附的溶液冲洗回锥形瓶内。加 1 g 固体 KI,摇荡使其溶解,再加入 12 mL 左右的 6 mol·L^{-1} HCl 酸化,置暗处约 10 min。反应如下:

$$2Co(OH)_3 + 6H^+ + 2I^- \Longrightarrow 2Co^{2+} + I_2 + 6H_2O$$

加蒸馏水 60～70 mL,用 0.1 mol·$L^{-1}Na_2S_2O_3$ 标准溶液滴定析出的 I_2,滴定至溶液为浅黄色时,加 5 mL 新配制的 0.1％淀粉指示剂,继续滴定至蓝色刚好消失为止。依据消耗的硫代硫酸钠溶液的体积,即可计算出样品中钴的含量。

（3）氯含量测定

准确称取 0.2 g 左右的样品,置于 250 mL 的碘量瓶中,加入 25 mL 的蒸馏水,配成试样液。加 1 mL 5％ K_2CrO_4 指示剂,用 0.1 mol·L^{-1} $AgNO_3$ 标准溶液滴定至溶液为微砖红色,从而计算出样品中氯的含量。

根据上述分析结果,求出产品的实验式。

五、思考题

（1）在[$Co(NH_3)_6$]Cl_3 的制备过程中,氯化铵、活性炭、过氧化氢各起什么作用?

（2）在制备过程中,加入过氧化氢溶液后,用水浴加热 20 min 的目的是什么? 能否加热至沸腾?

（3）[$Co(NH_3)_6$]Cl_3 能溶于热的浓盐酸,冷却后其晶体析出,浓盐酸起什么作用?

（4）要使本实验制备的产品产率高,你认为哪些步骤比较关键? 为什么?

（5）[$Co(NH_3)_6$]$^{3+}$ 与[$Co(NH_3)_6$]$^{2+}$ 比较,哪个稳定,为什么?

实验指导

（1）6％H_2O_2 溶液要新配制的。

（2）在制备过程中,H_2O_2 及浓 HCl 一定要慢慢地加入。

（3）蒸出 NH_3 时,溶液沸腾后应改为小火,保持微沸状态,不可剧烈沸腾,以防喷溅及蒸气把少量碱带出。

（4）控制好测定氨、氯、钴含量的条件。

§6.4　离子交换法制取碳酸氢钠及含量分析

一、实验目的

（1）了解离子交换法制取碳酸氢钠的原理。

（2）学会用离子交换柱制备碳酸氢钠的工艺操作。

（3）酸碱滴定训练。

二、实验原理

碳酸氢钠为白色粉末,或不透明单斜晶系细微结晶。可用作食品工业的发酵剂、汽水和冷饮中二氧化碳的发生剂、黄油的保存剂等。

碳酸氢钠的制备方法有气相碳化法、气固相碳化法和离子交换法等。阳离子交换法具有原料易得,生产成本低,原料利用率高,无公害等优点。

本实验用聚苯乙烯强酸性阳离子(732 型)交换树脂经过预处理转型,将它由氢型完全转换为钠型。钠型树脂上的 Na^+ 能与 NH_4^+ 发生交换,当 NH_4HCO_3 溶液以一定流速通过钠型阳离子交换树脂时,发生如下交换反应:

$$R\text{—}SO_3Na + NH_4HCO_3 \Longrightarrow R\text{—}SO_3NH_4 + NaHCO_3$$

将 $NaHCO_3$ 溶液蒸发、结晶得到 $NaHCO_3$ 固体。然后经干燥、煅烧能制得纯碱 Na_2CO_3。

离子交换反应是可逆的,可以通过控制反应温度、溶液浓度、溶液体积等因素,使反应按某一方向进行。离子交换树脂达到饱和后,失去交换能力,可用 NaCl 溶液流过树脂柱,进行交换反应的逆过程,称为树脂的再生。再生时得到副产品 NH_4Cl。树脂可循环使用。

三、实验用品

1. 仪器

离子交换装置(用 25 mL 碱式滴定管改装),小烧杯,点滴板,蒸发皿

2. 试剂

732 型阳离子交换树脂,NaCl($2\ mol \cdot L^{-1}$),NH_4HCO_3($2\ mol \cdot L^{-1}$),$AgNO_3$($0.1\ mol \cdot L^{-1}$),HCl 标准溶液($0.1\ mol \cdot L^{-1}$),NaOH 标准溶液($0.01\ mol \cdot L^{-1}$)。

3. 材料

pH 试纸。

四、实验内容

1. **碳酸氢钠的制备**

(1) 树脂的处理与装柱

将 732 型阳离子交换树脂用 $2\ mol \cdot L^{-1}$ HCl 溶液浸泡一天,倾去酸液,再用 $2\ mol \cdot L^{-1}$ HCl 溶液浸泡并搅拌 3 min,倾去酸液后用去离子水洗涤树脂,洗至接近中性(用 pH 试纸检验)。

先在离子交换柱的底部放入少量洁净的玻璃纤维,用螺旋夹夹紧滴定管下端的乳胶管。将处理过的树脂和水一起倒入柱中,使树脂的高度达到 10 mL 读数处。向管中加入去离子水,使水面达到零刻度处。切勿使空气进入树脂层,否则影响交换效率。调节螺旋夹控制流速至每分钟 20～30 滴,用烧杯承接流出液。当液面下降至高出树脂层 0.5 cm 时,加入 10 mL 2 mol·L^{-1} NaCl 溶液到交换柱中,用 pH 试纸检查流出液的酸度,若 pH 接近 7,表明树脂转型完全。最后加入去离子水,洗涤树脂,使其流速为每分钟 20～30 滴,洗涤至流出液中不含 Cl^-(用 $AgNO_3$ 溶液检查)为止。

(2) 交换制取 $NaHCO_3$ 溶液

当液面下降至高出树脂层 0.5 cm 时,用吸管吸取 10 mL 2 mol·L^{-1} NH_4HCO_3 溶液加入交换柱中。当液面降至离柱面 1 cm 时,用去离子水淋洗,并不断检测流出液的 pH。用一只干净 100 mL 小烧杯收集 pH>7 的流出液(80 mL 左右)。交换完毕,将树脂倒入回收杯。

2. **产品检验**

(1) 将收集的流出液用 100 mL 容量瓶定容。

(2) NH_4^+ 含量测定：从容量瓶中吸取 25 mL 样液，以酚酞为指示剂，用 0.01 mol·L^{-1} NaOH 标准溶液滴定。

(3) 总 HCO_3^- 含量测定：从容量瓶中吸取 10 mL 样液，以甲基橙为指示剂，用 0.1 mol·L^{-1} HCl 标准溶液滴定。

(4) 计算 $NaHCO_3$ 的产率。

3. 数据记录及处理

(1) NH_4^+ 含量测定

试样体积 $V=$ _____ mL，$c(NaOH)=$ _____ mol·L^{-1}。

滴定编号	Ⅰ	Ⅱ	Ⅲ
NaOH 滴定终点读数/mL			
NaOH 滴定前读数/mL			
NaOH 滴定体积/mL			
NH_4^+ 浓度/mol·L^{-1}			

$$c(NH_4^+) = \frac{c(NaOH) \cdot V(NaOH)}{V(样)}$$

(2) 总 HCO_3^- 含量测定

试样体积 $V=$ _____ mL，$c(HCl)=$ _____ mol·L^{-1}。

滴定编号	Ⅰ	Ⅱ	Ⅲ
HCl 滴定终点读数/mL			
HCl 滴定前读数/mL			
HCl 滴定体积/mL			
总 HCO_3^- 浓度/mol·L^{-1}			

$$c(HCO_3^-) = \frac{c(HCl) \cdot V(HCl)}{V(样)}$$

(3) $NaHCO_3$ 产率

$$产率(\%) = \frac{c(总\ HCO_3^-) - c(NH_4^+)}{c(NH_4HCO_3) \cdot V(NH_4HCO_3)} \times 100$$

五、思考题

(1) 离子交换法制取碳酸氢钠的基本原理是什么？

(2) 为什么要防止空气进入树脂交换柱内？

(3) 转型时，为什么当 pH 接近 7 时可认为转型完全？

(4) 总 HCO_3^- 含量测定能否用酚酞作指示剂？为什么？

(5) 影响 $NaHCO_3$ 产率的主要原因有哪些？

(6) 分析 NH_4^+ 与 HCO_3^- 含量中误差的主要来源。

实验指导

(1) 装柱时,树脂必须带水一起装入,否则柱内会留有气泡,影响交换。

(2) 交换速率不宜太快,一般控制在每分钟 25～30 滴。

(3) 聚苯乙烯磺酸型强酸阳离子交换树脂(活性基团为—SO_3),经处理转型,其过程为:

$$R—SO_3H + NaCl = R—SO_3Na + HCl$$

用去离子水洗去留在树脂间隙中的 H^+ 和 Cl^-。

(4) 树脂再生过程为:

$$R—SO_3NH_4 + NaCl = R—SO_3Na + NH_4Cl$$

同时得副产品 NH_4Cl。

§6.5 硫酸四氨合铜(Ⅱ)的制备及配离子组成测定

一、实验目的

(1) 用精制的硫酸铜通过配位取代反应制备硫酸四氨合铜(Ⅱ)。

(2) 用吸光光度法、酸碱滴定法分别测定硫酸四氨合铜(Ⅱ)配离子组成中 Cu^{2+} 及 NH_3 含量。

二、实验原理

硫酸四氨合铜(Ⅱ)($[Cu(NH_3)_4]SO_4 \cdot H_2O$)为深蓝色晶体,主要用于印染、纤维、杀虫剂及制备某些含铜的化合物。本实验以硫酸铜为原料与过量氨水反应来制取硫酸四氨合铜(II)。

$$[Cu(H_2O)_6]^{2+} + 4NH_3 + SO_4^{2-} = [Cu(NH_3)_4]SO_4 \cdot H_2O + 5H_2O$$

硫酸四氨合铜(II)溶于水,不溶于乙醇,因此在 $[Cu(NH_3)_4]SO_4$ 溶液中加入乙醇,即可析出 $[Cu(NH_3)_4]SO_4 \cdot H_2O$ 晶体。

$[Cu(NH_3)_4]SO_4 \cdot H_2O$ 中 Cu^{2+}、NH_3 含量可以用吸光光度法、酸碱滴定法分别测定。

$[Cu(NH_3)_4]SO_4 \cdot H_2O$ 在酸性介质中被破坏为 Cu^{2+} 和 NH_4^+,加入过量 NH_3 可以形成稳定的深蓝色配离子 $[Cu(NH_3)_4]^{2+}$。根据朗伯-比尔定律:

$$A = \kappa cb$$

式中:A 为吸光度;κ 为有色溶液的摩尔吸收系数;c 为试液中有色物质的浓度;b 为液层的厚度。

配制一系列已知铜浓度的标准溶液,在一定波长下用分光光度计测定配离子溶液的吸光度,绘制标准曲线。由标准曲线法求出 Cu^{2+} 的浓度,从而可以计算样品中的铜含量。

$[Cu(NH_3)_4]SO_4 \cdot H_2O$ 在碱性介质中被破坏为 $Cu(OH)_2$ 和 NH_3。在加热条件下把氨蒸入过量的 HCl 标准溶液中,再用标准碱溶液进行滴定,从而准确测定样品中的氨含量。

三、实验用品

1. 仪器

台秤,研钵,布氏漏斗,吸滤瓶,分析天平,分光光度计,吸量管(5 mL、10 mL),容量瓶(50 mL、250 mL),比色皿(2 cm),滴定管(酸式、碱式、50 mL),锥形瓶(250 mL)。

2. 试剂

$NH_3 \cdot H_2O(1:1)$,$CuSO_4 \cdot 5H_2O$(精制),乙醇(95%),标准铜溶液(0.050 0 mol $\cdot$ L^{-1}),$NaOH$(10%、0.1 mol $\cdot$ L^{-1}),$NH_3 \cdot H_2O$(2.0 mol $\cdot$ L^{-1}),HCl标准溶液(0.1 mol $\cdot$ L^{-1}),H_2SO_4(3 mol $\cdot$ L^{-1}),酚酞。

四、实验内容

1. 硫酸四氨合铜(II)的制备

在小烧杯中加入1:1氨水15 mL,在不断搅拌下慢慢加入精制 $CuSO_4 \cdot 5H_2O$ 5 g,继续搅拌,使其完全溶解成深蓝色溶液。待溶液冷却后,缓慢加入8 mL 95%乙醇,即有深蓝色晶体析出。盖上表面皿,静置约15 min,抽滤,并用1:1氨水-乙醇混合液(自配,1:1氨水与乙醇等体积混合)淋洗晶体2次,每次用量约2~3 mL,将其在60℃左右烘干,称量,计算$[Cu(NH_3)_4]SO_4 \cdot H_2O$的产率。

2. 配离子铜含量测定

(1) $[Cu(NH_3)_4]^{2+}$的吸收曲线绘制

用吸量管吸取0.050 0 mol $\cdot$ L^{-1}标准铜溶液0 mL,2.0 mL,4.0 mL,分别注入三个50 mL容量瓶中,加入10 mL 2.0 mol $\cdot$ L^{-1} $NH_3 \cdot H_2O$,用去离子水稀释至刻度,摇匀。以试剂空白溶液(即不加标准铜溶液)为参比溶液,用2 cm比色皿,用分光光度计分别测定500 nm,520 nm,540 nm,560 nm,580 nm,600 nm,620 nm,640 nm,660 nm和680 nm处的吸光度。以吸光度为纵坐标、波长为横坐标,绘制吸收曲线,求出$[Cu(NH_3)_4]^{2+}$的最大吸收波长(λ_{max})。

(2) 标准曲线的绘制

用吸量管分别吸取0.050 0 mol $\cdot$ L^{-1}标准铜溶液0 mL,1.0 mL,2.0 mL,3.0 mL,4.0 mL,5.0 mL注入六个50 mL容量瓶中,加入10 mL 2.0 mol $\cdot$ L^{-1} $NH_3 \cdot H_2O$后,用去离子水稀释至刻度,摇匀。以试剂空白溶液为参比溶液,用2 cm比色皿,在$[Cu(NH_3)_4]^{2+}$的最大吸收波长(λ_{max})下,分别测定它们的吸光度。以吸光度为纵坐标,相应的Cu^{2+}含量为横坐标,绘制标准曲线。

(3) 样品中Cu^{2+}含量的测定

准确称取样品0.9~1.0 g于小烧杯中,加水溶解,并加入数滴H_2SO_4,将溶液定量转移至250 mL容量瓶中,加入去离子水稀释至刻度,摇匀。准确吸取样品10 mL置于50 mL容量瓶中,加10 mL 2.0 mol $\cdot$ L^{-1} $NH_3 \cdot H_2O$,用去离子水稀释至刻度,摇匀。以试剂空白溶液为参比溶液,用2 cm比色皿,在$[Cu(NH_3)_4]^{2+}$最大吸收波长下测定其吸光度。从标准曲线上求出Cu^{2+}含量,并计算样品中铜的含量。

3. 配离子氨含量测定

氨含量测定可在简易的定氮装置中进行,在强碱性条件下,试样用蒸馏法将NH_3蒸出,以 HCl 标准溶液吸收。测定时先准确称取样品 0.12～0.15 g，加少量水溶解，然后加入 10 mL 10% NaOH 溶液，加热反应。开始时用大火加热，溶液开始沸腾时改为小火，保持微沸状态。蒸出的氨通过导管被置于锥形瓶中已准确计量的 40～50 mL 0.1 mol·L^{-1} HCl 标准溶液吸收，约 1 h 左右可将氨全部蒸出。以酚酞为指示剂，用 NaOH 标准溶液滴定过量 HCl 标准溶液，当溶液由无色刚变为粉红色即为终点。根据加入的 HCl 标准溶液体积及浓度和滴定所用 NaOH 标准溶液体积及浓度，计算样品中氨的含量。

五、思考题

(1) 制备[$Cu(NH_3)_4$]SO_4·H_2O 应以怎样的原料配比？为什么？

(2) 制备[$Cu(NH_3)_4$]SO_4·H_2O 能否用加热浓缩的方法来制得晶体？为什么？

(3) 用 1∶1 氨水-乙醇混合液淋洗晶体的目的是什么？

(4) 绘制标准曲线和测定样品为什么要在相同的条件下进行？

(5) 用吸光度(A)对标准铜溶液体积(V)作图与用吸光度(A)对标准铜溶液浓度(c)作图，所得两条标准曲线是否相同？为什么？

(6) 如果产物的分析结果 Cu^{2+} 与 NH_3 的物质的量的比不是 1∶4，应如何分析误差原因？

实验指导

(1) 要制得比较纯的[$Cu(NH_3)_4$]SO_4·H_2O 晶体，必须注意操作顺序，硫酸铜要尽量研细，且应充分搅拌，否则可能局部生成 $Cu_2(OH)_2SO_4$，影响产品质量。反应后溶液应无沉淀，透明。

(2) [$Cu(NH_3)_4$]SO_4·H_2O 生成时放热，在加入乙醇前必须充分冷却，并静置足够时间。如能放置过夜，则能制得较大颗粒的晶体。

(3) 铜含量测定除了用吸光光度法外，还可采用配位滴定法和氧化还原法进行滴定，试自行设计步骤测定铜含量，并比较各方法的优缺点。

§6.6　保险丝中铅含量的测定

一、实验目的

(1) 掌握保险丝的溶样方法。

(2) 进一步巩固掩蔽剂在配位滴定中的应用。

二、实验原理

一般的保险丝主要成分为铅和少量的 Cu、Sb 等元素。用酸溶解后，在配位滴定中这些离子都能与 EDTA 形成配合物，可以在酸性溶液中采用硫脲掩避 Cu^{2+}，NH_4F 掩蔽 Sb^{3+}，六次甲基四胺调节试液 pH=5～6，二甲酚橙为指示剂，用 EDTA 标准溶液可测定出铅的含量。

三、实验用品

1. 仪器

分析天平,容量瓶(250 mL),锥形瓶(250 mL),酸式滴定管(150 mL),移液管(25 mL),电炉(控温)。

2. 试剂

EDTA(0.01 mol·L^{-1}),锌标准溶液(0.01 mol·L^{-1}),HNO$_3$(5 mol·L^{-1}),二甲酚橙(5 g·L^{-1}),六次甲基四胺(200·L^{-1}),NH$_4$F (s),硫脲(s)。

3. 材料

保险丝。

四、实验步骤

称取保险丝试样 0.5 g 左右,加 5 mol·L^{-1} HNO$_3$ 20 mL,加热微沸至溶解完全,冷却至室温,定量转入 250 mL 容量瓶中,用水稀释至刻度,摇匀。

移取上述试液 25 mL 于 250 mL 锥形瓶中,加水 20 mL,NH$_4$F 1 g,硫脲 1 g,加热至 60~70℃,保温 2 min,冷却至室温,加入二甲酚橙 2~3 滴,滴加六次甲基四胺溶液,使溶液呈现稳定的紫红色,再过量 5 mL,用 0.01 mol·L^{-1}EDTA 标准溶液滴定至溶液由红色变为亮黄色即为终点,根据消耗 EDTA 的体积计算保险丝中铅的质量分数。

五、思考题

(1) 试述二甲酚橙变色原理。

(2) 溶解保险丝时能否用 HCl 或 H$_2$SO$_4$,为什么?

实验指导

(1) 溶解保险丝时,要注意选择合适的试剂。

(2) 指示剂二甲酚橙在使用时,要有效的调节 pH。

§6.7　铝合金中铝含量的测定

一、实验目的

(1) 了解返滴定法和置换滴定法的应用和结果的计算。

(2) 了解控制溶液的酸度、温度和滴定速度在配位滴定中的重要性。

(3) 掌握二甲酚橙指示剂的变色原理。

二、实验原理

由于 Al^{3+} 易水解,易形成多核羟基配合物,在较低酸度时,还可与 EDTA 形成羟基配合物,同时 Al^{3+} 与 EDTA 配合速度较慢,在较高酸度下煮沸则容易配合完全,故一般采用返滴定法或置换滴定法测定铝。采用置换滴定法时,先调节 pH=3.5,加入过量的 EDTA 溶液,煮沸,使 Al^{3+} 与 EDTA 配合,冷却后,再调节溶液的 pH 为 5~6,以二甲酚橙为指示剂,用 Zn^{2+} 盐溶液滴定过量的 EDTA(不计体积)。然后,加入过量的 NH_4F,加热至沸,使 AlY^- 与 F^- 之间发生置换反应,并释放出与 Al^{3+} 等物质的量的 EDTA:

$$AlY^- + 6F^- + 2H^+ \Longrightarrow AlF_6^{3-} + H_2Y^{2-}$$

释放出来的 EDTA,再用 Zn^{2+} 盐标准溶液滴定至紫红色,即为终点。

试样中含 Ti^{4+}、Zr^{4+}、Sn^{4+} 等离子时,亦同时被滴定,对 Al^{3+} 的测定有干扰。大量 Fe^{3+} 对二甲酚橙指示剂有封闭作用,故本法不适合于含大量 Fe^{3+} 试样的测定。Fe^{3+} 含量不太高时,可用此法,但需控制 NH_4F 的用量,否则 FeY^- 也会部分被置换,使结果偏高,为此可加入 H_3BO_3,使过量 F^- 生成 BF_4^-,可防止 Fe^{3+} 的干扰。再者,加入 H_3BO_3 后,还可防止 SnY 中的 EDTA 被置换,因此,也可消除 Sn^{4+} 的干扰。大量 Ca^{2+} 在 pH 为 5~6 时,也有部分与 EDTA 配合,使测定 Al^{3+} 的结果不稳定。

三、实验用品

1. 仪器

分析天平,移液管(25 mL),锥形瓶(250 mL),烧杯(250 mL),量筒(10 mL,100 mL),酸式滴定管(50 mL),表面皿,容量瓶(100 mL)。

2. 试剂

HNO_3-HCl-H_2O(1:1:2)混合酸,HCl(1:3),EDTA(0.02 mol·L^{-1}),氨水(1:1),六次甲基四胺(20%),Zn^{2+} 标准溶液(0.01 mol·L^{-1}),NH_4F(20%)。

3. 材料

铝合金。

四、实验内容

1. 铝合金试液的制备

准确称量 0.1~0.15 g 合金于 250 mL 烧杯中,加入 10 mL 混合酸,并立即盖上表面皿,待试样溶解后,用水冲洗烧杯壁和表面皿,将溶液转移至 100 mL 容量瓶中,稀释至刻度,摇匀。

2. 铝合金试液中铝含量的测定

吸取 25 mL 铝合金试液于 250 mL 锥形瓶中,加入 10 mL 0.02 mol·L^{-1} EDTA 溶液,二甲酚橙指示剂 2 滴,溶液呈黄色,用氨水(1:1)调至溶液恰呈紫红色。然后滴加 1:3 的 HCl 3 滴,将溶液煮沸 3 min 左右,冷却,加入 20% 六次甲基四胺溶液 20 mL,此时溶液应呈黄色,如不呈黄色,可用 HCl 调节,再补加二甲酚橙指示剂 2 滴,用锌标准溶液滴定至溶液从黄色变为红紫色(此时,不计体积)。加入 20% NH_4F 溶液 10 mL,将溶液加热至微沸,流水冷却,再补加二甲酚橙指示剂 2 滴,此时溶液应呈黄色,若溶液呈红色,应滴加 1:3 HCl 使溶液呈黄色,再用锌标准溶液滴定至溶液由黄色变为紫红色时,即为终点。根据消耗的锌盐溶液的体积,计算 Al 的质量分数。

3. 数据记录与处理

项目次数	1	2	3
铝合金试样质量 m/g			
$c(Zn^{2+})/mol \cdot L^{-1}$			
待测液体积 V/mL			
消耗 Zn^{2+} 体积 $V(Zn^{2+})/mL$			
$w(Al)$			
平均值			
相对平均偏差/%			

五、思考题

（1）铝的测定为什么一般不采用 EDTA 直接滴定的方法？

（2）为什么加入过量 EDTA 后，第一次用锌标准溶液滴定时，可以不计消耗的体积？

（3）返滴定法测定简单试样中的 Al^{3+} 时，加入过量 EDTA 溶液的浓度是否必须准确？为什么？

实验指导

（1）合金加入混合酸，要立即盖上表面皿，等试样溶解完全后，用水冲洗烧杯壁和表面皿，然后再定容。

（2）用二甲酚橙作指示剂时，要注意调整合适 pH 所用的方法。

（3）加入的 NH_4F 溶液一定要过量，并且要将溶液加热至微沸，流水冷却后，补加指示剂后再调整 pH，最后用锌标准溶液滴定至终点，注意终点的观察。

§6.8　维生素 C 制剂抗坏血酸含量的测定

一、实验目的

（1）掌握碘标准溶液的配制和标定方法。

（2）了解直接碘量法测定抗坏血酸的原理和方法。

二、实验原理

维生素 C（Vc）又称抗坏血酸，分子式为 $C_6H_8O_6$。Vc 具有还原性，可被 I_2 定量氧化，因而可用 I_2 标准溶液直接滴定。其滴定反应式为：

$$C_6H_8O_6 + I_2 == C_6H_6O_6 + 2HI$$

用直接碘量法可测定药片、注射液、饮料、蔬菜、水果等中的 Vc 含量。

由于 Vc 的还原性很强，较易被溶液和空气中的氧所氧化，在碱性介质中这种氧化作用更强，因此滴定宜在酸性介质中进行，以减少副反应的发生。考虑到 I^- 在强酸性溶液中也易被氧化,故一般选在 pH 为 3~4 的弱酸性溶液中进行滴定。

三、实验用品

1. 仪器

分析天平,移液管(25 mL),锥形瓶(250 mL),酸式滴定管(50 mL)。

2. 试剂

I_2 溶液(约 0.05 mol·L^{-1}),$Na_2S_2O_3$ 标准溶液(0.01 mol·L^{-1},需要标定准确浓度),淀粉溶液(0.2%),HAc(2 mol·L^{-1}),固体 Vc 样品(维生素 C 片剂)。

四、实验内容

1. I_2 溶液的标定

用移液管移取 25 mL $Na_2S_2O_3$ 标准溶液于 250 mL 锥形瓶中,加 50 mL 蒸馏水,5 mL 0.2%淀粉溶液,然后用 I_2 溶液滴定至溶液呈浅蓝色,30 s 内不褪色即为终点。平行滴定三份,计算 I_2 溶液的浓度。

2. 维生素 C 片剂中 Vc 含量的测定

准确称取约 0.2 g 研碎了的维生素 C 药片,置于 250 mL 锥形瓶中,加入 100 mL 新煮沸过并冷却的蒸馏水,10 mL 2 mol·L^{-1} HAc 溶液和 5 mL 0.2%淀粉溶液,立即用 I_2 标准溶液滴定至出现稳定的浅蓝色,且在 30 s 内不褪色即为终点,记下消耗的 I_2 溶液体积。平行滴定三份,计算试样中抗坏血酸的质量分数。

五、思考题

(1) 溶解 I_2 时,加入过量 KI 的作用是什么?

(2) 维生素 C 固体试样溶解时,为何要加入新煮沸并冷却的蒸馏水?

(3) 碘量法的误差来源有哪些?应采取哪些措施减小误差?

> **实验指导**
>
> (1) 应用直接碘法和间接碘法时,加入指示剂的顺序是不同的。
>
> (2) 研碎后的维生素 C 药片很容易氧化,在实验中一定要特别注意,不然会有较大的实验误差。
>
> (3) I_2 溶液(约 0.05 mol·L^{-1})的配制:称取 3.3 g I_2 和 5 g KI,置于研钵中,加少量水,在通风橱中研磨。待 I_2 全部溶解后,将其转入棕色试剂瓶中,加水稀释至 250 mL,充分摇匀,放暗处保存。

§6.9　铁矿石中铁含量的测定

一、实验目的

(1) 了解测定铁矿石中铁含量的方法和基本原理。

(2) 学习矿样的分解,试液的预处理等操作方法。

(3) 初步了解测定矿物中某组分的含量的基本过程以及相应的实验数据的处理方法。

二、实验原理

含铁的矿物种类很多。其中有工业价值可以作为炼铁原料的铁矿石主要有:磁铁矿(Fe_3O_4)、赤铁矿(Fe_2O_3)、褐铁矿($Fe_2O_3 \cdot nH_2O$)和菱铁矿($FeCO_3$)等。测定铁矿石中铁的含量最常用的方法是重铬酸钾法。经典的重铬酸钾法(即氯化亚锡-氯化汞-重铬酸钾法),方法准确、简便,但所用氧化汞是剧毒物质,会严重污染环境,为了减少环境污染,现在较多采用无汞分析法。

本实验采用改进的重铬酸钾法,即三氯化钛-重铬酸钾法。其基本原理是:粉碎到一定粒度的铁矿石用热的盐酸分解:

$$Fe_2O_3 + 6H^+ = 2Fe^{3+} + 3H_2O$$

试样分解完全后,在体积较小的热溶液中,加入 $SnCl_2$ 将大部分 Fe^{3+} 还原为 Fe^{2+},溶液由红棕色变为浅黄色,然后再以 Na_2WO_4 为指示剂,用 $TiCl_3$ 将剩余的 Fe^{3+} 全部还原成 Fe^{2+},当 Fe^{3+} 定量还原为 Fe^{2+} 之后,过量 1~2 滴 $TiCl_3$ 溶液,即可使溶液中的 Na_2WO_4,还原为蓝色的五价钨化合物,俗称"钨蓝",故指示溶液呈蓝色,滴入少量 $K_2Cr_2O_7$,使过量的 $TiCl_3$ 氧化,"钨蓝"刚好褪色。在无汞测定铁的方法中,常采用 $SnCl_2 - TiCl_3$,联合还原,其反应方程式为:

$$2Fe^{3+} + Sn^{2+} = Sn^{4+} + 2Fe^{2+}$$

$$Fe^{3+} + Ti^{3+} + H_2O = Fe^{2+} + TiO^{2+} + 2H^+$$

此时试液中的 Fe^{3+} 已被全部还原为 Fe^{2+},加入硫磷混酸和二苯胺磺酸钠指示剂,用标准重铬酸钾溶液滴定至溶液呈稳定的紫色即为终点,在酸性溶液中,滴定 Fe^{2+} 的反应式如下:

$$Cr_2O_7^{2-} + 6Fe^{2+} + 14H^+ = 6Fe^{3+} + 2Cr^{3+} + 7H_2O$$
$$\text{(黄色)} \qquad \text{(绿)}$$

在滴定过程中,不断产生的 Fe^{3+}(黄色)对终点的观察有干扰,通常用加入磷酸的方法,使 Fe^{3+} 与磷酸形成无色的 $Fe(HPO_4)_2^-$ 配合物,消除 Fe^{3+}(黄色)的颜色干扰,便于观察终点。同时由于生成了 $Fe(HPO_4)_2^-$,Fe^{3+} 的浓度大量下降,避免了二苯磺酸钠指示剂被 Fe^{3+} 氧化而过早地改变颜色,使滴定终点提前到达的现象,提高了滴定分析的准确性。

由滴定消耗的 $K_2Cr_2O_7$ 溶液的体积(V),可以计算得到试样中铁的含量,其计算式为:

$$\omega(Fe) = \frac{c(\frac{1}{6}K_2Cr_2O_7) \cdot V(K_2Cr_2O_7) \times 55.85)}{m \times 1\,000}$$

式中:$c(\frac{1}{6}K_2Cr_2O_7)$ 为 $K_2Cr_2O_7$ 标准溶液的物质的量浓度,$mol \cdot L^{-1}$;m 为试样的质量,g;55.85 为铁在滴定反应中的摩尔质量,$g \cdot mol^{-1}$。

三、实验用品

1. 仪器

分析天平,酸式滴定管(50 mL),锥形瓶(250 mL),电热板或电炉。

2. 药品

$K_2Cr_2O_7$ 标准溶液 ($c(1/6K_2Cr_2O_7)=0.1\ mol \cdot L^{-1}$),HCl(1:1),$SnCl_2$(10%,称取 100 g $SnCl_2 \cdot 2H_2O$ 溶于 500 mL 盐酸中,加热至澄清,然后加水稀释至 1 L),Na_2WO_4 (10%,称取 100 g Na_2WO_4,溶于约 400 mL 蒸馏水中,若浑浊则进行过滤,然后加入 50 mL H_3PO_4,用蒸馏水稀释至 1 L),$TiCl_3$ 溶液(将 100 mL $TiCl_3$ 试剂(15%~20%)与 HCl 溶液 (1:1) 200 mL 及 700 mL 水相混合,转于棕色细口瓶中,加入 10 粒无砷锌,放置过夜),硫磷混合液(在搅拌下将 150 mL H_2SO_4 缓缓加到 700 mL 水中,冷却后再加 150 mL H_3PO_4,混匀),$KMnO_4$(1%),二苯胺磺酸钠(0.5%)。

四、实验内容

1. 试样的分解

用分析天平准确称取 0.2 g 铁矿石试样三份,分别置于 3 个 250 mL 锥形瓶中,用少量蒸馏水润湿,加入 20 mL HCl 溶液,盖上表面皿,小火加热至近沸,待铁矿大部分溶解后,缓缓煮沸 1~2 min,以使铁矿分解完全(即无黑色颗粒状物质存在)[①],这时溶液呈红棕色。用少量蒸馏水吹洗瓶壁和表面皿,加热至沸。

试样分解完全后,样品可以放置。用 $SnCl_2$ 还原 Fe^{3+} 至 Fe^{2+} 时,应特别强调,要预处理一份就立即滴定,而不能同时预处理几份并放置,然后再一份一份的滴定。

2. Fe^{3+} 的还原

趁热滴加 10% $SnCl_2$ 溶液,边加边摇动,直到溶液由红棕色变为浅黄色,若 $SnCl_2$ 过量,溶液的黄色完全消失呈无色,则应加入少量 $KMnO_4$ 溶液使溶液呈浅黄色。加入 50 mL 蒸馏水及 10 滴 10% Na_2WO_4 溶液,在摇动下滴加 $TiCl_3$ 溶液至出现稳定的蓝色(即 30 s 内不褪色),再过量 1 滴。用自来水冷却至室温,小心滴加 $K_2Cr_2O_7$ 溶液至蓝色刚刚消失(呈浅绿色或接近无色)。

3. 滴定

将试液再加入 50 mL 蒸馏水,10 mL 硫磷混酸及 2 滴二苯胺磺酸钠指示剂,立即用 $K_2Cr_2O_7$ 标准溶液滴定至溶液呈稳定的紫色为终点;记下所消耗的 $K_2Cr_2O_7$ 标准溶液的体积。按照上述步骤测定另两份样品。

4. 计算结果

根据所耗 $K_2Cr_2O_7$ 标准溶液的体积,按公式计算铁矿中铁的含量(%)。三次平行测定结果的误差应不大于 0.4%,以其平均值为最后结果。

---

① 试样分解完全时,剩余残渣应为白色或接近白色的 $SiO_2 \cdot nH_2O$。若仍有黑色残渣,说明仍有试样未分解完全,应补加 HCl,也可加几滴 $SnCl_2$ 溶液助溶。

五、思考题

(1) 简述三氯化钛-重铬酸钾法测定铁含量的原理,写出相应的反应方程式。

(2) 滴定前为什么要加入硫磷混酸?

(3) 还原 Fe^{3+} 时,为什么要使用两种还原剂,只使用其中的一种有何不妥?

(4) 试样分解完,加入硫磷混合酸和指示剂后为什么必须立即滴定?

实验指导

(1) 实验中请注意实验的误差及有效数字的取舍。

(2) 固体试样的分解要注意液体不能蒸干。

(3) 试样分解完全时,如仍有黑色残渣存在,可加入少量 $SnCl_2$ 溶液助溶,对于难溶或含硅量较高的试样,可加入少量 NaF,以促进试样的溶解。

§6.10　钢中铬和锰含量的同时测定

一、实验目的

(1) 掌握多组分体系中元素的测定方法。

(2) 掌握用分光光度法同时测定铬、锰含量的原理和方法。

二、实验原理

铬和锰都是钢中常见的有益元素,尤其在合金中应用比较广泛,铬和锰在钢中除以金属状态存在于固溶体之外,还可以碳化物(CrC_2、Cr_5C_2、Mn_3C),硅化物(Cr_3Si、$MnSi$、$FeMnSi$),氧化物(Cr_2O_3、MnO_2),氮化物(CrN、Cr_2N),硫化物(MnS)等形式存在。

试样经酸化溶解之后,生成 Mn^{2+} 和 Cr^{3+},加入 H_3PO_4 以掩蔽 Fe^{3+} 的干扰。

在铬、锰组分中,它们的吸光度不相互作用,总的吸光度等于两者的吸光度之和,根据吸光度的加和性原理可以通过求解方程组来分别求出各未知组分的含量。

本实验以 $AgNO_3$ 为催化剂,在 H_2SO_4 介质中,加入过量的 $(NH_4)_2S_2O_8$ 氧化剂,将混合液中 Cr^{3+} 和 Mn^{2+} 氧化成 $Cr_2O_7^{2-}$ 和 MnO_4^-,在波长 440 nm 和 545 nm 处测定其吸光度,通过联立方程求出铬、锰的含量。

三、实验用品

1. 仪器

721 分光光度计,容量瓶,吸量管。

2. 试剂

Cr^{3+} 标准溶液(1 mL 含 1 mg 铬),Mn^{2+} 标准溶液(1 mL 含 1 mg 锰),$(NH_4)_2S_2O_8$(150 $g \cdot L^{-1}$),$AgNO_3$(0.5 $mol \cdot L^{-1}$),$H_2SO_4 - H_3PO_4$ 混酸(在 700 mL 水中缓慢加入 150 mL 浓硫酸,冷却后再加入 150 mL 浓磷酸,混匀)。

四、实验步骤

1. 测绘 Cr^{3+} 和 Mn^{2+} 标准溶液的吸收曲线

在两只 100 mL 容量瓶中,分别加入 5 mL Cr^{3+} 标准溶液和 1 mL Mn^{2+} 标准溶液,然后各加 30 mL 水、10 mL H_2SO_4 - H_3PO_4 混酸、2 mL 150 g · L^{-1} $(NH_4)_2S_2O_8$、10 滴 0.5 mol · L^{-1} $AgNO_3$ 溶液,沸水中加热,保持微沸 3 min 左右。待溶液颜色稳定后,冷却,以水稀释至刻度,摇匀。用 1 cm 吸收池,以蒸馏水为参比,在 420~560 nm 范围内进行扫描,分别确定 Cr^{3+} 和 Mn^{2+} 的最大吸收波长。

2. Cr^{3+} 和 Mn^{2+} 含量的同时测定

在一只 100 mL 容量瓶中,加入 1.0 mL 试样溶液,然后依次加入 30 mL 水、10 mL H_2SO_4 - H_3PO_4 混酸、2 mL 150 g · L^{-1} $(NH_4)_2S_2O_8$、10 滴 0.50 mol · L^{-1} $AgNO_3$ 溶液,沸水中加热,保持微沸 3 min 左右。待溶液颜色稳定后,冷却,以水稀释至刻度,摇匀。用 1 cm 吸收池,以蒸馏水为参比,分别在 440 nm 和 530 nm 波长处测定其吸光度,并记录数据。

3. 结果处理

从两条吸收曲线上查出波长 440 nm 和 530 nm 处 Cr^{3+} 和 Mn^{2+} 的 A 值,根据 Cr^{3+} 和 Mn^{2+} 标准溶液的浓度,由 $A = kbc$ 关系式,计算出 Cr^{3+} 和 Mn^{2+} 的 k 值。将各 k 值和测定的 A 值带入联立方程式求出试样中铬、锰百分含量。

五、思考题

(1) 为什么可用分光光度法同时测定混合物中铬和锰?

(2) 根据吸收曲线,本实验可以选择测定波长为 420 nm 和 500 nm 吗? 为什么?

实验指导

(1) 调整好两种离子同时测定时的条件,在本实验中是很重要的。

(2) 朗伯-比尔定律是实验的重要依据,注意该定律的适用范围。

(3) 测定两种离子时,要把握好吸收曲线的测定、参比液的选择、实验条件的控制等实验的关键问题。

§6.11　合金中镍含量的测定

一、实验目的

(1) 了解丁二酮肟重量法测定镍的原理和方法。

(2) 掌握重量分析法基本操作技能。

二、实验原理

丁二酮肟分子式为 $C_4H_8O_2N_2$,相对分子质量为 116.2,是二元弱酸,以 H_2D 表示,在氨性溶液中以 HD^- 为主,与 Ni^{2+} 发生配合反应:

$$Ni^{2+}+2\ \begin{matrix}CH_3-C=NOH\\CH_3-C=NOH\end{matrix}\ +2NH_3\cdot H_2O = \quad\text{(红色)}+2NH_4^++2H_2O$$

沉淀经过滤、洗涤,在 120℃下烘干至恒重,称量丁二酮肟镍沉淀的质量 $m(Ni(HD)_2)$,则 Ni 的质量分数为:

$$w(Ni) = \frac{m(Ni(HD)_2)\times\dfrac{M(Ni)}{M(Ni(HD)_2)}}{m_S}$$

丁二酮肟镍法沉淀的条件为 pH＝8～9 氨性溶液。酸度大,生成 H_2D,沉淀易溶解;酸度小,由于生成 D^{2-},同样增加沉淀的溶解度。氨浓度太高,易形成 $Ni(NH_3)_4^{2+}$。

Fe^{3+},Al^{3+},Cr^{3+},Ti^{3+} 在氨水中也生成沉淀,有干扰;Cu^{2+},Cr^{2+},Fe^{2+},Pd^{2+} 亦可以形成配合物,产生共沉淀,故在溶液加氨水前,需加入柠檬酸或酒石酸等配合剂,掩蔽干扰离子。

三、实验用品

1. 仪器

电子天平,烘箱,抽滤瓶,真空泵,恒温水浴,电炉,G_4 微孔玻璃坩埚。

2. 试剂

混合酸 $HCl+HNO_3+H_2O$(3:1:2),酒石酸或柠檬酸溶液($500\ g\cdot L^{-1}$),丁二酮肟($10\ g\cdot L^{-1}$ 乙醇溶液),氨水(1:1),HNO_3($2\ mol\cdot L^{-1}$),HCl(1:1),$AgNO_3$($0.1\ mol\cdot L^{-1}$),氨-氯化铵洗涤液(100 mL 水中加 1 mL $NH_3\cdot H_2O+1\ g\ NH_4Cl$),钢铁试样。

四、实验内容

称取钢样(含 Ni 30～80 mg)两份,分别置于 400 mL 烧杯中,加入 20～40 mL 混合酸,盖上表面皿,低温加热溶解后,煮沸除去氮的氧化物,加入 5～10 mL 酒石酸溶液(每克试样加 10 mL),然后在不断搅动下,滴加 1:1 $NH_3\cdot H_2O$ 至溶液 pH＝8～9,此时溶液转变为蓝绿色。如有不溶物,应将沉淀过滤,并用热的 $NH_3\cdot H_2O+NH_4Cl$ 洗涤液,洗涤三次,洗涤液与滤液合并。滤液用 1:1 HCl 酸化,用热水稀释至 300 mL,加热至 70～80℃,在搅拌下,加入丁二酮肟乙醇溶液(每毫克 Ni^{2+} 约需 1 mL $10\ g\cdot L^{-1}$ 丁二酮肟溶液),最后再多加 20～30 mL,但所加试剂的总量不要超过试液体积的 1/3,以免增大沉淀的溶解度。然后再不断搅拌下,滴加 1:1 氨水,至 pH＝8～9(在酸性溶液中,逐步中和而形成均相沉淀,有利于大晶体产生)。在 60～70℃下保温 30～40 min(加热陈化),取下、冷却,用 G_4 微孔玻璃坩埚进行减压过滤,用微氨性的酒石酸洗涤烧杯和沉淀 8～10 次,再用温热水洗涤沉淀至无 Cl^-(用 $AgNO_3$ 检验),将沉淀与微孔坩埚在 130～150℃烘箱中烘 1 h,冷却,称重,再烘干,冷却称量直至恒重,计算镍的质量分数。

五、思考题

(1) 溶解试样时加氨水起什么作用?

(2) 为了得到纯净的丁二酮肟镍沉淀,应控制好哪些条件?

(3) 实验中,丁二酮肟镍沉淀也可灼烧,试比较灼烧与烘干的利弊。

实验指导

(1) 称取试样时,不能过多,含镍量要适当,否则生成过多沉淀不利于操作。

(2) 沉淀时需要加热溶液至 70~80℃,但温度不宜过高,否则在高温下柠檬酸或酒石酸能部分将 Fe^{3+} 还原为 Fe^{2+},且乙醇挥发太多易引起丁二酮肟本身的沉淀,干扰测定。

§6.12　磷肥中水溶磷的测定

一、实验目的

(1) 熟悉和掌握重量分析操作。

(2) 掌握磷钼酸喹啉容量法测定磷肥中水溶磷的测定原理及方法。

二、实验原理

磷肥试样用水萃取,此时游离磷酸和 $Ca(H_2PO_4)_2$ 进入溶液,过滤后,残渣用柠檬酸铵溶液萃取,此时较难溶的 $CaHPO_4$ 也进入溶液。然后在酸性溶液中把它与喹钼柠酮溶液形成黄色的磷钼酸喹啉沉淀。

$$PO_4^{3-} + 3C_9H_7N + 12MoO_4^{2-} + 27H^+ = (C_9H_7N)_3 \cdot H_3PO_4 \cdot 12MoO_2 \downarrow + 12H_2O$$

将沉淀过滤、洗涤(pH 约为 9),然后用已知过量的 NaOH 标准溶液溶解,过量的 NaOH 用 HCl 标准溶液滴定。根据 NaOH 的实际作用量,即可得出试样中 P_2O_5 含量。

$$(C_9H_7N)_3 \cdot H_3PO_4 \cdot 12MoO_3 + 26NaOH = Na_2HPO_4 + 12Na_2MoO_4 + 2C_9H_7N + 14H_2O$$

三、实验用品

1. 仪器

分析天平,烧杯,蒸发皿,250 mL 容量瓶,普通漏斗,G_4 砂芯坩埚,抽滤瓶,真空泵,电炉,酸式滴定管。

2. 试剂

HNO_3(1∶1),百里香酚蓝-酚酞混合指示剂,喹钼柠酮试剂(配制方法见附录),HCl 标准溶液(0.25 mol·L^{-1}),NaOH 标准溶液(0.50 mol·L^{-1})。

四、实验内容

1. 试液的制备(有效磷的萃取)

准确称取磷肥试样 1 g 左右(精确至四位有效数字),于蒸发皿中,加水 25 mL。用玻璃棒小心搅拌和研磨。静置让不溶物沉降,将清液倾注到滤纸上过滤,滤液过滤于加有 5 mL

1：1 HNO$_3$ 的 250 mL 容量瓶中,同上述方法重复研磨和过滤三次以上,再用水转移和洗涤残渣到滤纸上,滤液用水稀释至刻度,摇匀。

2. 试样的测定

用移液管移取试液 25 mL 于 400 mL 烧杯中,加入 10 mL HNO$_3$(1：1),用水稀释至约 100 mL,加热近沸,加入 50 mL 喹钼柠酮试剂,微沸 1 min,冷至室温(冷却过程中搅拌 2～3 次),然后静置澄清。

将沉淀用 G$_4$ 砂芯坩埚抽滤,用水洗涤 3～4 次,并将沉淀完全转移到砂芯坩埚内,继续用水洗涤沉淀到 pH=9 左右(检查:取 20 mL 滤液,加 1 滴混合指示剂和 1 滴 0.50 mol·L^{-1} NaOH 标准溶液,呈现紫色)。将沉淀仔细用水(必要时用热水)洗涤到原烧杯中(溶液体积约为 100 mL),加入过量约 8～10 mL 的 0.50 mol·L^{-1} NaOH 标准溶液(具体加入量要实验确定,以全部沉淀溶解,再过量 8～10 mL 为度)。待沉淀完全溶解后,加 1 mL 混合指示剂,用 0.25 mol·L^{-1} HCl 标准溶液滴定至溶液从紫色经灰蓝色,转为黄色即为终点。

3. 空白实验

按照上述步骤,平行做空白实验。

4. 结果计算

以五氧化二磷(P$_2$O$_5$)的质量分数来表示的有效磷含量,按下式计算:

$$w(P_2O_5) = \frac{\frac{1}{52}\left[c(NaOH)(V(NaOH) - V(空1)) - c(HCl)(V(HCl) - V(空2))\right] \times M(P_2O_5)}{m \times \dfrac{V}{V_0} \times 1\,000}$$

式中:V_0 为试样溶液的总体积,mL;V 为吸取试样的体积,mL;V(空 1)为空白试验消耗氢氧化钠标准滴定溶液的体积,mL;V(空 2)为空白试验消耗盐酸标准滴定溶液的体积,mL;m 为试样质量,g;$M(P_2O_5)$ 为 P$_2$O$_5$ 的摩尔质量(141.9 g·mol^{-1})。

五、思考题

(1) 溶液为什么要用 HNO$_3$ 酸化?

(2) 喹钼柠酮混合试剂的作用是什么?

§6.13　醋酸钠含量的测定

一、实验目的

(1) 掌握非水溶液酸碱滴定的原理及操作方法。

(2) 掌握高氯酸标准溶液的标定方法。

(3) 掌握结晶紫指示剂的滴定终点的判断方法。

二、实验原理

醋酸钠在水溶液中,是一种很弱的碱($pK_b = 9.24$),无法在水溶液中用酸碱滴定法直接测定其含量。选择适当的溶剂如冰醋酸则可大大提高醋酸钠的碱性,以 HClO$_4$ 为滴定剂,则能准确滴定。HClO$_4$ 在 HAc 介质中主要以离子对 H$_2$Ac$^+$·ClO$_4^-$ 形式存在。以结晶紫为指示剂,终点时溶液由紫色变为蓝色。其滴定反应为:

$$H_2Ac^+ \cdot ClO_4^- + NaAc === 2HAc + NaClO_4$$

邻苯二甲酸氢钾常作为标定 HClO$_4$ - HAc 标准溶液的基准物,其反应如下:

由于测定和标定的产物为 NaClO$_4$ 和 KClO$_4$,它们在非水介质中溶解度较小,故滴定过程中随着 HClO$_4$ - HAc 标准溶液的不断滴入,慢慢有白色浑浊物产生,但并不影响滴定结果。本实验选用醋酐-冰醋酸混合溶剂,以结晶紫为指示剂,用标准高氯酸-冰醋酸溶液滴定。

三、实验用品

1. 仪器

酸式滴定管(50 mL),锥形瓶(250 mL),台称($\pm$0.1 g),分析天平($\pm$0.0001 g),移液管(20 mL),量筒。

2. 试剂

HClO$_4$ - HAc(0.1 mol·L^{-1}),结晶紫指示剂(0.2%冰醋酸溶液),冰醋酸(A.R),邻苯二甲酸氢钾(基准试剂),乙酸酐(A.R),醋酸钠试样(无水)。

四、实验内容

1. HClO$_4$ - HAc 滴定剂的配制与标定

(1) HClO$_4$ - HAc 标准溶液的配制

在 700~800 mL 的冰醋酸中缓缓加入 72%(W/W)的高氯酸 8.5 mL,摇匀,在室温下缓缓滴加乙酸酐 24 mL,边加边摇,加完后再振摇均匀,冷却,用无水冰醋酸稀释至 1 L,摇匀,放置 24 h(使乙酸酐与溶液中水充分反应)。

(2) HClO$_4$ - HAc 标准溶液的标定

准确称取邻苯二甲酸氢钾(KHC$_8$H$_4$O$_4$)0.15~0.2 g 于干燥锥形瓶中,加入无水冰醋酸 20~25 mL 使其完全溶解,必要时可温热数分钟。冷至室温,加 1~2 滴结晶紫指示剂,用 HClO$_4$ - HAc(0.1 mol·L^{-1})缓缓滴定至溶液到紫色消失,初现蓝色,即为终点,平行测定三份。取相同量的无水冰醋酸进行空白试验,如空白值高,应从标定时所消耗的滴定剂的体积中扣除,如少则可不必扣除。根据 KHC$_8$H$_4$O$_4$ 的质量和所消耗的 HClO$_4^-$ HAc 的体积,计算 HClO$_4$ 溶液的浓度。

2. 醋酸钠含量的测定

准确称取 0.13 g 无水醋酸钠试样三份,分别置于洁净且干燥的 250 mL 锥形瓶中,加入 20 mL 醋酐-冰醋酸使之完全溶解,加结晶紫指示剂 1~2 滴,用 HClO$_4$ - HAc(0.1 mol·L^{-1})标准溶液滴至溶液由紫色转变为蓝色,即为终点。滴定结果用空白试验校正。根据所消耗的 HClO$_4$ - HAc 体积,计算试样中醋酸钠的质量分数。

五、思考题

(1) 什么叫做非水酸碱滴定法?

(2) NaAc 在水中的 pH 与在冰醋酸溶剂中的 pH 是否一致? 为什么?

(3) $HClO_4$ - HAc 滴定剂中为什么要加入醋酸酐?

(4) 邻苯二甲酸氢钾常用于标定 NaOH 溶液的浓度,为何在本实验中为标定 $HClO_4$ - HAc 的基准物质?

实验指导

(1) 乙酸酐 $(CH_3CO)_2O$ 是由 2 个醋酸分子脱去 1 分子 H_2O 而成,它与 $HClO_4$ 作用发生剧烈反应,同时放出大量的热,过热易引起 $HClO_4$ 爆炸,因此配制时,不可使高氯酸与乙酸酐直接混合,只能将 $HClO_4$ 缓缓滴入到冰醋酸中,再滴加乙酸酐。

(2) 非水滴定过程不能带入水,锥形瓶、量筒等容器均要干燥。

§6.14　间接碘量法测定铜合金中铜含量

一、实验目的

(1) 掌握 $Na_2S_2O_3$ 溶液的配制及标定原理。

(2) 学习铜含量试样的分解方法。

(3) 了解间接碘量法测定铜合金的原理及其方法。

二、实验原理

碘量法测定铜的依据是 Cu^{2+} 与过量的 KI 反应析出相应的 I_2。以淀粉为指示剂,用 $Na_2S_2O_3$ 溶液滴定 I_2,根据消耗 $Na_2S_2O_3$ 的量间接计算出铜的量。相关反应式如下:

$$Cu + 2HCl + H_2O_2 \Longrightarrow CuCl_2 + 2H_2O$$

$$2Cu^{2+} + 4I^- \Longrightarrow 2CuI \downarrow + I_2$$

$$I_2 + 2S_2O_3^{2-} \Longrightarrow 2I^- + S_4O_6^{2-}$$

三、实验用品

1. 仪器

台秤,烧杯,棕色试剂瓶,电炉,酸式滴定管,锥形瓶。

2. 试剂

$Na_2S_2O_3 \cdot 5H_2O$(固体),Na_2CO_3(固体),$K_2Cr_2O_7$(固体),HCl(6 mol · L^{-1}),KI (20%),淀粉指示剂(0.5%),H_2O_2(30%),氨水,HAc(1:1),NH_4HF_2(4 mol · L^{-1}),KSCN 溶液(10%)。

3. 材料

合金试样。

四、实验内容

1. $Na_2S_2O_3$ 溶液的配制及标定

(1) 粗配 $0.1\ mol \cdot L^{-1}\ Na_2S_2O_3$ 溶液 500 mL

称取 12.5 g $Na_2S_2O_3 \cdot 5H_2O$ 与 0.1 g Na_2CO_3 放入小烧杯中,用新煮沸(除去 CO_2 和杀死细菌)并冷却的蒸馏水溶解,稀释至 500 mL。贮于棕色瓶中,在暗处放置 8～14 天后再标定。

(2) $Na_2S_2O_3$ 溶液的标定

精确称取 0.12 g 烘干的(G. R)$K_2Cr_2O_7$,放入 250 mL 锥形瓶中,加入 25 mL 水使之溶解,再加入 5 mL 6 mol · L^{-1} HCl 溶液及 5 mL 20%KI 溶液,轻轻摇匀,将瓶盖好,放在暗处反应 5 min。然后加入 100 mL 水稀释,立即用 $Na_2S_2O_3$ 标准溶液滴定到溶液呈淡黄色,加入 2 mL 0.5%淀粉指示剂,继续滴定至溶液至亮绿色即达滴定终点。平行滴定三份,计算 $Na_2S_2O_3$ 浓度。

2. 试样的处理

准确称取合金试样 0.1～0.15 g 于 250 mL 锥形瓶中,加 15 mL 6 mol · L^{-1} HCl 和 2 mL 30%H_2O_2,加热至不再有气泡冒出,再煮沸 1～2 min,冷却,加 60 mL 水得试样溶液。

3. 样品溶液的滴定

移取 20.00 mL 样品溶液,滴加氨水至出现沉淀,加入 8 mL 1∶1 HAc,5 mL NH_4HF_2,10 mL 20% KI。用 $Na_2S_2O_3$ 标准溶液滴定至土黄色,加 3 mL 0.5%淀粉继续滴至浅米色,加 5 mL 10%的 KSCN 溶液蓝色加深,用 $Na_2S_2O_3$ 标准溶液滴定至蓝色恰好褪去即为滴定终点。平行滴定三份,计算 Cu 的含量。

4. 数据处理

(1) $Na_2S_2O_3$ 溶液浓度的标定

实验项目	1	2	3
$M(K_2Cr_2O_7)/g$			
$V(Na_2S_2O_3)/mL$			
$c(Na_2S_2O_3)/mol \cdot L^{-1}$			
$\bar{c}(Na_2S_2O_3)/mol \cdot L^{-1}$			

(2) 铜合金中铜含量的测定

实验项目	1	2	3
m_s/g			
$V(Na_2S_2O_3)/mL$			
$\omega(Cu)$			
$\bar{\omega}(Cu)$			

公式一：　　　　　　$$c(\mathrm{Na_2S_2O_3}) = \frac{1\,000\,m(\mathrm{K_2Cr_2O_7})}{M(\mathrm{K_2Cr_2O_7})V(\mathrm{Na_2S_2O_3})} \times 6$$

公式二：　　　　　　$$\omega(\mathrm{Cu}) = \frac{c(\mathrm{Na_2S_2O_3})V(\mathrm{Na_2S_2O_3})M(\mathrm{Cu})}{1\,000\,m_s}$$

五、思考题

(1) $\mathrm{Na_2S_2O_3}$ 溶液如何配制？能否先将 $\mathrm{Na_2S_2O_3}$ 溶于蒸馏水后再煮沸？为什么？

(2) 以重铬酸钾标定 $\mathrm{Na_2S_2O_3}$ 浓度时为何要加 KI？为何要在暗处放置 5 min？滴定前为何要稀释？淀粉为何接近终点加入？

(3) 碘量法测定铜时，pH 为何必须维持在 3.5～4 之间？过低或过高有何影响？

实验指导

(1) 溶解样品时，所加入的 $\mathrm{H_2O_2}$ 一定要赶尽。

(2) 加淀粉不能太早，因滴定反应中产生大量 CuI 沉淀，若淀粉与 $\mathrm{I_2}$ 过早形成蓝色络合物，大量 $\mathrm{I^-}$ 被 CuI 沉淀吸附，终点呈较深的灰色，不好观察。

(3) 加入 KSCN 不能过早，而且加入后要剧烈摇动，有利于沉淀转化和释放出吸附的 $\mathrm{I_3^-}$。

第七章　研究设计实验

§7.1　过氧化钙的制备与含量分析

一、实验导读

1. CaO_2 的合成

过氧化钙为白色或淡黄色固体,室温下稳定,加热到 300℃时分解为 CaO 和 O_2,难溶于水,不溶于己醇与丙酮,在潮湿空气中会缓慢分解,可溶于稀酸生成过氧化氢。

文献报道 CaO_2 有多种制备方法。主要制备原料是钙的化合物(如 $CaCl_2$、$Ca(OH)_2$、$CaCO_3$)和过氧化氢。有低温法、常温法。在水溶液中生成 $CaO_2 \cdot 8 H_2O$,在 110～150℃条件下干燥脱水,可得到固体 CaO_2。

2. CaO_2 含量的测定

在酸性条件下,CaO_2 与稀酸反应生成 H_2O_2,用标准 $KMnO_4$ 溶液滴定所生成的 H_2O_2,以确定其含量。

$$5CaO_2 + 2MnO_4^- + 16H^+ = 5Ca^{2+} + 2Mn^{2+} + 5O_2 + 8H_2O$$

$$w(CaO_2) = \frac{\frac{5}{2}c(KMnO_4)V(KMnO_4)M(CaO_2)}{m(\text{产品})}$$

二、实验要求

(1) 设计制备 CaO_2 的实验方案,并制备 CaO_2。

(2) 设计方案测定 CaO_2 含量。

(3) 结合实验及文献,写一篇介绍 CaO_2 制备和用途的小论文。

三、思考题

(1) 产品中含有哪些主要杂质? 如何提高产品的纯度?

(2) $KMnO_4$ 是氧化还原滴定中最常用的氧化剂之一,该滴定通常在酸性条件下进行,一般用稀硫酸酸化。而本实验测定 CaO_2 含量时,你拟用何种酸溶解样品? 为什么?

(3) 如何储存 CaO_2? 为什么?

§7.2 含铬工业废液的处理及水质检验

一、实验导读

铬是毒性较高的元素之一。含铬的工业废水,其铬的存在形式多为 $Cr(VI)$ 和 Cr^{3+}。$Cr(VI)$ 的毒性比 Cr^{3+} 大得多,它能诱发皮肤溃疡、贫血、肾炎及神经炎等。工业废水排放时,要求 $Cr(VI)$ 的含量不超过 $0.3\ mg \cdot L^{-1}$,而生活饮用水和地面水,则要求 $Cr(VI)$ 的含量不超过 $0.05\ mg \cdot L^{-1}$。$Cr(VI)$ 的除去方法,通常在酸性条件下用还原剂将 $Cr(VI)$ 还原为 Cr^{3+},然后在碱性条件下,将 Cr^{3+} 沉淀为 $Cr(OH)_3$,经过滤除去沉淀而使水净化。

处理后废水中的 $Cr(VI)$ 可与二苯碳酰二肼 $[CO(NH \cdot NH \cdot C_6H_5)_2]$ 在酸性条件下作用产生红紫色配合物来检验结果。

二、实验要求

(1) 设计报告包括含铬工业废液的具体处理步骤及水质检验方法。设计报告应写明实验原理、方法、步骤等,列出所需的实验用品。

(2) 完成实验,提交实验报告。

三、思考题

(1) 处理废水中,为什么加 $FeSO_4$ 前要调节 pH,如果 pH 控制不好,会有什么不良影响?如果加入 $FeSO_4$ 不够,会产生什么效果?

(2) 本实验测定中所用的各种玻璃器皿能否用铬酸洗液洗涤?怎样洗涤可保证实验结果的准确性?

(3) 如何测定处理后废液中总铬的含量?

§7.3 洗衣粉中含磷量与碱度的测定

一、实验导读

洗衣粉中的磷酸盐是理想的助洗剂,它具有螯合作用,起到软化水、分散、乳化等作用,使洗衣粉具有一定的去污力以及防止洗衣粉结块。随着河流湖泊的"过肥化",洗涤用品中的磷酸盐是目前唯一受到立法限制的对象,因此粉状洗涤中总五氧化二磷含量是一个重要的指标,常用的检验方法有分光光度法和重量法。

洗衣粉的 pH 一般为 $9.5 \sim 10.5$,若 pH >11,碱性太强,易损害织物的纤维;若 pH <9.5,碱性太弱,使它渗入织物纤维间的能力减弱,从而影响洗涤效能。

二、实验要求

(1) 设计报告包括洗衣粉中含磷量的测定方案与碱度的测定方案两个部分。设计报告应写明实验原理、方法、步骤、实验结果的计算方法等,列出所需的实验用品。

（2）完成实验,提交实验报告。

三、思考题

（1）如何测定洗衣粉中的含磷量?

（2）分光光度法测定含磷量时,显色条件如何控制?

（3）重量法测定含磷量时,如何选择沉淀剂?

（4）如何测定洗衣粉的 pH?

§7.4　聚碱式氯化铝的制备及絮凝效果研究

一、实验导读

聚碱式氯化铝易溶于水,其水解产物有强吸引力、高絮凝效果和很快的沉降速度,能除去水中的悬浮颗粒和胶状污染物,还能有效地除去水中的微生物、细菌、藻类及高毒性重金属铬、铅等,为国内外广泛采用的水处理絮凝剂。

铝土矿等含有 $30\%\sim40\%$ 的 Al_2O_3,50% 左右的 SiO_2,少量的 Fe_2O_3 和少量的 K、Na、Ca、Mg 等元素。可以直接用于聚碱式氯化铝的制备。

二、实验要求

（1）设计报告包括聚碱式氯化铝的制备方案及絮凝效果研究方案两个部分。设计报告应写明实验原理、方法、步骤等,列出所需的实验用品。

（2）完成实验,提交实验报告。

三、思考题

（1）制备聚碱式氯化铝还有哪些途径? 有何优缺点?

（2）你还了解哪些水处理剂? 净水效果如何?

§7.5　煤样中全硫的测定

一、实验导读

煤中的硫主要有三种存在形式,即有机硫、硫化物、硫酸盐。硫化物、硫酸盐中的硫在石灰石的分解温度下可转化成硫酸钙。目前各企业采取的测定方法不尽一致。有的直接采用碘量法测定,由于反应瓶底粘结成糊而失败;有的将煤燃烧后测煤灰中的硫,由于燃烧过程中煤中的部分硫成气体逸出,从而使结果偏低。测定方法选择不当,势必造成煤中全硫测定结果产生偏差,失去指导生产的意义。煤中全硫的测定方法有艾士卡法、库仑滴定法和高温燃烧中和法。

库仑滴定法是煤样在三氧化钨催化剂作用下,于 $1\,000\ mL\cdot min^{-1}$ 空气流在 $1\,150\,℃$ 高温中燃烧分解,使煤中硫生成二氧化硫,被电解池中的碘化钾溶液吸收,并被电解碘化钾所产生的碘滴定,根据电解所消耗的电量计算煤中全硫含量。此法快速准确,但需专用仪器设备。

高温燃烧中和法是煤样在三氧化钨催化剂作用下于 350 mL/min 空气流中在 1 200℃ 高温下燃烧,生成硫的氧化物并捕集在过氧化氢溶液中形成硫酸,最后用氢氧化钠滴定而计算全硫含量。此法准确,但需高温燃烧设备。

艾士卡法也称重量法,是煤中全硫测定的仲裁法,方法经典,设备简单,结果准确。

二、实验要求

(1) 设计报告包括煤样中全硫的测定研究方案。设计报告应写明实验原理、方法、步骤和实验结果的计算方法等,列出所需的实验用品。

(2) 完成实验,提交实验报告。

三、思考题

(1) 煤中的硫有什么危害? 请说明测定煤中全硫的方法有哪些?

(2) 什么是艾士卡试剂? 在测定中如何应用?

§7.6 阿司匹林药片中乙酰水杨酸含量的测定

一、实验导读

阿司匹林是人类常用的具有解热和镇痛等作用的一种药品,其主要成分是乙酰水杨酸。乙酰水杨酸的结构式为:

$$\begin{array}{c}\text{COOH}\\ \text{OCOCH}_3\end{array}$$

乙酰水杨酸是有机弱酸($K_a = 1 \times 10^{-3}$),摩尔质量为 180.16 g/mol,微溶于水,易溶于乙醇。在强碱性溶液中溶解并分解,反应式如下:

$$\begin{array}{c}\text{COOH}\\ \text{OCOCH}_3\end{array} + 2\text{OH}^- === \begin{array}{c}\text{COO}^-\\ \text{OH}\end{array} + \text{CH}_3\text{COO}^- + \text{H}_2\text{O}$$

医药上经常需要测定药品阿司匹林中乙酰水杨酸的含量,用以检查药品的质量。由于药片中一般都添加一定量的赋形剂(如硬脂酸镁、淀粉等),故不宜直接滴定,可采用返滴法进行滴定。将药片磨成粉状后加入过量的 NaOH 标准溶液,加热一段时间使乙酰基水解完全,再用 HCl 标准溶液返滴过量的 NaOH 溶液。

二、实验要求

(1) 设计测定阿司匹林药片中乙酰水杨酸含量的方案,设计方案应写明实验原理、方法、步骤等,列出所需的实验用品,计算药片中乙酰水杨酸的质量分数及每片药剂中乙酰水杨酸的质量(g/片)。

(2) 完成实验,提交实验报告。

三、思考题

(1) 为保证所取的样品具有代表性,片剂药品应如何取样?
(2) 如何保证阿司匹林药片中乙酰水杨酸充分水解?
(3) 若测定的是乙酰水杨酸纯品(晶体),可否采用直接滴定法?
(4) 如何消除其他成分可能产生的干扰?

§7.7 水中亚硝酸态氮的测定

一、实验导读

在水的环境监测中,亚硝酸盐氮的测定是一个非常重要的指标,水中的亚硝酸盐氮是氮循环的中间产物,很不稳定。在水环境不同的条件下,可氧化成硝酸盐氮,也可被还原成氨。亚硝酸盐氮在水中可受微生物作用很不稳定,采集后应立即分析或冷藏抑制生物影响。亚硝酸盐氮可以采用分光光度分析等方法进行测定。

二、实验要求

(1) 设计报告包括水样保存,水中亚硝酸态氮测定的研究方案。在设计报告应写明实验原理、方法、步骤和实验结果的计算方法等,列出所需的实验用品。
(2) 完成实验,提交实验报告。

三、思考题

(1) 测定水中亚硝酸态氮应该在什么介质中进行实验?
(2) 如何消除水中亚硝酸态氮分析的干扰?
(3) 请说明实验中的显色条件如何控制?

§7.8 日常食品的质量检测

一、实验导读

食品检验与分析的内容很丰富,而且范围相当广泛,在各种食品中有许多组分是相同的,有一些组分则是不相同的。特别是不同种类的食品具有不同的特性。食品分析的范围很广,如:对食品营养成分分析、食品中污染物的分析、食品辅助材料及添加剂的分析等。主要实验内容有:食品水分活度的测定、果汁总酸的测定、还原糖的测定、淀粉含量的测定(碘量法)、果胶的提取和果酱的制备、淀粉糊化及酶法制备淀粉糖浆及其葡萄糖值的测定、豆类淀粉和薯类淀粉的老化——粉丝的制备与质量感官评价、脂肪氧化-过氧化值及酸价的测定(滴定法)、大豆中油脂和蛋白质的分离、粗蛋白质的测定(微量凯氏定氮法)、绿色果蔬分离叶绿素及其含量测定等。要求学生在教师的指导下,通过查阅有关资料,选定分析内容和方案。

二、实验要求

（1）设计报告包括查阅肉类制品、果蔬制品、粮油制品、乳及乳制品、蛋及蛋制品等主要食品之一的质量标准，设计对这些食品进行质量评价的实验方案，并对主要理化指标实施检验。通过让学生自己选题、查阅资料，在实验方案的设计、实施及实验结果的分析、整理过程中，培养学生独立完成系统性、综合性实验的能力。设计报告应写明实验原理、方法、步骤等，列出所需的实验用品。

（2）完成实验，提交实验报告。

三、思考题

（1）水分的测定和水分活性的测定在原理上有什么不同？

（2）简述旋光法测定食品中含糖量的操作要点？

§7.9 水泥中铁、铝、钙、镁的测定

一、实验导读

水泥熟料的主要化学成分的含量大致为：SiO_2 18%～24%；Fe_2O_3 2.0%～5.5%；Al_2O_3 4.0%～9.5%；CaO 60%～70%；MgO<4.5%。其中，铁、铝、钙、镁等组分可用酸溶解，酸不溶物即为 SiO_2，经过滤后可在滤液中测定铁、铝、钙、镁等组分的含量，由于这四种离子都能在一定条件下与 EDTA 形成稳定的螯合物，但形成螯合物的 $K_稳$ 不同，$lgK_{FeY}=25$，$lgK_{AlY}=16.1$，$lgK_{CaY^{2-}}=10$，$lgK_{MgY^{2-}}=8$，因此可利用控制酸度与掩蔽、沉淀等方法分别测定。

二、实验要求

（1）设计报告包括 确定试样分析方案、EDTA 标准溶液的配制与标定以及分步测定铁、铝、钙、镁方案。设计报告应写明实验原理、方法、步骤和实验结果的计算方法等，列出所需的实验用品。

（2）完成实验，提交实验报告。

三、思考题

（1）滴定 Fe，Al，Ca，Mg 时怎样控制 pH？

（2）用 EDTA 滴定铝时，为什么采用返滴定法？

§7.10 粗硫酸铜的提纯

一、实验导读

粗硫酸铜中常含有不溶性杂质（如泥沙等）和可溶性杂质铁离子。不溶性杂质可用过滤

法除去,对于可溶性杂质铁离子,可用氧化剂将 Fe^{2+} 氧化成 Fe^{3+},然后用控制一定 pH,使 Fe^{3+} 完全生成 $Fe(OH)_3$ 沉淀而除去,在此 pH 下,不会有 $Cu(OH)_2$ 沉淀产生。

二、实验要求

(1) 设计报告包括硫酸铜的提纯方案和硫酸铜提纯前后杂质铁含量的定性对比方案。设计报告应写明实验原理、方法、步骤等,列出所需的实验用品。

(2) 完成实验,提交实验报告。

三、思考题

(1) 除去杂质铁离子时,为什么要先将 Fe^{2+} 氧化成 Fe^{3+}? 选择哪一种氧化剂为好?

(2) 若采用控制 pH 的方法来分离 Fe^{3+} 和 Cu^{2+},pH 控制在何值为好? 为什么?

(3) 如何定性检验 $CuSO_4$ 中的 Fe^{3+}?

(4) 提纯后的 $CuSO_4$ 溶液蒸发浓缩时,需要酸化吗? 为什么?

§7.11　碱式碳酸铜的制备

一、实验导读

碱式碳酸铜 $Cu_2(OH)_2CO_3$ 为暗绿色物质。加热到 200℃ 分解,在水中的溶解度很小,在沸水中易分解。

制备碱式碳酸铜的原料,铜盐如硫酸铜、硝酸铜等,碳酸盐如碳酸钠、碳酸氢铵等。制备的关键是选择好反应物料、反应物料的配比和反应温度等。

二、实验要求

(1) 至少设计两种制备碱式碳酸铜的方案。

(2) 研究物料比、反应温度等对实验的影响。

(3) 提交实验产品。

(4) 完成实验报告。

三、思考题

(1) 影响制备反应的因素有哪些?

(2) 如何测定产物中铜及碳酸根的含量?

§7.12　碘盐的制备与检验

一、实验导读

日常生活中所说的"食盐"事实上是碘盐。碘有"智能元素"之称,它是人体甲状腺素的重要原料,与人的生长发育和新陈代谢密切相关,特别是对人的大脑发育起着决定性作用。

当人体缺碘时,会引起多种疾病,统称为碘缺乏病(IDD,Iodine-deficiency diseases),这是一种生物地球化学性疾病。该病有两个特点:一是危害重;二是可预防。我国是碘缺乏病多发国家,我国政府十分重视碘缺乏病的防治。预防 IDD 主要是落实以食盐加碘为主的综合补碘措施,这是一个最有效、经济、实用、安全的方法。

碘盐的制备,其实质是粗盐重结晶提纯,加入含碘活性成分的过程。重结晶是提纯固体的重要方法,通过将被提纯物质完全溶解在适当溶剂中,过滤,使不溶的杂质与液相分离。再通过加热蒸发液相,浓缩后冷却使被提纯物质达到过饱和而重新结晶析出,液相中杂质因未饱和而仍然留在液相中,从而达到提纯的目的。经多次重结晶,可以得到纯度在 99.9％以上的晶体。母液的多少、晶体的大小以及结晶的次数决定产物的纯度。

国际上制备碘盐的材料,有 KI 和 KIO_3 两种碘剂。我国使用 KIO_3 加工食用碘盐,因为 KIO_3 化学性质稳定,常温下不易挥发,不吸水,易保存,用来加工碘盐具有良好的防病效果。KI 有味苦,易挥发和潮解,见光分解析出游离碘而显黄色等缺点。KIO_3 为无臭、无味、无色的晶体,溶于水,含碘量为 59.3％。由于 KIO_3 加热超过 560℃时开始分解,且在酸性介质中氧化性较强,遇到食品中某些还原性物质,如 Fe^{2+}、$C_2O_4^{2-}$,易被还原为单质碘,所以应注意其生产和应用条件。

二、实验要求

(1) 查阅相关资料,设计碘盐的制备与检验实验方案。

(2) 重结晶法提纯粗盐,正确进行抽滤、浓缩、烘干、冷却后称重的实验操作,计算精盐产率。

(3) 通过 KIO_3 标准溶液对精盐加碘以制备碘盐。

(4) 检验比较碘盐溶液和粗盐溶液成分:① Ca^{2+} 的检验;② Mg^{2+} 的检验;③ SO_4^{2-} 的检验。

(5) 完成并提交实验报告。

三、思考题

(1) 食盐重结晶过程中,为什么要不断搅拌? 可否让溶液被完全蒸干?

(2) 简述抽滤操作过程及其注意事项。

(3) 碘剂为什么不直接加入浓缩液中,而是加入精盐结晶中?

(4) 精盐加碘后,能否直接在酒精灯上蒸干? 温度要控制在什么范围内?

(5) 日常炒菜时,应先放、中间放、还是最后放入碘盐? 为什么?

§7.13　茶叶中某些元素的分离与鉴定

一、实验导读

茶叶中的化学成分丰富多样。本实验定性检验茶叶中的 P、Ca、Mg、Fe 及 Al 元素。把茶叶烧成灰烬,然后用酸浸提,即可分离、鉴定这些元素。

Ca、Mg、Al 和 Fe 离子的氢氧化物完全沉淀的 pH 的范围如下:

$$Ca(OH)_2: > 13$$

$$Mg(OH)_2: > 11$$

$$Fe(OH)_3: \geqslant 4.1$$

$$Al(OH)_3: \geqslant 5.2$$

而 $pH > 9$，$Al(OH)_3$ 又开始溶解。

茶叶灰用稀 HCl 浸提，然后用浓 $NH_3 \cdot H_2O$ 调节滤液的 pH，使 Al^{3+} 和 Fe^{3+} 的氢氧化物完全沉淀，而 Mg^{2+} 和 Ca^{2+} 不生成氢氧化物沉淀。过滤后，Mg^{2+} 和 Ca^{2+} 留在滤液中，从滤液中可以鉴定 Mg^{2+} 和 Ca^{2+}。把沉淀与过量的 NaOH 溶液反应，由于 $Al(OH)_3$ 具有两性，又可以把 Al^{3+} 和 Fe^{3+} 分离开来，进行鉴定。另取茶叶灰，用浓硝酸溶解后，使磷以 PO_4^{3-} 的形式存在，然后再鉴定 PO_4^{3-}。

二、实验要求

(1) 设计方案定性鉴定茶叶中的 P、Ca、Mg、Fe、Al。

(2) 设计报告应写明实验原理、方法、步骤等，列出所需的实验用品。

(3) 提交实验报告。

三、思考题

(1) 茶叶灰化及茶叶灰用稀 HCl 浸提时应注意什么？

(2) 如何用控制 pH 的方法分离 Al^{3+}、Fe^{3+} 与 Mg^{2+}、Ca^{2+}？

§7.14 尿素中氮含量的测定

一、实验导读

常用的含氮化肥有 NH_4Cl、$(NH_4)_2SO_4$、NH_4NO_3、NH_4HCO_3 和尿素等，其中 NH_4Cl、$(NH_4)_2SO_4$ 和 NH_4NO_3 是强酸弱碱盐。由于 NH_4^+ 的酸性太弱($K_a = 5.6 \times 10^{-10}$)，因此不能直接用 NaOH 标准溶液滴定，但用甲醛法可以间接测定其含量。尿素通过处理也可以用甲醛法测定其含氮量。甲醛与 NH_4^+ 作用，生成质子化的六次甲基四胺 ($K_a = 7.1 \times 10^{-6}$) 和 H^+，其反应如下：

$$4NH_4^+ + 6HCHO \Longrightarrow (CH_2)_6N_4H^+ + 3H^+ + 6H_2O$$

所生成的 H^+ 和 $(CH_2)_6N_4H^+$ 可用 NaOH 标准溶液滴定，采用酚酞作指示剂。

标定 NaOH 标准溶液的基准物质为邻苯二甲酸氢钾，其反应为：

化学计量点时，溶液呈弱碱性 (pH=9.20)，可选用酚酞作指示剂。

二、实验要求

(1) 设计用甲醛法间接测定尿素中氮含量的方法，包括 NaOH 标准溶液的配制及标定,尿素中氮转化为氨态氮等实验方法。设计报告应写明实验原理、方法、步骤等,列出所需的实验用品。

(2) 完成实验,提交实验报告。

三、思考题

(1) 尿素为有机碱,为什么不能用标准酸溶液直接滴定? 尿素经消化转为 NH_4^+,为什么不能用 NaOH 溶液直接滴定?

(2) 计算称取试样量的原则是什么? 本实验中试样量如何计算?

(3) 中和甲醛和尿素消化液中的游离酸时,分别选用何种指示剂? 为什么这样选择?

§7.15 蛋壳中钙、镁含量的测定

一、实验导读

随着养鸡事业的发展和人民生活水平的提高,鸡蛋的生产量和消费量都在不断增加。但是,长期以来,人们只注重蛋清和蛋黄的利用,却把占鸡蛋总质量 10%～12% 的蛋壳当作废弃物丢掉了。蛋壳是由壳上膜、壳下膜和壳三个部分组成。蛋壳里含有碳酸钙、碳酸镁、磷酸钙、磷酸镁和有机物等。蛋壳有极大的综合利用价值,可以加工蛋血粉肥,加工蛋壳粉饲料,加工蛋卵膜护肤霜,加工蛋壳粉直接入药等。测定蛋壳中钙、镁的含量方法包括:配位滴定法、酸碱滴定法、高锰酸钾滴定法、原子吸收法等,本实验运用配位滴定法测定蛋壳中的钙、镁含量。

(1) 试样分解

$$CaCO_3 + 2H^+ == Ca^{2+} + H_2O + CO_2 \uparrow$$

(2) Zn^{2+} 标定 EDTA 溶液

$$Zn^{2+} + H_2Y^{2-} == ZnY^{2-} + 2H^+$$

(3) EDTA 溶液滴定 Ca^{2+}、Mg^{2+}

$$Ca^{2+} + H_2Y^{2-} == CaY^{2-} + 2H^+$$

$$Mg^{2+} + H_2Y^{2-} == MgY^{2-} + 2H^+$$

二、实验要求

(1) 设计鸡蛋壳中钙、镁含量的测定方案。设计报告应写明实验原理、方法、步骤等,列出所需的实验用品。

(2) 完成实验,提交实验报告。

三、思考题

(1) 如何确定蛋壳粉末的称量范围? (提示:先粗略确定蛋壳粉中钙、镁含量,再估计蛋壳粉的称量范围)

（2）蛋壳粉溶解稀释时为何加 95％乙醇可以消除泡沫？

（3）试列出求钙、镁总量的计算式（以 CaO 含量表示）。

§7.16　复方氢氧化铝药片中铝和镁的测定

一、实验导读

　　胃舒平，别名复方氢氧化铝，主要成分为氢氧化铝及三硅酸镁、颠茄流浸膏，同时含有淀粉、滑石粉和液体石蜡等辅料，具有中和胃酸、减少胃液分泌、保护胃翻膜及解痉、镇痛作用，用于治疗胃酸过多、胃溃疡及胃痛等。其中的 $Al(OH)_3$，起着中和胃中酸的作用。由于铝是一种慢性神经毒性物质，过多地摄入会沉积在神经原纤维缠结和老年斑中使神经系统发生退行性改变，从而诱发老年性痴呆、肌萎缩性侧索硬化症等疾病。药片中铝和镁的含量可用 EDTA 络合滴定法测定。先溶解样品，分离去水不溶物质，然后取试液加入过量 EDTA 溶液，调节 pH 至 4 左右，煮沸使 EDTA 与铝配合，再以二甲酚橙为指示剂，用标准锌溶液回滴过量 EDTA，测出铝含量，从而确定 $Al(OH)_3$ 的含量；另取试液调 pH，将铝沉淀分离后，于 pH＝10 条件下以 K - B 指示剂，用 EDTA 溶液滴定滤液中的镁，从而确定 MgO 的含量。

二、实验要求

　　（1）设计复方氢氧化铝药片中铝和镁的测定方法。设计报告应写明实验原理、方法、步骤等，列出所需的实验用品。

　　（2）完成实验，提交实验报告。

三、思考题

　　（1）为什么不能用直接法测定胃舒平中铝的含量？

　　（2）能否采用 F^- 掩蔽 Al^{3+}，而直接滴定 Mg^{2+}？

　　（3）在滴定镁离子时，加入三乙醇胺的作用是什么？

§7.17　混合酸或碱中各组分含量测定的设计实验

一、实验导读

　　在滴定混合酸时，弱酸的强度越弱，越有利于滴定强酸；弱酸的酸度愈强，越有利于滴定总酸度。此外，强酸和弱酸的混合浓度 c_1/c_2 比例，对混合酸能否分别滴定也有影响。一般来说，强酸的浓度愈大，分别滴定的可能性就愈大，反之愈小。

　　混合碱系是指 Na_2CO_3、NaOH、$NaHCO_3$ 的各自混合物及类似的混合物。用 HCl 分别滴定 NaOH、Na_2CO_3、$NaHCO_3$ 溶液时，如果以酚酞为指示剂，酚酞的变色范围为 8～10，因此，NaOH、Na_2CO_3 可以被滴定，NaOH 转化为 NaCl，Na_2CO_3 转化为 $NaHCO_3$，为第一终点；而 $NaHCO_3$ 不被滴定，当以甲基橙（3.1～4.3）为指示剂时，$NaHCO_3$ 被滴定转化为 NaCl 为第二终点。通过滴定不仅能够完成定量分析，还可以完成定性分析。因为 Na_2CO_3

转化生成 $NaHCO_3$ 以及 $NaHCO_3$ 转化为 NaCl 消耗 HCl 的量是相等的,由 V_1 和 V_2 的大小可以判断混合碱的组成。磷酸盐体系情况分析类似。

二、实验要求

(1) 设计报告包括选题及混合酸或碱中各组分含量测定实验方案的拟定两个部分。设计报告应写明实验原理、方法、步骤等,列出所需的实验用品。

(2) 完成实验,提交详细的实验报告。

三、思考题

(1) 不存在 NaOH 和 $NaHCO_3$ 的混合物,为什么?

(2) 当 $V_1 > V_2$ 时,说明混合碱的组成? 当 $V_1 < V_2$ 时,说明混合碱的组成?

§7.18　应用配位滴定法的设计性实验

一、实验导读

配位反应广泛应用于分析化学的各种分离与测定中,除作滴定反应外,还常用于显色反应、萃取反应、沉淀反应及掩蔽反应等。配位滴定法是以配位反应为基础的滴定分析方法。配位滴定分析中所使用的氨羧配合剂对滴定反应条件要求十分严格。在实验中要特别注意设计不同测试体系的实验条件。配位滴定分析的应用很广泛,可以用各种方式进行滴定,如:直接滴定法、间接滴定法、返滴定法和置换滴定法。在实验中可以进行选择性滴定或分别滴定。要求学生通过配位滴定法课程和基础实验的学习,在教师的指导下,查阅参考资料拟定实验课题。写出详细的实验报告。从试剂的配制、操作步骤拟定,完成数据处理和实验报告。

二、实验要求

(1) 设计报告包括选题及配位滴定法的设计性实验方案的拟定两个部分。设计报告应写明实验原理、方法、步骤等,列出所需的实验用品。

(2) 完成实验,提交详细的实验报告。

三、思考题

(1) 用 EDTA 连续滴定 Fe^{3+}、Al^{3+} 时,可以在什么条件下进行?

(2) 根据金属离子形成配合物的性质,说明哪些配合物是有色的? 哪些是无色的?

(3) Ca^{2+} 与 PAN 不显色,但 pH 为 $10 \sim 12$ 时,加入适量的 CuY,却可用 PAN 作滴定 Ca^{2+} 的指示剂,简述其原理?

§7.19　应用氧化还原滴定法的设计性实验

一、实验导读

氧化还原滴定法是以氧化还原反应为基础的滴定分析法。氧化还原反应是基于电子转移的反应。由于氧化还原反应的反应机理比较复杂,有许多反应的速度较慢,有时介质对反应也有较大的影响;有的反应除了主反应外,还伴随有各种副反应。因此,在应用氧化还原滴定法时,除从平衡观点判断反应的可行性外,还应考虑反应机理、反应速度、反应条件及滴定条件等问题。氧化还原滴定法的应用很广泛,可以用来直接、间接滴定,也可以利用诱导反应对混合物进行选择性滴定或分别滴定。要求学生通过氧化还原滴定法课程和基础实验的学习,在教师的指导下,查阅参考资料拟定实验课题。写出详细的实验报告。从试剂的配制、操作步骤拟定,完成数据处理和实验报告。

二、实验要求

(1) 设计报告包括选题及氧化还原滴定法的设计性实验方案的拟定两个部分。设计报告应写明实验原理、方法、步骤等,列出所需的实验用品。

(2) 完成实验,提交详细的实验报告。

三、思考题

(1) 常用氧化还原滴定法有哪几类? 这些方法的基本反应是什么?

(2) 应用于氧化还原滴定法的反应应具备什么条件?

(3) 氧化还原滴定中的指示剂分为几类? 各自如何指示滴定终点?

§7.20 综合分析实验

一、实验导读

无机与分析化学实验中,分析化学实验部分的内容主要包括四大滴定分析,即酸碱滴定,络合滴定,氧化还原滴定,沉淀滴定;相应的标准溶液的配制和浓度标定;重量分析;分光光度分析。通过基础实验和综合实验的学习和训练,学生已经比较熟练地掌握各种定量分析操作及化学分析实验的技能。在此基础上,进一步提出一些能将各类滴定分析、重量分析、分光光度分析的方法进行组合的实验,如:两种或两种以上滴定的分析方法综合在一起的实验内容;滴定分析与重量分析组合的实验;多种仪器联合使用的实验等。要求学生在教师的指导下,通过查阅资料后进行实验设计与研究。

二、实验要求

(1) 设计报告包括选题及综合分析实验方案的拟定两个部分。设计报告应写明实验原理、方法、步骤等,列出所需的实验用品。

(2) 完成实验,提交详细的实验报告。

三、思考题

(1) 如何利用酸碱滴定法和酸度计结合进行实验?

(2) 如何将酸碱滴定法与配位滴定法相结合进行实验?

(3) 如何将滴定分析法与重量分析法相结合进行实验?

附　　录

附录 1　元素的相对原子质量

原子序数	元素名称	元素符号	相对原子质量	原子序数	元素名称	元素符号	相对原子质量
1	氢	H	1.007 94(7)	32	锗	Ge	72.64(1)
2	氦	He	4.002 602(2)	33	砷	As	74.921 60(2)
3	锂	Li	6.941(2)	34	硒	Se	78.96(3)
4	铍	Be	9.012 182(3)	35	溴	Br	79.904(1)
5	硼	B	10.811(7)	36	氪	Kr	83.80(1)
6	碳	C	12.010 7(8)	37	铷	Rb	85.467 8(3)
7	氮	N	14.006 7(2)	38	锶	Sr	87.62(1)
8	氧	O	15.999 4(3)	39	钇	Y	88.905 85(2)
9	氟	F	18.998 403 2(5)	40	锆	Zr	91.224(2)
10	氖	Ne	20.179 7(6)	41	铌	Nb	92.906 38(2)
11	钠	Na	22.989 770(2)	42	钼	Mo	95.94(1)
12	镁	Mg	24.305 0(6)	43	锝	Tc	(98)
13	铝	Al	26.981 538(2)	44	钌	Ru	101.07(2)
14	硅	Si	28.088 5(3)	45	铑	Rh	102.905 50(2)
15	磷	P	30.973 761(2)	46	钯	Pd	106.42(1)
16	硫	S	32.065(5)	47	银	Ag	107.868 2(2)
17	氯	Cl	35.453(2)	48	镉	Cd	112.411(8)
18	氩	Ar	39.948(1)	49	铟	In	114.818(3)
19	钾	K	39.098 3(1)	50	锡	Sn	118.710(7)
20	钙	Ca	40.078(4)	51	锑	Sb	121.760(1)
21	钪	Sc	44.955 910(8)	52	碲	Te	127.60(3)
22	钛	Ti	47.867(1)	53	碘	I	126.904 47(3)
23	钒	V	50.941 5(1)	54	氙	Xe	131.293(6)
24	铬	Cr	51.996 1(6)	55	铯	Cs	132.905 45(2)
25	锰	Mn	54.938 49(9)	56	钡	Ba	137.327(7)
26	铁	Fe	55.845(2)	57	镧	La	138.905 5(2)
27	钴	Co	58.933 200(9)	58	铈	Ce	140.116(1)
28	镍	Ni	58.693 4(2)	59	镨	Pr	140.907 65(2)
29	铜	Cu	63.546(3)	60	钕	Nd	144.24(3)
30	锌	Zn	65.39(2)	61	钷	Pm	(145)
31	镓	Ga	69.723(1)	62	钐	Sm	150.36(3)

原子序数	元素名称	元素符号	相对原子质量	原子序数	元素名称	元素符号	相对原子质量
63	铕	Eu	151.964(1)	87	钫	Fr	(223)
64	钆	Gd	157.25(3)	88	镭	Ra	(226)
65	铽	Tb	158.925 34(2)	89	锕	Ac	(227)
66	镝	Dy	162.50(3)	90	钍	Th	232.038 1(1)
67	钬	Ho	164.930 32(2)	91	镤	Pa	231.035 88(2)
68	铒	Er	167.259(3)	92	铀	U	238.028 91(3)
69	铥	Tm	168.934 21(2)	93	镎	Np	(237)
70	镱	Yb	173.04(3)	94	钚	Pu	(244)
71	镥	Lu	174.967(1)	95	镅	Am	(243)
72	铪	Hf	178.49(2)	96	锔	Cm	(247)
73	钽	Ta	180.947 9(1)	97	锫	Bk	(247)
74	钨	W	183.84(1)	98	锎	Cf	(251)
75	铼	Re	186.207(1)	99	锿	Es	(252)
76	锇	Os	190.23(3)	100	镄	Fm	(257)
77	铱	Ir	192.217(3)	101	钔	Md	(258)
78	铂	Pt	195.078(2)	102	锘	No	(259)
79	金	Au	196.966 55(2)	103	铹	Lr	(260)
80	汞	Hg	200.59(2)	104	𬬻	Rf	(261)
81	铊	Tl	204.383 3(2)	105	𬭊	Db	(262)
82	铅	Pb	207.2(1)	106	𬭳	Sg	(263)
83	铋	Bi	208.980 38(2)	107	𬭛	Bh	(264)
84	钋	Po	(210)	108	𬭶	Hs	(265)
85	砹	At	(210)	109	鿏	Mt	(268)
86	氡	Rn	(222)				

附录 2　化合物的相对分子量

化合物	相对分子量	化合物	相对分子量	化合物	相对分子量
Ag_3AsO_4	462.52	$Al(NO_3)_3$	213.00	BaC_2O_4	225.35
$AgBr$	187.77	$Al(NO_3)_3 \cdot 9H_2O$	375.13	$BaCl_2$	208.24
$AgCl$	143.32	Al_2O_3	101.96	$BaCl_2 \cdot 2H_2O$	244.27
$AgCN$	133.89	$Al(OH)_3$	78.00	$BaCrO_4$	253.32
$AgSCN$	165.95	$Al_2(SO_4)_3$	342.14	BaO	153.33
Ag_2CrO_4	331.73	$Al(SO_4)_3 \cdot 18H_2O$	666.41	$Ba(OH)_2$	171.34
AgI	234.77	As_2O_3	197.84	$BaSO_4$	233.39
$AgNO_3$	169.87	As_2O_5	229.84	$BiCl_3$	315.34
$AlCl_3$	133.34	As_2S_3	246.03	$BiOCl$	260.43
$AlCl_3 \cdot 6H_2O$	241.43	$BaCO_3$	197.34	CO_2	44.01

（续表）

化合物	相对分子量	化合物	相对分子量	化合物	相对分子量
CaO	56.08	$CrCl_3$	158.36	$H_2C_2O_4$	90.04
$CaCO_3$	100.09	$CrCl_3 \cdot 6H_2O$	266.45	$H_2C_2O_4 \cdot 2H_2O$	126.07
CaC_2O_4	128.10	$Cr(NO_3)_3$	238.01	$H_2C_4H_4O_4$（丁二酸）	118.09
$CaCl_2$	110.99	Cr_2O_3	151.99	$H_2C_4H_4O_6$（酒石酸）	150.09
$CaCl_2 \cdot 6H_2O$	219.08	$CuCl$	99.00	$H_3C_6H_5O_7 \cdot H_2O$ （柠檬酸）	210.14
$Ca(NO_3)_2 \cdot 4H_2O$	236.15	$CuCl_2$	134.45	$H_2C_4H_4O_5$ （DL-苹果酸）	134.09
$Ca(OH)_2$	74.09	$CuCl_2 \cdot 2H_2O$	170.48		
$Ca_3(PO_4)_2$	310.18	$CuSCN$	121.62	$HC_3H_6NO_2$ （DL-α-丙氨酸）	89.10
$CaSO_4$	136.14	CuI	190.45		
$CdCO_3$	172.42	$Cu(NO_3)_2$	187.56	HCl	36.46
$CdCl_2$	183.82	$Cu(NO_3)_2 \cdot 3H_2O$	241.60	HF	20.01
CdS	144.47	CuO	79.54	HI	127.91
$Ce(SO_4)_2$	332.24	Cu_2O	143.09	HIO_3	175.91
$Ce(SO_4)_2 \cdot 4H_2O$	404.30	CuS	95.61	HNO_2	47.01
$CoCl_2$	129.84	$CuSO_4$	159.06	HNO_3	63.01
$CoCl_2 \cdot 6H_2O$	237.93	$CuSO_4 \cdot 5H_2O$	249.68	H_2O	18.02
$Co(NO_3)_2$	182.94	$FeCl_2$	126.75	H_2O_2	34.02
$Co(NO_3)_2 \cdot 6H_2O$	291.03	$FeCl_2 \cdot 4H_2O$	198.81	H_3PO_4	98.00
CoS	90.99	$FeCl_3$	162.21	H_2S	34.08
$CoSO_4$	154.99	$FeCl_3 \cdot 6H_2O$	270.30	H_2SO_3	82.07
$CoSO_4 \cdot 7H_2O$	281.10	$FeNH_4(SO_4)_2 \cdot 12H_2O$	482.18	H_2SO_4	98.07
$CO(NH_2)_2$（尿素）	60.06			$Hg(CN)_2$	252.63
$CS(NH_2)_2$（硫脲）	76.12	$Fe(NO_3)_3$	241.86	$HgCl_2$	271.50
C_6H_5OH	94.11	$Fe(NO_3)_3 \cdot 9H_2O$	404.00	Hg_2Cl_2	472.09
CH_2O（甲醛）	30.03	FeO	71.85	HgI_2	454.40
$C_{14}H_{14}N_3O_3SNa$ （甲基橙）	327.33	Fe_2O_3	159.69	$Hg_2(NO_3)_2$	525.19
		Fe_3O_4	231.54	$Hg_2(NO_3)_2 \cdot 2H_2O$	561.22
$C_6H_5NO_3$（硝基酚）	139.11	$Fe(OH)_3$	106.87	$Hg(NO_3)_2$	324.60
$C_4H_8N_2O_2$ （丁二酮肟）	116.12	FeS	87.91	HgO	216.59
		Fe_2S_3	207.87	HgS	232.65
$(CH_2)_6N_4$ （六亚甲基四胺）	140.19	$FeSO_4$	151.91	$HgSO_4$	296.65
		$FeSO_4 \cdot 7H_2O$	278.01	Hg_2SO_4	497.24
$C_7H_6O_6S \cdot 2H_2O$ （磺基水杨酸）	254.22	$Fe(NH_4)_2(SO_4)_2 \cdot 6H_2O$	392.13	$KAl(SO_4)_2 \cdot 12H_2O$	474.38
C_9H_6NOH （8-羟基喹啉）	145.16	H_3AsO_3	125.94	KBr	119.00
		H_3AsO_4	141.94	$KBrO_3$	167.00
$C_{12}H_8N_2 \cdot H_2O$ （邻菲啰啉）	198.22	H_3BO_3	61.83	KCl	74.55
		HBr	80.91	$KClO_3$	122.55
$C_2H_5NO_2$ （氨基乙酸,甘氨酸）	75.07	HCN	27.03	$KClO_4$	138.55
		$HCOOH$	46.03	KCN	65.12
$C_6H_{12}N_2O_4S_2$ （L-胱氨酸）	240.30	CH_3COOH	60.05	$KSCN$	97.18
		H_2CO_3	62.02	K_2CO_3	138.21

（续表）

化合物	相对分子量	化合物	相对分子量	化合物	相对分子量
K_2CrO_4	194.19	NO_2	46.01	Na_2O_2	77.98
$K_2Cr_2O_7$	294.18	NH_3	17.03	$NaOH$	40.00
$K_3Fe(CN)_6$	329.25	CH_3COONH_4	77.08	Na_3PO_4	163.94
$K_4Fe(CN)_6$	368.35	$NH_2OH \cdot HCl$（盐酸羟胺）	69.49	Na_2S	78.04
$KFe(SO_4)_2 \cdot 12H_2O$	503.24			$Na_2S \cdot 9H_2O$	240.18
$KHC_2O_4 \cdot H_2O$	146.14	NH_4Cl	53.49	Na_2SO_3	126.04
$KHC_2O_4 \cdot H_2C_2O_4 \cdot 2H_2O$	254.19	$(NH_4)_2CO_3$	96.09	Na_2SO_4	142.04
		$(NH_4)_2C_2O_4$	124.10	$Na_2S_2O_3$	158.10
$KHC_4H_4O_6$（酒石酸氢钾）	188.18	$(NH_4)_2C_2O_4 \cdot H_2O$	142.11	$Na_2S_2O_3 \cdot 5H_2O$	248.17
		NH_4SCN	76.12	$NiCl_2 \cdot 6H_2O$	237.70
$KHC_8H_4O_4$（邻苯二甲酸氢钾）	204.22	NH_4HCO_3	79.06	NiO	74.70
		$(NH_4)_2MoO_4$	196.01	$Ni(NO_3)_2 \cdot 6H_2O$	290.80
$KHSO_4$	136.16	NH_4NO_3	80.04	NiS	90.76
KI	166.00	$(NH_4)_2HPO_4$	132.06	$NiSO_4 \cdot 7H_2O$	280.86
KIO_3	214.00	$(NH_4)_2S$	68.14	$Ni(C_4H_7N_2O_2)_2$（丁二酮肟合镍）	288.91
$KIO_3 \cdot HIO_3$	389.91	$(NH_4)_2SO_4$	132.13		
$KMnO_4$	158.03	NH_4VO_3	116.98	P_2O_5	141.95
$KNaC_4H_4O_6 \cdot 4H_2O$	282.22	Na_3AsO_3	191.89	$PbCO_3$	267.21
KNO_3	101.10	$Na_2B_4O_7 \cdot 10H_2O$	381.37	PbC_2O_4	295.22
KNO_2	85.10	$NaBiO_3$	279.97	$PbCl_2$	278.10
K_2O	94.20	$NaCN$	49.01	$PbCrO_4$	323.19
KOH	56.11	$NaSCN$	81.07	$Pb(CH_3COO)_2 \cdot 3H_2O$	379.30
K_2SO_4	174.25	Na_2CO_3	105.99		
$MgCO_3$	84.31	$NaCO_3 \cdot 10H_2O$	286.14	$Pb(CH_3COO)_2$	325.29
$MgCl_2$	95.21	$Na_2C_2O_4$	134.00	PbI_2	461.01
$MgCl_2 \cdot 6H_2O$	203.30	CH_3COONa	82.03	$Pb(NO_3)_2$	331.21
MgC_2O_4	112.33	$CH_3COONa \cdot 3H_2O$	136.08	PbO	223.20
$Mg(NO_3)_2 \cdot 6H_2O$	256.41	$Na_3C_6H_5O_7$（柠檬酸钠）	258.07	PbO_2	239.20
$MgNH_4PO_4$	137.32			$Pb_3(PO_4)_2$	811.54
MgO	40.30	$NaC_5H_8NO_4 \cdot H_2O$（L-谷氨酸钠）	187.13	PbS	239.30
$Mg(OH)_2$	58.32			$PbSO_4$	303.30
$Mg_2P_2O_7$	222.55	$NaCl$	58.44	SO_2	64.06
$MgSO_4 \cdot 7H_2O$	246.47	$NaClO$	74.44	SO_3	80.06
$MnCO_3$	114.95	$NaHCO_3$	84.01	$SbCl_3$	228.11
$MnCl_2 \cdot 4H_2O$	197.91	$Na_2HPO_4 \cdot 12H_2O$	358.14	$SbCl_5$	299.02
$Mn(NO_3)_2 \cdot 6H_2O$	287.04	$Na_2H_2C_{10}H_{12}O_8N_2$（EDTA二钠盐）	336.21	Sb_2O_3	291.50
MnO	70.94			Sb_2S_3	339.68
MnO_2	86.94	$Na_2H_2C_{10}H_{12}O_8N_2 \cdot 2H_2O$	372.24	SiF_4	104.08
MnS	87.00			SiO_2	60.08
$MnSO_4$	151.00	$NaNO_2$	69.00	$SnCl_2$	189.60
$MnSO_4 \cdot 4H_2O$	223.06	$NaNO_3$	85.00	$SnCl_2 \cdot 2H_2O$	225.63
NO	30.01	Na_2O	61.98	$SnCl_4$	260.50

（续表）

化合物	相对分子量	化合物	相对分子量	化合物	相对分子量
$SnCl_4 \cdot 5H_2O$	350.58	$SrSO_4$	183.69	$Zn(NO_3)_2$	189.39
SnO_2	150.69	$UO_2(CH_3COO)_2 \cdot 2H_2O$	424.15	$Zn(NO_3)_2 \cdot 6H_2O$	297.48
SnS	150.75			ZnO	81.38
$SrCO_3$	147.63	$ZnCO_3$	125.39	ZnS	97.44
$SrCr_2O_4$	175.64	ZnC_2O_4	153.40	$ZnSO_4$	161.54
$SrCrO_4$	203.61	$ZnCl_2$	136.29	$ZnSO_4 \cdot 7H_2O$	287.55
$Sr(NO_3)_2$	211.63	$Zn(CH_3COO)_2$	183.47		
$Sr(NO_3)_2 \cdot 4H_2O$	283.69	$Zn(CH_3COO)_2 \cdot 2H_2O$	219.50		

附录 3　常用酸碱溶液的密度和浓度

试剂名称	相对密度	质量分数/%	$c/\text{mol} \cdot \text{L}^{-1}$
盐　酸	1.18～1.19	36～38	11.6～12.4
硝　酸	1.39～1.40	65.0～68.0	14.4～15.2
硫　酸	1.83～1.84	95～98	17.8～18.4
磷　酸	1.69	85	14.6
高氯酸	1.68	70.0～72.0	11.7～12.0
冰醋酸	1.05	99.0	17.4
氢氟酸	1.13	40	22.5
氢溴酸	1.49	47.0	8.6
氨　水	0.88～0.90	25.0～28.0	13.3～14.8

附录 4　常用指示剂

一、酸碱指示剂（291～298 K）

指示剂名称	变色 pH 范围	颜色变化	溶液配制方法
甲基紫 （第一变色范围）	0.13～0.5	黄～绿	0.1%或 0.05%的水溶液
甲酚红 （第一变色范围）	0.2～1.8	红～黄	0.04 g 指示剂溶于 100 mL 50%乙醇中
甲基紫 （第二变色范围）	1.0～1.5	绿～蓝	0.1%水溶液
百里酚蓝 （麝香草酚蓝） （第一变色范围）	1.2～2.8	红～黄	0.1 g 指示剂溶于 100 mL 20%乙醇中

（续表）

指示剂名称	变色 pH 范围	颜色变化	溶液配制方法
甲基紫 （第三变色范围）	2.0～3.0	蓝～紫	0.1％水溶液
茜素黄 R （第一变色范围）	1.9～3.3	红～黄	0.1％水溶液
甲基橙	3.1～4.4	红～橙黄	0.1％水溶液
溴酚蓝	3.0～4.6	黄～蓝	0.1 g 指示剂溶于 100 mL 20％乙醇中
刚果红	3.0～5.2	蓝紫～红	0.1％水溶液
茜素红 S （第一变色范围）	3.7～5.2	黄～紫	0.1％水溶液
溴甲酚绿	3.8～5.4	黄～蓝	0.1 g 指示剂溶于 100 mL 20％乙醇中
甲基红	4.4～6.2	红～黄	0.1 g 或 0.2 g 指示剂溶于 100 mL 60％乙醇中
溴酚红	5.0～6.8	黄～红	0.1 g 或 0.04 g 指示剂溶于 100 mL 20％乙醇中
溴甲酚紫	5.2～6.8	黄～紫红	0.1 g 指示剂溶于 100 mL 20％乙醇中
溴百里酚蓝	6.0～7.6	黄～蓝	0.05 g 指示剂溶于 100 mL 20％乙醇中
中性红	6.8～8.0	红～亮黄	0.1 g 指示剂溶于 100 mL 60％乙醇中
酚红	6.8～8.0	黄～红	0.1 g 指示剂溶于 100 mL 20％乙醇中
甲酚红	7.2～8.8	亮黄～紫红	0.1 g 指示剂溶于 100 mL 50％乙醇中
百里酚蓝 （麝香草酚蓝） （第二变色范围）	8.0～9.0	黄～蓝	参看第一变色范围
酚酞	8.2～10.0	无色～紫红	① 0.1 g 指示剂溶于 100 mL 60％乙醇中 ② 1 g 酚酞溶于 100 mL 90％乙醇中
百里酚酞	9.4～10.6	无色～蓝	0.1 g 指示剂溶于 100 mL 90％乙醇中
茜素红 S （第二变色范围）	10.0～12.0	紫～淡黄	参看第一变色范围
茜素黄 R （第二变色范围）	10.1～12.1	黄～淡紫	0.1％水溶液

二、混合酸碱指示剂

指示剂溶液的组成	pH 变色点	颜　色		备　注
		酸　色	碱　色	
一份 0.1％甲基黄乙醇溶液 一份 0.1％次甲基蓝乙醇溶液	3.25	蓝绿	绿	pH=3.2 蓝紫色 pH=3.4 绿色

（续表）

指示剂溶液的组成	pH 变色点	颜色		备　注
		酸　色	碱　色	
四份 0.2%溴甲酚绿乙醇溶液 一份 0.2%二甲基黄乙醇溶液	3.9	橙	绿	变色点黄色
一份 0.2%甲基橙溶液 一份 0.28 靛蓝(二磺酸)乙醇溶液	4.1	紫	黄绿	调节两者的比例,直至终点敏锐
一份 0.1%溴百里酚绿钠盐水溶液 一份 0.2%甲基橙水溶液	4.3	黄	蓝绿	pH=3.5 黄色 pH=4.0 黄绿色 pH=4.3 绿色
一份 0.2%甲基红乙醇溶液 一份 0.1%次甲基蓝乙醇溶液	5.4	红紫	绿	pH=5.2 红紫 pH=5.4 暗蓝 pH=5.6 绿
一份 0.1%溴甲酚绿钠盐水溶液 一份 0.1%氯酚红钠盐水溶液	6.1	黄绿	蓝紫	pH=5.4 蓝绿 pH=5.8 蓝 pH=6.2 蓝紫
一份 0.1%溴甲酚紫钠盐水溶液 一份 0.1%溴百里酚蓝钠盐水溶液	6.7	黄	蓝紫	pH=6.2 黄紫 pH=6.6 紫 pH=6.8 蓝紫
一份 0.1%中性红乙醇溶液 一份 0.1%次甲基蓝乙醇溶液	7.0	蓝紫	绿	pH=7.0 蓝紫
一份 0.1%溴百里酚蓝钠盐水溶液 一份 0.1%酚红钠盐水溶液	7.5	黄	紫	pH=7.2 暗绿 pH=7.4 淡紫 pH=7.6 深紫
一份 0.1%甲酚红 50%乙醇溶液 六份 0.1%百里酚蓝 50%乙醇溶液	8.3	黄	紫	pH=8.2 玫瑰色 pH=8.4 紫色 变色点微红色

三、金属离子指示剂

名　称	配　制	用于测定		
		元素	颜色变化	测定条件
酸性铬蓝 K[①]	0.1%乙醇溶液	Ca Mg	红～蓝 红～蓝	pH=12 pH=10(氨性缓冲溶液)
钙指示剂	与 NaCl 配成 1∶100 的固体混合物	Ca	酒红～蓝	pH>12(KOH 或 NaOH)

（续表）

名　称	配　制	用于测定		
		元素	颜色变化	测定条件
铬黑 T	0.5％水溶液；与 NaCl 配成 1：100 的固体混合物	Al Bi Ca Cd Mg Mn Ni Pb Zn	蓝～红 蓝～红 红～蓝 红～蓝 红～蓝 红～蓝 红～蓝 红～蓝 红～蓝	pH＝7～8，吡啶存在下，以 Zn²⁺ 回滴 pH＝9～10，以 Zn²⁺ 回滴 pH＝10，加入 EDTA-Mg pH＝10（氨性缓冲溶液） pH＝10（氨性缓冲溶液） 氨性缓冲溶液，加羟胺 氨性缓冲溶液 氨性缓冲溶液，加酒石酸钾 pH＝6.8～10（氨性缓冲溶液）
o-PAN②	0.1％乙醇（或甲醇）溶液	Cd Co Cu Zn	红～黄 黄～红 紫～黄 红～黄 粉红～黄	pH＝6（乙醇缓冲溶液） 乙醇缓冲溶液，70～80℃ 以 Cu²⁺ 回滴 pH＝10（氨性缓冲溶液） pH＝6（乙酸缓冲溶液） pH＝5～7（乙酸缓冲溶液）
磺基水杨酸	1％～2％水溶液	Fe(Ⅲ)	红紫～黄	pH＝1.5～3
二甲基橙	0.5％乙醇（或水）溶液	Bi Cd Pb Th(Ⅳ) Zn	红～黄 粉红～黄 红紫～黄 红～黄 红～黄	pH＝1～2(HNO₃) pH＝5～6（六次甲基四胺） pH＝5～6（乙酸缓冲溶液） pH＝1.6～3.5(HNO₃) pH＝5～6（乙酸缓冲溶液）
紫脲酸胺	与 NaCl 按 1：100 质量比混合	Ca Cu Ni	红～紫 黄～紫 黄～紫红	pH＞12（25％乙醇） pH＝7～8 pH＝8.5～11.5

　　① 为提高灵敏度和稳定性，常将酸性铬蓝 K、萘酚绿 B、NaCl 按质量比 0.2：0.34：100 混合成固体指示剂，称 K-B 指示剂。

　　② 常配制成 Cu-PAN(CuY-PAN)指示剂，可扩大 PAN 指示剂的应用范围及提高灵敏度。

四、氧化还原指示剂

指示剂名称	$E^{\ominus'}/V$ $[H^+]=1\,mol \cdot L^{-1}$	颜色变化		溶液配制方法
		氧化态	还原态	
中性红	0.24	红	无色	0.05％的 60％乙醇溶液
亚甲基蓝	0.36	蓝	无色	0.05％水溶液
变胺蓝	0.59 (pH＝2)	无色	蓝色	0.05％水溶液
二苯胺	0.76	紫	无色	1％的浓 H₂SO₄ 溶液

(续表)

指示剂名称	$E^{\ominus'}/V$ $[H^+]=1\ mol \cdot L^{-1}$	颜色变化		溶液配制方法
		氧化态	还原态	
二苯胺磺酸钠	0.85	紫红	无色	0.5% 水溶液。如溶液浑浊,可滴加少量 HCl
N-邻苯氨基苯甲酸	1.08	紫红	无色	0.1 g 指示剂加 20 mL 5% 的 Na_2CO_3 溶液,用水稀释至 100 mL
邻二氮菲-Fe(Ⅱ)	1.06	浅蓝	红	1.485 g 邻二氮菲加0.965 g $FeSO_4$,溶于 100 mL 水中(0.025 mol·L⁻¹水溶液)
5-硝基邻二氮菲-Fe(Ⅱ)	1.25	浅蓝	紫红	1.608 g 5-硝基邻二氮菲加 0.695 g $FeSO_4$,溶于 100 mL 水中(0.025 mol·L⁻¹ 水溶液)

五、吸附指示剂

名　称	配　制	用于测定		
		可测元素 (括号内为滴定剂)	颜色变化	测定条件
荧光黄	1%钠盐水溶液	Cl^-、Br^-、I^-、$SCN(Ag^+)$	黄绿~粉红	中性或弱碱性
二氯荧光黄	1%钠盐水溶液	Cl^-、Br^-、$I^-(Ag^+)$	黄绿~粉红	pH=4.4~7
四溴荧光黄(曙红)	1%钠盐水溶液	Br^-、$I^-(Ag^+)$	橙红~红紫	pH=1~2

附录5　常用缓冲溶液的配制

缓冲溶液组成	$pK_a^{\ominus}$	缓冲 pH	缓冲溶液配制方法
氨基乙酸-HCl	2.35($pK_{a1}^{\ominus}$)	2.3	取氨基乙酸 150 g 溶于 500 mL 水中后,加浓 HCl 80 mL,水稀释至 1 L
H_3PO_4-柠檬酸盐		2.5	取 $Na_2HPO_4 \cdot 12H_2O$ 113 g 溶于 200 mL 水后,加柠檬酸 387 g,溶解,过滤后,稀释至 1 L
一氯乙酸-NaOH	2.86	2.8	取 200 g 一氯乙酸溶于 200 mL 水中,加 NaOH 40 g,溶解后,稀释至 1 L
邻苯二甲酸氢钾-HCl	2.95($pK_{a1}^{\ominus}$)	2.9	取 500 g 邻苯二甲酸氢钾溶于 500 mL 水中,加浓 HCl 80 mL,稀释至 1 L
甲酸-NaOH	3.76	3.7	取 95 g 甲酸和 NaOH 40 g 于 50 mL 水中,溶解,稀释至 1 L

（续表）

缓冲溶液组成	pK_a	缓冲 pH	缓冲溶液配制方法
NaAc - HAc	4.74	4.7	取无水 NaAc 83 g 溶于水中，加冰 HAc 60 mL,稀释至 1 L
六次甲基四胺- HCl	5.15	5.4	取六次甲基四胺 40 g 溶于 200 mL 水中，加浓 HCl 100 mL,稀释至 1 L
NH_3 - NH_4Cl	9.26	9.2	取 NH_4Cl 54 g 溶于水中，加浓氨水 63 mL,稀释至 1 L

附录 6　常用基准物质的干燥条件和应用

基准物质		干燥后组成	干燥条件(℃)	标定对象
名　称	分子式			
碳酸氢钠	$NaHCO_3$	Na_2CO_3	270～300	酸
碳酸钠	$Na_2CO_3 \cdot 10H_2O$	Na_2CO_3	270～300	酸
硼　砂	$Na_2B_4O_7 \cdot 10H_2O$	$Na_2B_4O_7 \cdot 10H_2O$	放在含 NaCl 和蔗糖饱和液的干燥器中	酸
碳酸氢钾	$KHCO_3$	K_2CO_3	270～300	酸
草　酸	$H_2C_2O_4 \cdot 2H_2O$	$H_2C_2O_4 \cdot 2H_2O$	室温空气干燥	碱或 $KMnO_4$
邻苯二甲酸氢钾	$KHC_8H_4O_4$	$KHC_8H_4O_4$	110～120	碱
重铬酸钾	$K_2Cr_2O_7$	$K_2Cr_2O_7$	140～150	还原剂
溴酸钾	$KBrO_3$	$KBrO_3$	130	还原剂
碘酸钾	KIO_3	KIO_3	130	还原剂
铜	Cu	Cu	室温,干燥器中保存	还原剂
三氧化二砷	As_2O_3	As_2O_3	室温,干燥器中保存	氧化剂
草酸钠	$Na_2C_2O_4$	$Na_2C_2O_4$	130	氧化剂
碳酸钙	$CaCO_3$	$CaCO_3$	110	EDTA
锌	Zn	Zn	室温干燥器中保存	EDTA
氧化锌	ZnO	ZnO	900～1 000	EDTA
氯化钠	NaCl	NaCl	500～600	$AgNO_3$
氯化钾	KCl	KCl	500～600	$AgNO_3$
硝酸银	$AgNO_3$	$AgNO_3$	280～290	氯化物
氨基磺酸	$HOSO_2NH_2$	$HOSO_2NH_2$	在真空 H_2SO_4 干燥中保存 48 h	碱

附录 7 常用试剂配制

名　　称	浓　　度	配制方法
三氯化锑 $SbCl_3$	$0.1\ mol \cdot L^{-1}$	溶解 22.8 g $SbCl_3$ 于 330 mL 6 mol·L^{-1} HCl 中,加水稀释至 1 dm^3
三氯化铋 $BiCl_3$	$0.1\ mol \cdot L^{-1}$	溶解 31.6 g $BiCl_3$ 于 330 mL 6 mol·L^{-1} HCl 中,加水稀释至 1 L
氯化亚锡 $SnCl_2$	$0.5\ mol \cdot L^{-1}$	溶解 113 g $SnCl_2 \cdot 2H_2O$ 于 170 mL 浓 HCl 中,必要时可加热。完全溶解后,加水稀释至 1 L,并加几粒锡粒。(用时新配)
氯化汞 $HgCl_2$	$0.1\ mol \cdot L^{-1}$	溶解 27 g $HgCl_2$ 于 1 L 水中
氯化铁 $FeCl_3$	$0.1\ mol \cdot L^{-1}$	溶解 27 g $FeCl_3 \cdot 6H_2O$ 于含有 4 mL 浓 HCl 的水中,再稀释至 1 L
硫化钠 Na_2S	$2\ mol \cdot L^{-1}$	溶解 480 g $Na_2S \cdot 9H_2O$ 及 40 g NaOH 于适量水中,稀释至 1 L
硫化铵 $(NH_4)_2S$	$3\ mol \cdot L^{-1}$	在 200 mL 浓 $NH_3 \cdot H_2O$(15 mol·L^{-1})中,通入 H_2S,直至不再吸收为止,然后再加入 200 mL 浓 $NH_3 \cdot H_2O$,最后加水稀释至 1 L(用时新配)
多硫化钠 Na_2S_x		溶解 480 g $NaS \cdot 9H_2O$ 于 500 mL 水中,再加入 40 g NaOH 和 18 g 硫黄,充分搅拌,用水稀释至 1 L(用时新配)
硫酸铵 $(NH_4)_2SO_4$	饱和	溶解 50 g $(NH_4)_2SO_4$ 于 100 mL 热水,冷却后过滤
硫酸亚铁铵 $(NH_4)_2Fe(SO_4)_2$	$0.5\ mol \cdot L^{-1}$	溶解 196 g $(NH_4)_2Fe(SO_4)_2 \cdot 6H_2O$ 于含有 10 mL 浓 H_2SO_4 的水中,再稀释至 1 L(用时新配)
硫酸亚铁 $FeSO_4$	$0.5\ mol \cdot L^{-1}$	溶解 139 g $FeSO_4 \cdot 7H_2O$ 于含有 10 mL 浓 H_2SO_4 的水中,再稀释至 1 L(不易保存)
硝酸汞 $Hg(NO_3)_2$	$0.1\ mol \cdot L^{-1}$	溶解 33.4 g $Hg(NO_3)_2 \cdot 1/2H_2O$ 于 1 L 0.6 mol·L^{-1} HNO_3 中
硝酸亚汞 $Hg_2(NO_3)_2$	$0.1\ mol \cdot L^{-1}$	溶解 56.1 g $Hg_2(NO_3)_2 \cdot 2H_2O$ 于 1 L 0.6 mol·L^{-1} HNO_3 中,并加入少量金属汞
碳酸铵 $(NH_4)_2CO_3$	$0.1\ mol \cdot L^{-1}$	溶解 96 g 研细的 $(NH_4)_2CO_3$ 于 1 L 2 mol·L^{-1} $NH_3 \cdot H_2O$ 中,也可由等物质的量的 NH_4HCO_3 和 NH_2COONH_4 混合而成
锑酸钠 $NaSb(OH)_6$	$0.1\ mol \cdot L^{-1}$	溶解 12.2 g 锑粉于 50 mL 浓硝酸中微热,使锑粉全部作用成白色粉末,用倾析法洗涤数次,然后加入 50 mL 6 mol·L^{-1} NaOH,使之溶解,稀释至 1 L
六硝基合钴(Ⅲ)酸钠 $Na_3[Co(NO_2)_6]$		溶解 230 g $NaNO_2$ 于 500 mL 水中,加入 165 mL 6 mol·L^{-1} HAc 和 30 g $Co(NO_3)_2 \cdot 6H_2O$ 放置 24 小时,取其清液,稀释至 1 L,并保存在棕色瓶中,此溶液应呈橙色,若变成红色,表示已分解,应重新配制

名　　称	浓　度	配 制 方 法
钼酸铵 $(NH_4)_6Mo_7O_{24}$	$0.1\ mol \cdot L^{-1}$	溶解 124 g $(NH_4)_6Mo_7O_{24} \cdot 4H_2O$ 于 1 L 水中,将所得溶液倒入 1 L 6 $mol \cdot L^{-1}$ HNO_3 中,切勿将 HNO_3 往溶液里倒)放置 24 小时,取其清液
亚硝酰铁氰化钠 $Na_2[Fe(CN)_5NO]$	1%	溶解 1 g 亚硝酰铁氰化钠于 100 mL 水中,保存于棕色瓶中(新配,变绿既失效)
奈氏试剂		溶解 115 g HgI_2 和 80 g KI 于水中,稀释至 500 mL,加入 500 mL 6 $mol \cdot L^{-1}$ NaOH 溶液,静置后取其清液,保存在棕色瓶中
镁试剂		溶解 0.01 g 镁试剂于 1 L 1 $mol \cdot L^{-1}$ NaOH 溶液中
镍试剂(丁二酮肟)		溶解 10 g 丁二酮肟于 1 L 95% 的酒精中
品红溶液	0.1%	0.1 g 品红于 100 mL 水中
淀粉溶液	0.5%	取 1 g 易溶性淀粉,加少许水,调成糊状,倒入 200 mL 沸水中,煮沸十几分钟,冷却即可

附录 8　常见离子鉴定方法

一、常见阳离子的鉴定方法

阳离子	鉴定方法	条件及干扰
Na^+	取 2 滴 Na^+ 试液,加 8 滴醋酸铀酰锌试剂,放置数分钟,用玻璃棒摩擦器壁,淡黄色的晶状沉淀出现,示有 Na^+: $3UO_2^{2+} + Zn^{2+} + Na^+ + 9Ac^- + 9H_2O \Longrightarrow$ $3UO_2(Ac)_2 + Zn(Ac)_2 \cdot NaAc \cdot 9H_2O(s)$	① 鉴定宜在中性或 HAc 酸性溶液中进行,强酸、强碱均能使试剂分解 ② 大量 K^+ 存在时,可干扰鉴定,Ag^+,Hg^{2+},Sb^{3+} 有干扰,PO_4^{3-}、AsO_4^{3-} 能使试剂分解
K^+	取 2 滴 K^+ 试液,加入 3 滴六硝基合钴酸钠 $(Na_3[Co(NO_2)_6])$ 溶液,放置片刻,黄色的 $K_2Na[Co(NO_2)_6]$ 沉淀析出,示有 K^+	① 鉴定宜在中性、微酸性溶液中进行。因强酸强碱均能使 $[Co(NO_2)_6]^{3-}$ 分解 ② NH_4^+ 与试剂生成橙色沉淀而干扰,但在沸水浴中加热 1～2 分钟后,$(NH_4)_2Na[Co(NO_2)_6]$ 完全分解,而 $K_2Na[Co(NO_2)_6]$ 不变
NH_4^+	气室法:用干燥洁净的表面皿两块(一大一小),在大的一块表面皿中心放 3 滴 NH_4^+ 试液,再加 3 滴 6 $mol \cdot L^{-1}$ NaOH 溶液,混合均匀。在小的一块表面皿中心粘附一小条湿润的酚酞试纸,盖在大的表面皿上形成气室。将此气室放在水浴上微热 2 min,酚酞试纸变红,示有 NH_4^+	这是 NH_4^+ 的特征反应

（续表）

阳离子	鉴定方法	条件及干扰
Ca^{2+}	取 2 滴 Ca^{2+} 试液，滴加饱和 $(NH_4)_2C_2O_4$ 溶液，有白色的 CaC_2O_4 沉淀形成，示有 Ca^{2+}	① 反应宜在 HAc 酸性、中性、碱性溶液中进行 ② Mg^{2+}，Sr^{2+}，Ba^{2+} 有干扰，但 MgC_2O_4 溶于醋酸，Sr^{2+}、Ba^{2+} 应在鉴定前除去
Mg^{2+}	取 2 滴 Mg^{2+} 试液，加入 2 滴 $2\ mol \cdot L^{-1}$ NaOH 溶液，1 滴镁试剂，沉淀呈天蓝色，示有 Mg^{2+}	① 反应宜在碱性溶液中进行，NH_4^+ 浓度过大会影响鉴定，故需要在鉴定前加碱煮沸，除去 NH_4^+ ② Ag^+，Hg^{2+}，Hg_2^{2+}，Cu^{2+}，Co^{2+}，Ni^{2+}，Mn^{2+}，Cr^{3+}，Fe^{3+} 及大量 Ca^{2+} 干扰，预先除去
Ba^{2+}	取 2 滴 Ba^{2+} 试液，加 1 滴 $0.1\ mol \cdot L^{-1}$ K_2CrO_4 溶液，有黄色沉淀生成，示有 Ba^{2+}	鉴定宜在 $HAc - NH_4Ac$ 的缓冲溶液中进行
Al^{3+}	取 1 滴 Al^{3+} 试液，加 2～3 滴水，2 滴 $3\ mol \cdot L^{-1}$ NH_4Ac 及 2 滴铝试剂，搅拌，微热，加 $6\ mol \cdot L^{-1}$ $NH_3 \cdot H_2O$ 至碱性，红色沉淀不消失，示有 Al^{3+}	鉴定宜在 $HAc - NH_4Ac$ 的缓冲溶液中进行；Cr^{3+}，Fe^{3+}，Bi^{3+}，Cu^{2+}，Ca^{2+} 对鉴定有干扰，但加氨水后，Cr^{3+}，Cu^{3+} 生成的红色化合物即分解，$(NH_4)_2CO_3$ 加入使 Ca^{2+} 生成 $CaCO_3$，Fe^{3+}，Bi^{3+}，Cu^{2+} 可预先加 NaOH 形成沉淀而分解
$Sn(Ⅳ)$ Sn^{2+}	1. $Sn(Ⅳ)$ 还原：取 2～3 滴 $Sn(Ⅳ)$ 溶液，加镁片 2～3 片，不断搅拌，待反应完全后，加 2 滴 $6\ mol \cdot L^{-1}$ HCl，微热，$Sn(Ⅳ)$ 即被还原为 Sn^{2+} 2. Sn^{2+} 的鉴定：取 2 滴 Sn^{2+} 试液，加 1 滴 $0.1\ mol \cdot L^{-1}$ $HgCl_2$ 溶液，生成白色沉淀，示有 Sn^{2+}	反应的特效应较好。注意：若白色沉淀生成后，颜色迅速变灰、变黑，这是由于 Hg_2Cl_2 进一步被还原成 Hg
Pb^{2+}	取 2 滴 Pb^{2+} 试液，加 2 滴 $0.1\ mol \cdot L^{-1}$ K_2CrO_4 溶液，生成黄色沉淀，示有 Pb^{2+}	① 鉴定在 HAc 溶液中进行，因为沉淀在强酸强碱中均溶解 ② Ba^{2+}，Bi^{3+}，Hg^{2+}，Ag^+ 等有干扰
Cr^{3+}	取 3 滴 Cr^{3+} 试液，加 $6\ mol \cdot L^{-1}$ NaOH 溶液至生成的沉淀溶解，搅动后加 4 滴 0.03% 的 H_2O_2，水浴加热，待溶液变成黄色后，继续加热将剩余 H_2O_2 完全分解，冷却，加 $6\ mol \cdot L^{-1}$ HAc 酸化，加 2 滴 $0.1\ mol \cdot L^{-1}$ $Pb(NO_3)_2$ 溶液，生成黄色沉淀，示有 Cr^{3+}	鉴定反应中，Cr^{3+} 的氧化需在强碱性溶液中进行；而形成 $PbCrO_4$ 的反应，须在弱酸性（HAc）溶液中进行
Mn^{2+}	取 1 滴 Mn^{2+} 试液，加 10 滴水，5 滴 $2\ mol \cdot L^{-1}$ HNO_3 溶液，然后加少许 $NaBiO_3(s)$，搅拌，水浴加热，形成紫色溶液，示有 Mn^{2+}	① 鉴定反应可在 HNO_3 或者 H_2SO_4 酸性溶液中进行 ② 还原剂（Cl^-，Br^-，I^-，H_2O_2 等）有干扰
Fe^{3+}	1. 取 1 滴 Fe^{3+} 试液，放在白滴板上，加 1 滴 $2\ mol \cdot L^{-1}$ HCl 及 1 滴 $K_4[Fe(CN)_6]$ 溶液，生成蓝色沉淀，示有 Fe^{3+}	① 鉴定反应在酸性溶液中进行 ② 大量存在 Cu^{2+}，Co^{2+}，Ni^{2+} 等离子，有干扰，需分离后再作鉴定

（续表）

阳离子	鉴定方法	条件及干扰
Fe^{3+}	2. 取 1 滴 Fe^{3+} 试液，加 1 滴 0.5 mol·L^{-1} NH_4SCN 溶液，形成血红色溶液，示有 Fe^{3+}	① F^-，H_3PO_4，$H_2C_2O_4$，酒石酸，柠檬酸等能与 Fe^{3+} 形成稳定的配合物而干扰 ② Co^{2+}，Ni^{2+}，Cr^{3+} 和铜盐，因离子有色，会降低检出 Fe^{3+} 的灵敏性
Fe^{2+}	1. 取 1 滴 Fe^{2+} 试液在白色滴板上，加 1 滴 2 mol·L^{-1} HCl 及 1 滴 $K_3[Fe(CN)_6]$ 溶液，出现蓝色沉淀，示有 Fe^{2+}	鉴定反应在酸性中进行
Fe^{2+}	2. 取 1 滴 Fe^{2+} 试液，加几滴 ω 为 0.002 5 的邻菲罗啉溶液，生成桔红色溶液，示有 Fe^{2+}	鉴定反应在微酸性溶液中进行，选择性和灵敏性均较好
Co^{2+}	取 1~2 滴 Co^{2+} 试剂，加饱和 NH_4SCN 溶液 10 滴，加 5~6 滴戊醇溶液，振荡，静置，有机层呈蓝绿色，示有 Co^{2+}	① 鉴定反应需要浓 NH_4SCN 溶液 ② Fe^{3+} 有干扰，加 NaF 掩蔽，大量 Cu^{2+} 也干扰
Ni^{2+}	取 1 滴 Ni^{2+} 试液放在白色滴板上，加 1 滴 6 mol·L^{-1} 氨水，加 1 滴二乙酰二肟溶液，凹槽四周形成红色沉淀示有 Ni^{2+}	① 鉴定反应在氨性溶液中进行，合适的酸度 pH=5~10 ② Fe^{2+}，Fe^{3+}，Cu^{2+}，Co^{2+}，Cr^{3+}，Mn^{2+} 有干扰，可加柠檬酸或酒石酸掩蔽
Cu^{2+}	取 1 滴 Cu^{2+} 试液，加 1 滴 6 mol·L^{-1} HAc 酸化，加 1 滴 $K_4[Fe(CN)_6]$ 溶液，红棕色沉淀出现，示有 Cu^{2+}	① 鉴定反应宜在中性或弱酸性溶液中进行 ② Fe^{3+} 及大量的 Co^{2+}，Ni^{2+} 会干扰
Ag^+	取 2 滴 Ag^+ 试液，加 2 滴 2 mol·L^{-1} HCl，混匀，水浴加热，离心分离，在沉淀上加 4 滴 6 mol·L^{-1} 氨水，再加 6 mol·L^{-1} HNO_3 酸化，白色沉淀重新出现，示有 Ag^+	
Zn^{2+}	取 2 滴 Zn^{2+} 试液，用 2 mol·L^{-1} HAc 酸化，加入等体积的 $(NH_4)_2Hg(SCN)_4$ 溶液，生成白色沉淀，示有 Zn^{2+}	① 鉴定反应在中性或酸性溶液中进行 ② 少量 Co^{2+}，Cu^{2+} 存在，形成蓝紫色混晶，有利用观察，但含量大时有干扰。Fe^{3+} 有干扰
Hg^{2+}	取 1 滴 Hg^{2+} 试液，加 1 mol·L^{-1} KI 溶液，使生成的沉淀完全溶解后，加 2 滴 KI-Na_2SO_3 溶液，2~3 滴 Cu^{2+} 溶液，生成橘黄色沉淀，示有 Hg^{2+}	CuI 是还原剂，需考虑到氧化剂（Ag^+，Fe^{3+} 等）的干扰

二、常见阴离子的鉴定方法

阴离子	鉴定方法	条件及干扰
Cl^-	取 2 滴 Cl^- 试液，加 6 mol·L^{-1} HNO_3 酸化，加 0.1 mol·L^{-1} $AgNO_3$ 至沉淀完全，离心分离，在沉淀上加 6 mol·L^{-1} 氨水，搅匀，加热，沉淀溶解，再加 6 mol·L^{-1} HNO_3 酸化，白色沉淀又出现，示有 Cl^-	

（续表）

阳离子	鉴定方法	条件及干扰
Br^-	取 2 滴 Br^- 试液，加入数滴 CCl_4，滴加氯水，有机层呈橙色或橙黄色，示有 Br^-	氯水宜边滴加边振荡，若氯水过量了，生成 $BrCl$，有机层反呈淡黄色
I^-	取 2 滴 I^- 试液，加入数滴 CCl_4，滴加氯水，有机层呈紫色，示有 I^-	① 宜在酸性、中性或弱碱性下进行 ② 过量氯水将 I_2 氧化成 IO_3^-
SO_4^{2-}	取 2 滴 SO_4^{2-} 试剂，用 $6\ mol \cdot L^{-1}\ HCl$ 酸化，加 2 滴 $0.1\ mol \cdot L^{-1}\ BaCl_2$ 溶液，白色沉淀析出，示有 SO_4^{2-}	
SO_3^{2-}	取 1 滴饱和 $ZnSO_4$ 溶液，加 $0.1\ mol \cdot L^{-1}$ $K_4[Fe(CN)_5NO]$，即有白色沉淀产生，继续滴加 1 滴 $Na_2[Fe(CN)_5NO]$，1 滴 SO_3^{2-} 试液（中性），白色沉淀转变为红色 $Zn_2[Fe(CN)_5NOSO_3]$ 沉淀，示有 SO_3^{2-}	① 酸能使沉淀消失，酸性溶液需用氨水中和 ② S^{2-} 有干扰，须预先除去
$S_2O_3^{2-}$	1. 取 2 滴 $S_2O_3^{2-}$ 试液，加 2 滴 $2\ mol \cdot L^{-1}$ HCl 溶液，微热，白色浑浊出现，示有 $S_2O_3^{2-}$	
	2. 取 2 滴 $S_2O_3^{2-}$ 试液，加 5 滴 $0.1\ mol \cdot L^{-1}$ $AgNO_3$ 溶液，振荡之，若生成白色沉淀迅速变黄→棕→黑色，示有 $S_2O_3^{2-}$	① S^{2-} 存在时，由于黑色 Ag_2S 生成，对观察 $Ag_2S_2O_3$ 颜色的变化有干扰 ② $Ag_2S_2O_3(s)$ 可溶于过量可溶性硫代硫酸盐溶液中
S^{2-}	1. 取 3 滴 S^{2-} 试液，加稀 H_2SO_4 酸化，用 $Pb(Ac)_2$ 试纸检验析出的气体，试纸变黑，示有 S^{2-}	
	2. 取 1 滴 S^{2-} 试液，放在白滴板上，加 1 滴 $Na_2[Fe(CN)_5NO]$ 试剂，溶液变紫色，示有 S^{2-}。配合物 $Na_4[Fe(CN)_5NOS]$ 为紫色	反应须在碱性条件下进行
CO_3^{2-}	浓度较大 CO_3^{2-} 溶液，用 $6\ mol \cdot L^{-1}\ HCl$ 溶液酸化后，产生的 CO_2 气体使澄清的石灰水或 $Ba(OH)_2$ 溶液变浑浊，示有 CO_3^{2-}	
NO_3^-	1. 当 NO_2^- 同时存在时，取试液 3 滴，加 $12\ mol \cdot L^{-1}\ H_2SO_4$ 6 滴及 3 滴 α-萘胺，生成紫红色化合物，示有 NO_3^-； 2. 当 NO_2^- 不存在时，取 3 滴 NO_3^- 试液用 $6\ mol \cdot L^{-1}\ HAc$ 酸化，并过量数滴，加少许镁片搅动，NO_3^- 被还原为 NO_2^-；取 3 滴上层清液，按照 NO_2^- 的鉴定方法进行鉴定	
NO_2^-	取试液 3 滴，用 HAc 酸化，加 $1\ mol \cdot L^{-1}$ KI 和 CCl_4，振荡，有机层呈紫红色，示有 NO_2^-	

阳离子	鉴定方法	条件及干扰
PO_4^{3-}	取 2 滴 PO_4^{3-} 试液,加入 8～10 滴钼酸铵试剂,用玻璃棒摩擦内壁,黄色磷钼酸铵沉淀生成,示有 PO_4^{3-} $PO_4^{3-} + 3NH_4^+ + 12MoPO_4^{2-} + 24H^+ ==$ $(NH_4)_3P(Mo_3O_{10})_4 + 12H_2O$	① 沉淀溶于碱及氨水中,反应须在酸性中进行 ② 还原剂存在使 Mo(Ⅵ)还原为"钼蓝"而使溶液呈深蓝色,须预先除去;与 PO_3^-、$P_2O_7^-$ 的冷溶液无反应,煮沸时由于 PO_4^{3-} 的生成而生成黄色沉淀

附录 9　一些氢氧化物沉淀及其溶解时所需的 pH

氢氧化物	开始沉淀的 pH		沉淀完全的 pH	沉淀开始溶解的 pH	沉淀完全溶解的 pH
	原始浓度 ($1\ mol \cdot L^{-1}$)	原始浓度 ($0.01\ mol \cdot L^{-1}$)			
$Sn(OH)_4$	0	0.5	1.0	13	＞14
$Ti(OH)_2$	0	0.5	2.0		
$Sn(OH)_2$	0.9	2.1	4.7	10	13.5
$ZrO(OH)_2$	1.3	2.3	3.8		
$Fe(OH)_3$	1.5	2.3	4.1	14	
HgO	1.3	2.4	5.0	11.5	
$Al(OH)_3$	3.3	4.0	5.2	7.8	10.8
$Cr(OH)_3$	4.0	4.9	6.8	12	＞14
$Be(OH)_2$	5.2	6.2	8.8		
$Zn(OH)_2$	5.4	6.4	8.0	10.5	12～13
$Fe(OH)_2$	6.5	7.5	9.7	13.5	
$Co(OH)_2$	6.6	7.6	9.2	14	
$Ni(OH)_2$	6.7	7.7	9.5		
$Cd(OH)_2$	7.2	8.2	9.7		
Ag_2O	6.2	8.2	11.2	12.7	
$Mn(OH)_2$	7.8	8.8	10.4	14	
$Mg(OH)_2$	9.4	10.4	12.4		
$Pb(OH)_2$		7.2	8.7	10	13

附录 10　弱酸和弱碱的离解常数

名　　称	温度/℃	离解常数 $K_a^{\ominus}$	$pK_a^{\ominus}$
砷酸 H_3AsO_4	18	$K_{a1}^{\ominus} = 5.6 \times 10^{-3}$	2.25
		$K_{a2}^{\ominus} = 1.7 \times 10^{-7}$	6.77
		$K_{a3}^{\ominus} = 3.0 \times 10^{-12}$	11.50

（续表）

名　　称	温度/℃	离解常数 $K_a^\ominus$	$pK_a^\ominus$
硼酸 H_3BO_3	20	$K_a^\ominus = 5.7 \times 10^{-10}$	9.24
氢氰酸 HCN	25	$K_a^\ominus = 6.2 \times 10^{-10}$	9.21
碳酸 H_2CO_3	25	$K_{a1}^\ominus = 4.2 \times 10^{-7}$	6.38
		$K_{a2}^\ominus = 5.6 \times 10^{-11}$	10.25
铬酸 H_2CrO_4	25	$K_{a1}^\ominus = 1.8 \times 10^{-1}$	0.74
		$K_{a2}^\ominus = 3.2 \times 10^{-7}$	6.49
氢氟酸 HF	25	$K_a^\ominus = 3.5 \times 10^{-4}$	3.46
亚硝酸 HNO_2	25	$K_a^\ominus = 4.6 \times 10^{-4}$	3.37
磷酸 H_3PO_4	25	$K_{a1}^\ominus = 7.6 \times 10^{-3}$	2.12
		$K_{a2}^\ominus = 6.3 \times 10^{-8}$	7.20
		$K_{a3}^\ominus = 4.4 \times 10^{-13}$	12.36
硫化氢 H_2S	25	$K_{a1}^\ominus = 1.3 \times 10^{-7}$	6.89
		$K_{a2}^\ominus = 7.1 \times 10^{-15}$	14.15
亚硫酸 H_2SO_3	18	$K_{a1}^\ominus = 1.5 \times 10^{-2}$	1.82
		$K_{a2}^\ominus = 1.0 \times 10^{-7}$	7.00
硫酸 H_2SO_4	25	$K_a^\ominus = 1.0 \times 10^{-2}$	1.99
甲酸 HCOOH	20	$K_a^\ominus = 1.8 \times 10^{-4}$	3.74
醋酸 CH_3COOH	20	$K_a^\ominus = 1.8 \times 10^{-5}$	4.74
一氯乙酸 $CH_2ClCOOH$	25	$K_a^\ominus = 1.4 \times 10^{-3}$	2.86
二氯乙酸 $CHCl_2COOH$	25	$K_a^\ominus = 5.0 \times 10^{-2}$	1.30
三氯乙酸 CCl_3COOH	25	$K_a^\ominus = 0.23$	0.64
草酸 $H_2C_2O_4$	25	$K_{a1}^\ominus = 5.9 \times 10^{-2}$	1.23
		$K_{a2}^\ominus = 6.4 \times 10^{-5}$	4.19
琥珀酸 $(CH_2COOH)_2$	25	$K_{a1}^\ominus = 6.4 \times 10^{-5}$	4.19
		$K_{a2}^\ominus = 2.7 \times 10^{-6}$	5.57
酒石酸 CH(OH)COOH 　　　　丨 　　　CH(OH)COOH	25	$K_{a1}^\ominus = 9.1 \times 10^{-4}$ $K_{a2}^\ominus = 4.3 \times 10^{-5}$	3.04 4.37
柠檬酸 CH_2COOH 　　　　丨 　　　C(OH)COOH 　　　　丨 　　　CH_2COOH	18	$K_{a1}^\ominus = 7.4 \times 10^{-4}$ $K_{a2}^\ominus = 1.7 \times 10^{-5}$ $K_{a3}^\ominus = 4.0 \times 10^{-7}$	3.13 4.76 6.40
苯酚 C_6H_5OH	20	$K_a^\ominus = 1.1 \times 10^{-10}$	9.95
苯甲酸 C_6H_5COOH	25	$K_a^\ominus = 6.2 \times 10^{-5}$	4.21
水杨酸 $C_6H_4(OH)COOH$	18	$K_{a1}^\ominus = 1.07 \times 10^{-3}$	2.97
		$K_{a2}^\ominus = 4 \times 10^{-14}$	13.40
邻苯二甲酸 $C_6H_4(COOH)_2$	25	$K_{a1}^\ominus = 1.3 \times 10^{-3}$	2.89
		$K_{a2}^\ominus = 2.9 \times 10^{-6}$	5.54
氨水 $NH_3 \cdot H_2O$	25	$K_b^\ominus = 1.8 \times 10^{-5}$	4.74
羟胺 NH_2OH	20	$K_b^\ominus = 9.1 \times 10^{-9}$	8.04
苯胺 $C_6H_5NH_2$	25	$K_b^\ominus = 4.6 \times 10^{-10}$	9.34
乙二胺 $H_2NCH_2NH_2$	25	$K_{b1}^\ominus = 8.5 \times 10^{-5}$ $K_{b2}^\ominus = 7.1 \times 10^{-8}$	4.07 7.15

（续表）

名　　称	温度/℃	离解常数 $K_a^{\ominus}$	p$K_a^{\ominus}$
六次甲基四胺$(CH_2)_6N_4$	25	$K_b^{\ominus}=1.4\times10^{-9}$	8.85
吡啶	25	$K_b^{\ominus}=1.7\times10^{-9}$	8.77

附录 11　一些难溶化合物的溶度积（18 ～ 25℃）

化 合 物	p$K_{sp}^{\ominus}$	$K_{sp}^{\ominus}$	化 合 物	p$K_{sp}^{\ominus}$	$K_{sp}^{\ominus}$
Ag_3AsO_4	22.0	1.0×10^{-22}	$Bi(OH)_3$	30.4	4.0×10^{-31}
$AgBr$	12.30	5.0×10^{-13}	$BiONO_3$	2.55	2.82×10^{-3}
$AgBrO_3$	4.28	5.3×10^{-5}	Bi_2S_3	97	1.0×10^{-17}
$AgCN$	15.92	1.2×10^{-16}	$CaCO_3$	8.54	2.8×10^{-9}
Ag_2CO_3	11.09	8.1×10^{-12}	$CaC_2O_4 \cdot H_2O$	8.4	4.0×10^{-9}
$Ag_2C_2O_4$	10.46	3.4×10^{-11}	$CaCrO_4$	3.15	7.1×10^{-4}
Ag_2CrO_7	6.07	2.0×10^{-7}	CaF_2	8.28	5.3×10^{-9}
AgI	16.08	8.3×10^{-17}	$CaHPO_4$	7.0	1.0×10^{-7}
$AgNO_2$	3.22	6.0×10^{-4}	$Ca(OH)_2$	5.26	5.5×10^{-6}
$AgOH$	7.71	2.0×10^{-8}	$Ca_3(PO_4)_2$	28.70	2.0×10^{-29}
Ag_3PO_4	15.84	1.4×10^{-16}	$CaSO_3$	7.17	6.8×10^{-8}
Ag_2S	49.2	6.3×10^{-50}	$CaSO_4$	5.04	9.1×10^{-6}
$AgSCN$	12.00	1.0×10^{-12}	$Ca(SiF_6)$	3.09	8.1×10^{-4}
Ag_2SO_3	13.82	1.5×10^{-14}	$CaSiO_3$	7.60	2.5×10^{-8}
Ag_2SO_4	4.84	1.4×10^{-5}	$CdCO_3$	11.28	5.2×10^{-12}
$Al(OH)_3$（无定型）	32.9	1.3×10^{-33}	$CdC_2O_4 \cdot 3H_2O$	7.04	9.1×10^{-8}
$AlPO_4$	18.24	6.3×10^{-19}	$Cd_2[Fe(CN)_6]$	16.49	3.2×10^{-17}
Al_2S_3	6.7	2.0×10^{-7}	$Cd(OH)_2$（新鲜）	13.6	2.5×10^{-14}
$BaCO_3$	8.29	5.1×10^{-9}	$Cd_3(PO_4)_2$	32.6	2.5×10^{-33}
$BaC_2O_4 \cdot H_2O$	7.64	2.3×10^{-8}	CdS	26.1	8.0×10^{-27}
$BaCrO_4$	9.93	1.2×10^{-10}	$CoCO_3$	12.84	1.4×10^{-13}
BaF_2	5.98	1.0×10^{-6}	$CoHPO_4$	6.7	2×10^{-7}
$BaHPO_4$	6.5	3.2×10^{-7}	$Co[Hg(SCN)_4]$	5.82	1.5×10^{-6}
$Ba(NO_3)_2$	2.35	4.5×10^{-3}	$Co(OH)_2$（新鲜）	14.8	1.6×10^{-15}
$Ba(OH)_2$	2.3	5×10^{-3}	$Co(OH)_3$	43.8	1.6×10^{-44}
$Ba_2P_2O_7$	10.5	3.2×10^{-11}	$Co_3(PO_4)_2$	34.7	2.0×10^{-35}
$Ba_3(PO_4)_2$	22.47	3.4×10^{-23}	$\alpha-CoS$	20.4	4.0×10^{-21}
$BaSO_3$	6.1	8.0×10^{-7}	$\beta-CoS$	24.7	2.0×10^{-25}
$BaSO_4$	9.96	1.0×10^{-10}	CrF_3	10.18	6.6×10^{-11}
BaS_2O_3	4.79	1.6×10^{-5}	$Cr(OH)_2$	15.7	2×10^{-16}
$BeCO_3 \cdot 4H_2O$	3	1.0×10^{-3}	$Cr(OH)_3$	30.2	6.3×10^{-31}
$Be(OH)_2$	21.8	1.6×10^{-22}	$CrPO_4 \cdot 4H_2O$（绿色）	22.62	2.4×10^{-23}
$BiOCl$	30.75	1.8×10^{-31}	$CrPO_4 \cdot 4H_2O$（紫色）	17.00	1.0×10^{-17}

（续表）

化 合 物	$pK_{sp}^{\ominus}$	$K_{sp}^{\ominus}$	化 合 物	$pK_{sp}^{\ominus}$	$K_{sp}^{\ominus}$
$CuCN$	19.49	3.2×10^{-20}	$K_2[PtF_6]$	4.54	2.9×10^{-5}
$CuCO_3$	9.86	1.4×10^{-10}	K_2SiF_6	6.06	8.7×10^{-7}
CuC_2O_4	7.64	2.3×10^{-8}	Li_2CO_3	1.60	2.5×10^{-2}
$CuCl$	5.92	1.2×10^{-6}	LiF	2.42	3.8×10^{-3}
$CuCrO_4$	5.44	3.6×10^{-6}	Li_3PO_4	8.5	3.2×10^{-9}
CuI	11.96	1.1×10^{-12}	$MgCO_3$	7.46	3.5×10^{-8}
$Cu(IO_3)_2$	7.13	7.4×10^{-8}	$MgCO_3 \cdot H_2O$	4.67	2.1×10^{-5}
$CuOH$	14.0	1.0×10^{-14}	MgF_2	8.19	6.5×10^{-9}
$Cu(OH)_2$	19.66	2.2×10^{-20}	$MgNH_4PO_4$	12.6	2.5×10^{-13}
$Cu_3(PO_4)_2$	36.9	1.3×10^{-37}	$Mg(OH)_2$	10.74	1.8×10^{-11}
CuS	35.2	6.3×10^{-36}	$Mg_3(PO_4)_2$	$23 \sim 27$	$10^{-23} \sim 10^{-27}$
Cu_2S	47.6	2.5×10^{-48}	$MgSO_3$	2.5	3.2×10^{-3}
$CuBr$	8.28	5.3×10^{-9}	$MnCO_3$	10.74	1.8×10^{-11}
$CuSCN$	14.32	4.8×10^{-15}	$MnC_2O_4 \cdot H_2O$	14.96	1.1×10^{-15}
$FeCO_3$	10.50	3.2×10^{-11}	$Mn(OH)_2$	12.72	1.9×10^{-13}
$FeC_2O_4 \cdot H_2O$	6.5	3.3×10^{-7}	MnS(无定形)	9.6	2.5×10^{-10}
$Fe_4[Fe(CN)_6]_3$	40.52	3.3×10^{-41}	MnS(晶态)	12.6	2.5×10^{-13}
$Fe(OH)_2$	15.1	8.0×10^{-16}	$Na_3[AlF_6]$	9.39	4.0×10^{-10}
$Fe(OH)_3$	37.4	4×10^{-38}	$NaK_2[Co(NO_2)_6]$	10.66	2.2×10^{-11}
$FePO_4$	21.89	1.3×10^{-22}	$Na(NH_4)_2[Co(NO_2)_6]$	11.4	4×10^{-12}
FeS	17.2	6.3×10^{-18}	$Na[Sb(OH)_6]$	7.4	4.0×10^{-8}
Hg_2Br_2	22.24	5.6×10^{-23}	$NiCO_3$	8.18	6.6×10^{-9}
Hg_2CO_3	16.05	8.5×10^{-17}	NiC_2O_4	9.4	4×10^{-10}
$Hg_2C_2O_4$	12.7	2.0×10^{-13}	$Ni[Fe(CN)_6]$	14.98	1.3×10^{-15}
Hg_2Cl_2	17.88	1.3×10^{-18}	$Ni(OH)_2$(新鲜)	14.7	2.0×10^{-15}
Hg_2CrO_4	8.70	2.0×10^{-9}	$Ni_3(PO_4)_2$	30.3	5×10^{-31}
Hg_2HPO_4	12.40	4.0×10^{-13}	$\alpha - NiS$	18.5	3.2×10^{-19}
Hg_2I_2	28.35	4.5×10^{-29}	$\beta - NiS$	24.0	1.0×10^{-24}
$Hg(IO_3)_2$	12.5	3.2×10^{-13}	$\gamma - NiS$	25.7	2.0×10^{-26}
$Hg(OH)_2$	25.52	3.0×10^{-26}	$PbBr_2$	4.41	4.0×10^{-5}
$Hg_2(OH)_2$	23.7	2.0×10^{-24}	$PbCO_3$	13.13	7.4×10^{-14}
HgS(红)	52.4	4×10^{-53}	PbC_2O_4	9.32	4.8×10^{-10}
HgS(黑)	51.8	1.6×10^{-52}	$PbCl_2$	4.79	1.6×10^{-5}
Hg_2S	47.0	1.0×10^{-47}	$PbCrO_4$	12.55	2.8×10^{-13}
Hg_2SO_4	6.13	7.4×10^{-7}	PbF_2	7.57	2.7×10^{-8}
Hg_2SO_3	27.0	1.0×10^{-27}	$PbHPO_4$	9.90	1.3×10^{-10}
$K[B(C_6H_5)_4]$	7.65	2.2×10^{-8}	PbI_2	8.15	7.1×10^{-9}
KIO_4	3.08	8.3×10^{-4}	$Pb(IO_3)_2$	12.49	3.2×10^{-13}
$K_2Na[Co(NO_2)_6] \cdot H_2O$	10.66	2.2×10^{-11}	$Pb(OH)_2$	14.93	1.2×10^{-15}
$K_2[PtBr_6]$	4.2	6.2×10^{-5}	$Pb(OH)_4$	65.5	3.2×10^{-66}
			$Pb(OH)Cl$	13.7	2×10^{-14}
$K_2[PtCl_6]$	4.96	1.1×10^{-5}	$Pb_3(PO_4)_2$	42.10	8.0×10^{-43}

（续表）

化合物	$pK_{sp}^{\ominus}$	$K_{sp}^{\ominus}$	化合物	$pK_{sp}^{\ominus}$	$K_{sp}^{\ominus}$
PbS	27.9	8.0×10^{-28}	$SrSO_4$	6.49	3.2×10^{-7}
$Pb(SCN)_2$	4.70	2.0×10^{-5}	$Ti(OH)_3$	40	1.0×10^{-40}
$PbSO_4$	7.97	1.6×10^{-8}	$TiO(OH)_2$	29	1.0×10^{-29}
PbS_2O_3	6.40	4.0×10^{-7}	$VO(OH)_2$	22.13	5.9×10^{-23}
$Sn(OH)_2$	27.85	1.4×10^{-28}	$ZnCO_3$	10.84	1.4×10^{-11}
$Sn(OH)_4$	56	1.0×10^{-56}	ZnC_2O_4	7.56	2.7×10^{-8}
SnS	25.0	1.0×10^{-25}	$Zn[Hg(SCN)_4]$	6.66	2.2×10^{-7}
$SrCO_3$	9.96	1.1×10^{-10}	$Zn(IO_3)_2$	7.7	2.0×10^{-8}
$SrC_2O_4 \cdot H_2O$	6.80	1.6×10^{-7}	$Zn(OH)_2$	16.92	1.2×10^{-17}
SrC_2O_4	4.65	2.2×10^{-5}	$Zn_3(PO_4)_2$	32.04	9.0×10^{-33}
SrF_2	8.61	2.5×10^{-9}	$\alpha-ZnS$	23.8	1.6×10^{-24}
$Sr_3(PO_4)_2$	27.39	4.0×10^{-28}	$\beta-ZnS$	21.6	2.5×10^{-22}

附录 12　常见配离子的稳定常数

配离子	$K_{稳}^{\ominus}$	$\lg K_{稳}^{\ominus}$	配离子	$K_{稳}^{\ominus}$	$\lg K_{稳}^{\ominus}$
1:1			**1:2**		
$[NaY]^{3-}$	5.0×10^{1}	1.69	$[Cu(NH_3)_2]^{+}$	7.4×10^{10}	10.87
$[AgY]^{3-}$	2.0×10^{7}	7.30	$[Cu(CN)_2]^{-}$	2.0×10^{38}	38.30
$[CuY]^{2-}$	6.8×10^{18}	18.79	$[Ag(NH_3)_2]^{+}$	1.7×10^{7}	7.24
$[MgY]^{2-}$	4.9×10^{8}	8.69	$[Ag(En)_2]^{+}$	7.0×10^{7}	7.84
$[CaY]^{2-}$	3.7×10^{10}	10.56	$[Ag(NCS)_2]^{-}$	4.0×10^{8}	8.60
$[SrY]^{2-}$	4.2×10^{8}	8.62	$[Ag(CN)_2]^{-}$	1.0×10^{21}	21.00
$[BaY]^{2-}$	6.0×10^{7}	7.77	$[Au(CN)_2]^{-}$	2×10^{38}	38.30
$[ZnY]^{2-}$	3.1×10^{16}	16.49	$[Cu(En)_2]^{2+}$	4.0×10^{19}	19.60
$[CdY]^{2-}$	3.8×10^{16}	16.57	$[Ag(S_2O_3)_2]^{3-}$	1.6×10^{13}	13.20
$[HgY]^{2-}$	6.3×10^{21}	21.79	**1:3**		
$[PbY]^{2-}$	1.0×10^{18}	18.00	$[Fe(NCS)_3]$	2.0×10^{3}	3.30
$[MnY]^{2-}$	1.0×10^{14}	14.00	$[CdI_3]^{-}$	1.2×10^{1}	1.07
$[FeY]^{2-}$	2.1×10^{14}	14.32	$[Cd(CN)_3]^{-}$	1.1×10^{4}	4.04
$[CoY]^{2-}$	1.6×10^{16}	16.20	$[Ag(CN)_3]^{2-}$	5×10^{0}	0.69
$[NiY]^{2-}$	4.1×10^{18}	18.61	$[Ni(En)_3]^{2+}$	3.9×10^{18}	18.59
$[FeY]^{-}$	1.2×10^{25}	25.07	$[Al(C_2O_4)_3]^{3-}$	2.0×10^{16}	16.30
$[CoY]^{-}$	1.0×10^{36}	36.00	$[Fe(C_2O_4)_3]^{3-}$	1.6×10^{20}	20.20
$[GaY]^{-}$	1.8×10^{20}	20.25	**1:4**		
$[InY]^{-}$	8.9×10^{24}	24.94	$[Cu(NH_3)_4]^{2+}$	4.8×10^{12}	12.68
$[TlY]^{-}$	3.2×10^{22}	22.51	$[Zn(NH_3)_4]^{2+}$	5×10^{8}	8.69
$[TlHY]$	1.5×10^{23}	23.17	$[Cd(NH_3)_4]^{2+}$	3.6×10^{6}	6.55
$[CuOH]^{+}$	1.0×10^{5}	5.00	$[Zn(CNS)_4]^{2-}$	2.0×10^{1}	1.30
$[AgNH_3]^{+}$	2.0×10^{3}	3.30	$[Zn(CN)_4]^{2-}$	1.0×10^{16}	16.00

（续表）

配 离 子	$K_稳^\ominus$	$\lg K_稳^\ominus$	配 离 子	$K_稳^\ominus$	$\lg K_稳^\ominus$
$[Cd(SCN)_4]^{2-}$	1.0×10^3	3.00	**1：6**		
$[CdCl_4]^{2-}$	3.1×10^2	2.49	$[Cd(NH_3)_6]^{2+}$	1.4×10^6	6.15
$[CdI_4]^{2-}$	3.0×10^6	6.43	$[Co(NH_3)_6]^{2+}$	2.4×10^4	4.38
$[Cd(CN)_4]^{2-}$	1.3×10^{18}	18.11	$[Ni(NH_3)_6]^{2+}$	1.1×10^8	8.04
$[Hg(CN)_4]^{2-}$	3.1×10^{41}	41.51	$[Co(NH_3)_6]^{3+}$	1.4×10^{35}	35.15
$[Hg(SCN)_4]^{2-}$	7.7×10^{21}	21.88	$[AlF_6]^{3-}$	6.9×10^{19}	19.84
$[HgCl_4]^{2-}$	1.6×10^{15}	15.20	$[Fe(CN)_6]^{3-}$	1×10^{24}	24.00
$[HgI_4]^{2-}$	7.2×10^{29}	29.80	$[Fe(CN)_6]^{4-}$	1×10^{35}	35.00
$[Co(NCS)_4]^{2-}$	3.8×10^2	2.58	$[Co(CN)_6]^{3-}$	1×10^{64}	64.00
$[Ni(CN)_4]^{2-}$	1×10^{22}	22.00	$[FeF_6]^{3-}$	1.0×10^{16}	16.00

表中 Y 表示 EDTA 的酸根；En 表示乙二胺。

摘自 О. Д. Курилеhko, Краткий, Справочиик По Химии, 增订四版(1974)。

附录 13　某些离子[①]和化合物的颜色

离子或化合物	颜　色	离子或化合物	颜　色
Ag^+	无	$BaCrO_4$	黄
$AgBr$	淡黄	$BaHPO_4$	白
$AgCl$	白	$Ba_3(PO_4)_2$	白
$AgCN$	白	$BaSO_3$	白
Ag_2CO_3	白	$BaSO_4$	白
$Ag_2C_2O_4$	白	BaS_2O_4	白
Ag_2CrO_4	砖红	Bi^{3+}	无
$Ag_3[Fe(CN)_6]$	橙	$BiOCl$	白
$Ag_4[Fe(CN)_6]$	白	Bi_2O_3	黄
AgI	黄	$Bi(OH)_3$	白
$AgNO_2$	白	$BiO(OH)$	灰黄
Ag_2O	褐	$Bi(OH)CO_3$	白
Ag_3PO_4	黄	$BiONO_3$	白
$Ag_4P_2O_7$	白	Bi_2S_3	黑
Ag_2S	黑	Ca^{2+}	无
$AgSCN$	白	$CaCO_3$	白
Ag_2SO_3	白	CaC_2O_4	白
Ag_2SO_4	白	CaF_2	白
$Ag_2S_2O_3$	白	CaO	白
As_2S_3	黄	$Ca(OH)_2$	白
As_2S_5	黄	$CaHPO_4$	白
Ba^+	无	$Ca_3(PO_4)_2$	白
$BaCO_3$	白	$CaSO_3$	白
BaC_2O_4	白	$CaSO_4$	白

离子或化合物	颜　色	离子或化合物	颜　色
$CaSiO_3$	白	$Cu_2[Fe(CN)_6]$	红棕
Cd^{2+}	无	CuI	白
$CdCO_3$	白	$Cu(IO_3)_2$	淡蓝
CdC_2O_4	白	$Cu(NH_3)_4^{2+}$	深蓝
$Cd_3(PO_4)_2$	白	$Cu(NH_3)^{2+}$	无
CdS	黄	CuO	黑
Co^{2+}	粉红	Cu_2O	暗红
$CoCl_2$	蓝	$Cu(OH)_2$	浅蓝
$CoCl_2 \cdot 2H_2O$	紫红	$Cu(OH)_4^{2-}$	蓝
$CoCl_2 \cdot 6H_2O$	粉红	$Cu_2(OH)_2CO_3$	淡蓝
$Co(CN)_6^{3-}$	紫	$Cu_3(PO_4)_2$	淡蓝
$Co(NH_3)_6^{2+}$	黄	CuS	黑
$Co(NH_3)_6^{3+}$	橙黄	Cu_2S	深棕
CoO	灰绿	$CuSCN$	白
Co_2O_3	黑	$CuSO_4 \cdot 5H_2O$	蓝
$Co(OH)_2$	粉红	Fe^{2+}	浅蓝
$Co(OH)_3$	棕褐	Fe^{3+}	淡蓝[②]
$Co(OH)Cl$	蓝	$FeCl_3 \cdot 6H_2O$	黄棕
$Co_2(OH)_2CO_3$	红	$[Fe(CN)_6]^{4-}$	黄
$Co_3(PO_4)_2$	紫	$[Fe(CN)_6]^{3-}$	红棕
CoS	黑	$FeCO_3$	白
$Co(SCN)_4^{2-}$	蓝	$FeC_2O_4 \cdot 2H_2O$	淡黄
$CoSiO_3$	紫	FeF_6^{3-}	无
$CoSO_4 \cdot 7H_2O$	红	$Fe(HPO_4)_2^-$	无
Cr^{2+}	蓝	FeO	黑
Cr^{3+}	蓝紫	Fe_2O_3	砖红
$CrCl_3 \cdot 6H_2O$	绿	Fe_3O_4	黑
Cr_2O_3	绿	$Fe(OH)_2$	白
CrO_3	橙红	$Fe(OH)_3$	红棕
CrO^{2-}	绿	$FePO_4$	浅黄
CrO_4^{2-}	黄	FeS	黑
$Cr_2O_7^{2-}$	橙	Fe_2S_3	黑
$Cr(OH)_3$	灰绿	$Fe(SCN)^{2+}$	血红
$Cr_2(SO_4)_3$	桃红	$Fe_2(SiO_3)_3$	棕红
$Cr_2(SO_4)_3 \cdot 6H_2O$	绿	Hg^{2+}	无
$Cr_2(SO_4)_3 \cdot 18H_2O$	蓝紫	Hg_2^{2+}	无
Cu^{2+}	蓝	$HgCl_4^{2-}$	无
$CuBr$	白	Hg_2Cl_2	白
$CuCl$	白	HgI_2	红
$CuCl_2^-$	无	HgI_4^{2-}	无
$CuCl_4^{2-}$	黄	Hg_2I_2	黄
$CuCN$	白	$HgNH_2Cl$	白

（续表）

离子或化合物	颜　色	离子或化合物	颜　色
HgO	红或黄	Pb^{2+}	无
HgS	黑或红	$PbBr_2$	白
Hg_2S	黑	$PbCl_2$	白
Hg_2SO_4	白	$PbCl_4^{2-}$	无
I_2	紫	$PbCO_3$	白
I_3^-	棕黄	PbC_2O_4	白
$K[Fe(CN)_6Fe]$	蓝	$PbCrO_4$	黄
$KHC_4H_4O_6$	白	PbI_2	黄
$K_2Na[Co(NO_2)_6]$	黄	PbO	黄
$K_3[Co(NO_2)_6]$	黄	PbO_2	棕褐
$K_2[PtCl_6]$	黄	Pb_3O_4	红
$MgCO_3$	白	$Pb(OH)_2$	白
MgC_2O_4	白	$Pb_2(OH)_2CO_3$	白
MgF_2	白	PbS	黑
$MgNH_4PO_4$	白	$PbSO_4$	白
$Mg(OH)_2$	白	$SbCl_6^{3-}$	无
$Mg_2(OH)_2CO_3$	白	$SbCl_6^-$	无
Mn^{2+}	肉色	Sb_2O_3	白
$MnCO_3$	白	Sb_2O_5	淡黄
MnC_2O_4	白	SbOCl	白
MnO_4^{2-}	绿	$Sb(OH)_3$	白
MnO_4^-	紫红	SbS_3^{3-}	无
MnO_2	棕	SbS_4^{3-}	无
$Mn(OH)_2$	白	SnO	黑或绿
MnS	肉色	SnO_2	白
$NaBiO_3$	黄	$Sn(OH)_2$	白
$Na[Sb(OH)_6]$	白	$Sn(OH)_4$	白
$NaZn[UO_2]_3(Ac)_9 \cdot 9H_2O$	黄	$Sn(OH)Cl$	白
$(NH_4)_2Fe(SO_4)_2 \cdot 6H_2O$	蓝绿	SnS	棕
$NH_4Fe(SO_4)_2 \cdot 12H_2O$	浅紫	SnS_2	黄
$(NH_4)_3PO_4 \cdot 12MoO_3 \cdot 6H_2O$	黄	SnS_3^{2-}	无
Ni^{2+}	亮绿	$SrCO_3$	白
$Ni(CN)_4^{2-}$	黄	SrC_2O_4	白
$NiCO_3$	绿	$SrCrO_4$	黄
$Ni(NH_3)_6^{2+}$	蓝紫	$SrSO_4$	白
NiO	暗绿	Ti^{3+}	紫
Ni_2O_3	黑	TiO^{2+}	无
$Ni(OH)_2$	淡绿	$Ti(H_2O_2)^{2+}$	桔黄
$Ni(OH)_3$	黑	V^{2+}	蓝紫
$Ni_2(OH)_2CO_3$	浅绿	V^{3+}	绿
$Ni_3(PO_4)_2$	绿	VO^{2+}	蓝
NiS	黑	VO_2^+	黄

（续表）

离子或化合物	颜　色	离子或化合物	颜　色
VO_3^-	无	$Zn(OH)_4^{2-}$	无
V_2O_5	红棕	$Zn(OH)_2$	白
ZnC_2O_4	白	$Zn_2(OH)_2CO_3$	白
$Zn(NH_3)_4^{2+}$	无	ZnS	白
ZnO	白		

① 离子均指水溶液中的水合离子。

② Fe^{3+} 水解产物呈浅黄色。

附录14　不同温度下水的饱和蒸气压(kPa)

温度(℃)	0.0	0.2	0.4	0.6	0.8
0	0.610 3	0.619 4	0.628 5	0.637 8	0.647 2
1	0.656 6	0.666 2	0.675 8	0.685 7	0.695 7
2	0.705 6	0.715 8	0.726 1	0.736 5	0.747 1
3	0.757 8	0.768 6	0.779 5	0.790 6	0.801 8
4	0.813 2	0.824 7	0.836 3	0.848 2	0.860 2
5	0.872 1	0.884 4	0.896 8	0.909 4	0.922 0
6	0.934 8	0.947 8	0.961 0	0.974 3	0.987 9
7	1.001	1.015	1.029	1.043	1.058
8	1.072	1.087	1.102	1.117	1.132
9	1.147	1.163	1.179	1.195	1.211
10	1.227	1.244	1.261	1.278	1.295
11	1.312	1.329	1.348	1.366	1.384
12	1.402	1.420	1.440	1.458	1.478
13	1.479	1.516	1.537	1.557	1.577
14	1.597	1.618	1.640	1.661	1.683
15	1.704	1.726	1.749	1.772	1.794
16	1.817	1.840	1.864	1.888	1.912
17	1.936	1.961	1.987	2.012	2.037
18	2.063	2.089	2.116	2.142	2.169
19	2.196	2.224	2.252	2.280	2.309
20	2.337	2.366	2.394	2.426	2.456
21	2.486	2.516	2.548	2.579	2.611
22	2.642	2.675	2.708	2.741	2.775
23	2.808	2.842	2.877	2.912	2.947
24	2.982	3.018	3.056	3.092	3.120
25	3.166	3.204	3.243	3.281	3.321
26	3.360	3.400	3.441	3.481	3.523
27	3.564	3.606	3.649	3.692	3.735

温度(℃)	0.0	0.2	0.4	0.6	0.8
28	3.778	3.823	3.868	3.913	3.959
29	4.004	4.051	4.098	4.146	4.184
30	4.242	4.291	4.340	4.390	4.440
31	4.491	4.543	4.595	4.647	4.700
32	4.753	4.807	4.862	4.918	4.973
33	5.029	5.068	5.143	5.209	5.260
34	5.318	5.377	5.438	5.499	5.560
35	5.621	5.684	5.747	5.811	5.876
36	5.940	6.005	6.072	6.138	6.206
37	6.274	6.342	6.412	6.482	6.553
38	6.623	6.695	6.768	6.841	6.915
39	6.990	7.066	7.142	7.219	7.296
40	7.374	7.452	7.533	7.613	7.694
41	7.776	7.859	7.942	8.027	8.113
42	8.197	8.283	8.371	8.459	8.547
43	8.637	8.728	8.819	8.912	9.006
44	9.099	9.193	9.290	9.386	9.483
45	9.581	9.680	9.779	9.880	9.928
46	10.08	10.18	10.29	10.40	10.50
47	10.61	10.71	10.83	10.94	11.05
48	11.15	11.27	11.39	11.50	11.62
49	11.73	11.85	11.97	12.09	12.21
50	12.38	12.46	12.58	12.70	12.84

附录 15　实验室常用灭火器和灭火剂

灭火器类型	特 性 要 求	适 用 范 围
水（消火栓）	—	适用于一般木材及各种纤维的着火以及可溶或半溶于水的可燃液体的着火
砂土	隔绝空气而灭火，应保持干燥	用于不能用水灭火的着火物
石棉毯或薄毯	隔绝空气而灭火	用于扑灭人身上燃着的火
二氧化碳泡沫灭火器	主要成分为硫酸铝、碳酸氢钠、皂粉等，经与酸作用生成二氧化碳的泡沫盖于燃烧物上隔绝空气而灭火	适用于油类着火 不宜用于精密仪器、贵重资料灭火 断电前禁用于电器着火
干式二氧化碳灭火器	用二氧化碳压缩干粉（碳酸氢钠及适量滑润剂、防潮剂等）喷于燃烧物上而灭火	适用于油类、可燃气体、易燃液体、固体电器设备及精密仪器等的着火，不适用于钾、钠着火
"1211"灭火器	"1211"即二氟二氯一溴甲烷，是一种阻化剂，能加速灭火作用，不导电，毒性较四氯化碳小，灭火效果好	用于油类、档案资料、电气设备及贵重精密仪器的着火

附录 16　常用化学危险品的分类、性质及管理

危险药品是指受光、热、空气、水或撞击等外界因素的影响,可能引起燃烧、爆炸的药品,或具有强腐蚀性、剧毒性的药品。常用危险药品按危害性可分为以下几类来管理。

类　别		举　例	性　质	注意事项
1. 爆炸品		硝酸铵、苦味酸、三硝基甲苯	遇高热摩擦、撞击等,引起剧烈反应,放出大量气体和热量,产生猛烈爆炸	存放于阴凉、低下处。轻拿、轻放
2. 易燃品	易燃液体	丙酮、乙醚、甲醇、乙醇、苯等有机溶剂	沸点低、易挥发,遇火则燃烧,甚至引起爆炸	存放阴凉处、远离热源。使用时注意通风,不得有明火
	易燃固体	赤磷、硫、萘、硝化纤维	燃点低,受热、摩擦、撞击或遇氧化剂,可引起剧烈连续燃烧、爆炸	存放阴凉处、远离热源。使用时注意通风,不得有明火
	易燃气体	氢气、乙炔、甲烷	因撞击、受热引起燃烧。与空气按一定比例混合,则会爆炸	使用时注意通风。如为钢瓶气,不得在实验室存放
	遇水易燃品	钠、钾	遇水剧烈反应,产生可燃气体并放出热量,此反应热会引起燃烧	保存于煤油中,切勿与水接触
	自燃物品	黄磷	在适当温度下被空气氧化、放热,达到燃点而引起自燃	保存于水中
3. 氧化剂		硝酸钾、氯酸钾、过氧化氢、过氧化钠、高锰酸钾	具有强氧化性、遇酸、受热、与有机物、易燃品、还原剂等混合时,因反应引起燃烧或爆炸	不得与易燃品、爆炸品、还原剂等一起存放
4. 剧毒品		氰化钾、三氧化二砷、升汞、氯化钡、六六六	剧毒、少量侵入人体(误食或接触伤口)引使中毒甚至死亡	专人、专柜保管,现用现领,用后的剩余物,不论是固体或液体都应交回保管人,并应设有使用登记制度
5. 腐蚀性药品		强酸、氟化氢、强碱、溴、酚	具有强腐蚀性,触及物品造成腐蚀、破坏,触及人体皮肤,引起化学烧伤	不要与氧化剂、易燃品、爆炸品放在一起

附录 17　实验室常用洗液

名　称	配　制　方　法	使　　用
合成洗涤剂	将合成洗涤剂粉用热水搅拌配成浓溶液	用于一般的洗涤,一定要用毛刷反复刷洗,冲净
重铬酸钾洗液	取 $K_2Cr_2O_7$(LR)20 g 于 500 mL 烧杯中,加水 40 mL,加热溶解,冷后,沿杯壁在搅动下缓缓加入 320 mL 粗浓 H_2SO_4 即成(注意边加边搅),贮于磨口细口瓶中,盖紧	具有强氧化性和强酸性,用于洗涤油污及有机物。使用前应先尽量除去仪器内的水,防止洗液被水稀释。用后倒回原瓶,可反复使用,直到红棕色溶液变为绿色(Cr^{3+} 色)时,即已失效
高锰酸钾碱性洗液	取 $KMnO_4$(LR)4 g,溶于少量水中,缓缓加入 100 mL 10% NaOH 溶液	用于洗涤油污及有机物。洗后玻璃壁上附着的 MnO_2 沉淀,可用粗亚铁盐或 Na_2SO_3 溶液洗去
氢氧化钠乙醇溶液	120 g NaOH 溶于 150 mL 水中,用 95% 乙醇稀释至 1 L	用于洗涤油污及某些有机物
酒精-浓硝酸洗液		用于洗涤沾有有机物或油污的结构较复杂的仪器,洗涤时先加少量酒精于脏仪器中,再加入少量浓硝酸
盐酸	取 HCl(CP)与水以 1:1 体积混合,亦可加入少量 $H_2C_2O_4$	为还原性强酸洗涤剂,可洗去多种金属氧化物及金属离子
盐酸-乙醇洗液	取 HCl(CP)与乙醇按 1:2 体积比混合	主要用于洗涤被染色的吸收池、比色皿、吸量管等

参 考 文 献

1. 蔡维平.基础化学实验(一).北京:科学出版社,2004.

2. 王林山,张霞.无机化学实验.北京:化学工业出版社,2004.

3. 大连理工大学无机化学教研室.无机化学实验.第二版.北京:高等教育出版社,2004.

4. 蒋碧如,潘润身主编.无机化学实验.北京:高等教育出版社,1988.

5. 北京师范大学无机化学教研室等编.无机化学实验.北京:高等教育出版社,2001.

6. 高职高专化学教材编写组.无机化学实验.北京:高等教育出版社,2002.

7. 胡满成,张昕主编.化学基础实验.北京:科学出版社,2001.

8. 王秋长,赵鸿喜等主编.基础化学实验.北京:科学出版社,2003.

9. 柯以侃主编.大学化学实验.北京:化学工业出版社,2001.

10. 强亮生,王慎敏.精细化工综合实验.哈尔滨:哈尔滨工业大学出版社,2004.

11. 李梅,梁竹梅,韩莉.化学实验与生活.北京:化学工业出版社,2004.

12. 徐甲强,孙淑香.无机及分析化学实验.北京:海洋出版社,1999.

13. 古风才,肖衍繁主编.基础化学实验教程.北京:科学出版社,2000.

14. 方国女,王燕,周其镇编.大学基础化学实验(Ⅰ).北京:化学工业出版社,2005.

15. 徐如人,庞文琴等著.分子筛与多孔材料化学.北京:科学出版社,2004.

16. 徐如人,庞文琴主编.无机合成与制备化学.北京:高等教育出版社,2001.

17. 蔡炳新,陈贻文主编.化学基础实验.北京:科学出版社,2001.

18. 徐琰,何占航主编.无机化学实验.郑州:郑州大学出版社,2002.

19. 天津化工研究院.无机盐工业手册(下).北京:化学工业出版社,1981.

20. 中国农业科学院茶叶研究所.茶树生理及茶叶生化实验手册.北京:农业出版社,1983.

21. 周其镇,方国女,樊行雪.大学基础化学实验(I).北京:化学工业出版社,2000.

22. 于涛主编.微型无机化学实验.北京:北京理工大学出版社,2004.

23. 陈虹锦主编.实验化学.北京:科学出版社,2004.

24. 武汉大学主编.分析化学实验.第四版.北京:高等教育出版社,2001.

25. 高职高专化学教材编写组.分析化学实验.北京:高等教育出版社,2002.

26. 刘约权,李贵深主编.实验化学.北京:高等教育出版社,1999.

27. 候振雨主编.无机及分析化学实验.北京:化学工业出版社,2004.

28. 王尊本主编.综合化学实验.北京:科学出版社,2003.

29. 林宝凤等编.基础化学实验技术绿色化教程.北京:科学出版社,2003.

30. 陈必友.工厂分析化学手册.北京:国防工业出版社,1992.

31. 韩长日,宋小平.颜料制造与色料应用技术.北京:科学技术文献出版社,2001.

32. 彭崇慧,冯建章,张锡瑜等. 定量化学分析简明教程. 第二版. 北京:北京大学出版社,1997.

33. 武汉水利电力学院电厂化学教研室.热力发电厂水处理下册.北京:石油化学工业出版社,1977.

34. 《电镀工艺手册》编委会.电镀工艺手册.上海科学技术出版社,1989.

35. 席美云.无机高分子絮凝剂的开发和研究进展.环境与技术,1999(4).

36. 万婕.由铝土矿制聚碱式氯化铝.大学化学,1998,13(3).

37. 张勇.现代化学基础实验.北京:科学出版社,2000.

38. 南京大学《无机及分析化学实验》编写组.无机及分析化学实验.第四版.北京:高等教育出版社,2006.

39. 四川大学化工学院,浙江大学化学系.分析化学实验.第三版.北京:高等教育出版社,2003.

40. 浙江大学,华东理工大学,四川大学.新编大学化学实验.北京:高等教育出版社,2002.

41. 华东化工学院无机化学教研组编.无机化学实验.第三版.北京:高等教育出版社,1992.

42. 王伯康主编.新编无机化学实验.南京:南京大学出版社,1998.

43. 胡传光,张文英主编.定量化学分析实验.第二版.北京:化学工业出版社,2009.

44. 华中师范大学,东北师范大学,陕西师范大学编. 分析化学实验.第二版.北京:高等教育出版社,1993.

45. 吴诚.金属材料化学分析.上海:上海交通大学出版社,2003.

46. 朱春霞.丁二酮肟光度法直接测定铜镍合金中镍.山东冶金,2008,30(5):58~59.

47. 李龙泉,朱玉瑞,金谷等.定量化学分析.第二版.合肥:中国科学技术大学出版社,2005.

48. 蔡明招.分析化学. 北京:化学工业出版社,2009.

49. 马全红,邱凤仙.分析化学实验.南京:南京大学出版社,2009.

50. 魏复盛.水和废水监测分析方法.第四版. 北京:中国环境科学出版社,2002.

51. 黄杉生.分析化学实验.北京:科学出版社,2008.

52. 叶菁.水中氯化物测定的分析方法.福建化工,2003(1).

53. 华东理工大学无机化学教研组.无机化学实验.第四版.北京:高等教育出版社,2007.

54. 蒋伊.低熔点合金铋、铅、锡的测定.材料工程,2002(12).

55. 余振宝,姜桂兰.分析化学实验.北京:化学工业出版社,2006.

56. 王升富,周立群.无机及化学分析实验.北京:科学出版社,2009.

57. 中国环境保护总局总控制办公室编.水和废水监测分析方法. 北京:中国环境科学出版社,2008.

58. 崔树军.环境监测.北京:中国环境科学出版社,2008.

59. 但德忠.环境监测.北京:高等教育出版社,2006.

60. 董银卯,徐理阮,何亚明.有机絮凝剂的研制及应用.北京轻工业学院学报,1994(2).

61. 刘明华,何为,黄建辉,余敏,詹怀宇.一种新型高效有机无机复合絮凝剂处理制药废水的研究.福州大学学报,2005(1).

62. 姚重华.混凝剂与絮凝剂.北京:中国环境科学出版社,1991.

63. 朱志平.聚铝絮凝剂混凝行为研究.水处理技术,1993(2).

64. 岩石矿物分析编写小组.岩石矿物分析.北京:地质出版社,1974.

65. 郝刚.电子制造业加快绿色环保无铅化进程.中国有色金属报,2005(4).

66. 刘海军.对氨基苯甲酸光度法测定水中 NO_2^-.中国给水排水,2000(2).

67. 吴小春,吴友谊.环境水样及食品中亚硝酸根的分析进展.分析测试技术与仪器,2003(4).

68. 李党生,张尧旺.亚硝酸盐测定方法研究进展.黄河水利职业技术学院学报,2005(1).

69. 刘长虹.食品分析及实验.北京:化学工业出版社,2006.

70. S. Suzanne Nielsen 著.杨严俊等译.食品分析.北京:中国轻工业出版社,2002.

71. 周光理编著.食品分析与检验技术.北京:化学工业出版社,2006.

72. 陈家华等.现代食品分析新技术.北京:化学工业出版社,2004.

73. 闫晋钢.水泥成分快速分析和配料自动化.水泥,2000(9).

74. 浙江大学等教材编写组.分析化学实验.北京:高等教育出版社,1999.

75. 彭崇慧,冯建章.定量化学分析简明教程.第二版.北京:北京大学出版社,1997.

76. 武汉大学主编.分析化学.第四版.北京:高等教育出版社,2000.

77. 华东理工大学,成都教科技大学.分析化学.第四版.北京:高等教育出版社,1995.

78. 张寒琦等.综合和设计化学实验.北京:高等教育出版社,2006.

79. 胡伟光,张文英.定量化学分析实验.北京:化学工业出版社,2009.

80. 霍冀川.化学综合设计实验.北京:化学工业出版社,2007.

图书在版编目(CIP)数据

无机及分析化学实验 / 李巧云,张钱丽主编. —2 版.
—南京:南京大学出版社,2016.8(2021.8 重印)
高等院校化学实验教学改革规划教材
ISBN 978-7-305-17419-3

Ⅰ. ①无… Ⅱ. ①李… ②张… Ⅲ. ①无机化学—化
学实验—高等学校—教材 ②分析化学—化学实验—高等学
校—教材 Ⅳ. ①O61-33 ②O65-33

中国版本图书馆 CIP 数据核字(2016)第 190207 号

出版发行 南京大学出版社
社　　址　南京市汉口路 22 号　　　　邮编　210093
出 版 人　金鑫荣

丛 书 名　高等院校化学实验教学改革规划教材
书　　名　无机及分析化学实验
总 主 编　孙尔康　张剑荣
主　　编　李巧云　张钱丽
责任编辑　刘　飞　吴　汀　　　　编辑热线 025-83592146

照　　排　南京开卷文化传媒有限公司
印　　刷　南京人文印刷厂
开　　本　787×1 092　1/16　印张 13.25　字数　329 千
版　　次　2016 年 8 月第 2 版　2021 年 8 月第 4 次印刷
ISBN　978-7-305-17419-3
定　　价　32.00 元

网　　址:http://www.njupco.com
官方微博:http://weibo.com/njupco
官方微信号:njupress
销售咨询热线:(025)83594756